21世纪高职高专规划教材

计算机基础教育系列

计算机实用工具软件

案例教程

陈红 编著

U0311171

清华大学出版社

北京

内 容 简 介

本书详细描述了当前最流行的各类常用工具软件的基本背景、基本操作和应用技巧，并按四大类介绍：系统工具类、媒体工具类、网络工具类、应用工具类。全书共分 12 章，其主要内容包括工具软件概述、Internet 搜索引擎、文件管理工具、网络工具、安全工具、系统检测及优化工具、磁盘管理工具、图文处理工具、媒体播放与网络视听工具、视频及音频处理工具、其他系统工具、综合应用常用工具软件实例。

本书注重发展学生的操作技能，强调实用性，设计了相应的实训练习，结合生活中大量典型实例针对各类常用工具软件进行综合应用实例训练。

本书可作为高职高专及应用型本科各专业学生的教材，也可作为计算机爱好者使用计算机的参考书。

图书在版编目(CIP)数据

计算机实用工具软件案例教程/陈红编著. —北京：清华大学出版社，2013(2020.11重印)
(21 世纪高职高专规划教材. 计算机基础教育系列)
ISBN 978-7-302-31155-3

Ⅰ. ①计… Ⅱ. ①陈… Ⅲ. ①软件工具—高等职业教育—教材 Ⅳ. ①TP311.56

中国版本图书馆 CIP 数据核字(2012)第 309545 号

责任编辑：孟毅新
封面设计：傅瑞学
责任校对：袁　芳
责任印制：宋　林

出版发行：清华大学出版社
　　　　网　　　址：http://www.tup.com.cn，http://www.wqbook.com
　　　　地　　　址：北京清华大学学研大厦 A 座　　　　　邮　　编：100084
　　　　社 总 机：010-62770175　　　　　　　　　　　邮　　购：010-62786544
　　　　投稿与读者服务：010-62776969，c-service@tup.tsinghua.edu.cn
　　　　质量反馈：010-62772015，zhiliang@tup.tsinghua.edu.cn
　　　　课件下载：http://www.tup.com.cn，010-62795764
印 装 者：北京九州迅驰传媒文化有限公司
经　　销：全国新华书店
开　　本：185mm×260mm　　印　张：21.5　　　　字　　数：494 千字
版　　次：2013 年 5 月第 1 版　　　　　　　　　　印　　次：2020 年 11 月第 5 次印刷
定　　价：59.00 元

产品编号：048099-02

前　言

随着计算机的普及，人们希望能够轻松地对计算机进行各种设置，能够自行分析、排除一些常见故障，能够自己动手对计算机进行常规维护，并能够运用各种辅助工具软件处理工作生活中的一些问题，提高效率。目前计算机实用工具软件已经逐渐渗透到各行各业，这门课程也越来越普及。

本书详细描述了当前最流行的各类常用工具软件的基本背景、基本操作和应用技巧，并按四大类介绍：系统工具类、媒体工具类、网络工具类、应用工具类。全书共分 12 章，其主要内容包括工具软件概述、Internet 搜索引擎、文件管理工具、网络工具、安全工具、系统检测及优化工具、磁盘管理工具、图文处理工具、媒体播放与网络视听工具、视频及音频处理工具、其他系统工具、综合应用常用工具软件实例。

编者长期在教学第一线工作，深入理解教学模式在教材中的应用对读者学习效果的巨大影响，新元素、新技术的运用，特别是现代教育技术理念的引入可以使本书在教学模式、教学内容以及新技术的应用方面产生独特的优势。

本书在选材、结构、写作上都力图体现以下特点。

1. 新颖性

在选材方面，针对计算机软件日新月异的发展，采用"经典软件＋实用创新软件"的思想，对经典软件重点讲解基本思想及基本操作，以不变应万变，突出"不变"的精髓；对于实用创新软件，重点突出创新的与众不同的技巧应用；尽量以一种全新的视野来看待软件的更新换代，这样可以保持知识的不落伍，力图材料新，信息量大，观点鲜明，有超前意识。

在结构方面，采用独创的教学模式，力求实现"堂上问题堂上解决"，提高教学效率。

2. 实用性

注重理论与实践相结合，以练为主线，尽量通过一些具体的可操作的实例来说明或示范，也给出了具体的教学方法，使学生在"做中学"，教师在"做中教"。遵循"计算机以用为本"的理念，帮助读者迅速提升使用计算机的水平，使读者能将计算机应用技巧更快地融入工作、学习、生活和娱乐中。

3. 普及性

在编写中注意到读者是否有计算机基础，选材时考虑到使用者的应用环境和实际要求,对不常用的知识尽量少提及,力求做到普及。

4. 精简性

在编写上力图通俗易懂,图文并茂,化复杂为简单。

本书注重提高学生的操作技能,强调实用性,对常用工具软件进行了深入探讨,并设计了相应的实训练习,结合实例进行了跨章节、同章节的各类常用工具软件综合应用实例训练。

本书突出一体化教学模式,在掌握理论知识的同时强调操作技能练习,自行编写了大量实训题目。读者读完本书,所学即所得,能够真正在操作技能上有所提高。

本书可作为高职高专及应用型本科各专业作为教材使用,也可作为计算机爱好者使用计算机的参考书。

本书提供了电子教案及演示操作步骤的视频教程,方便教师更好地使用本教材。

由于编者水平有限,本书的不足之处在所难免,恳请读者在使用过程中不吝赐教。

编　者

2013 年 4 月

目　录

第 1 章

工具软件概述

技能目标

(1) 了解和掌握软件的分类及版本的基础知识。

(2) 掌握软件的安装和卸载的基本操作。

(3) 了解有关软件的知识产权保护的基础知识。

所谓计算机工具软件，就是在计算机操作系统的支持下执行的软件，可以提供操作系统所不具备的某些功能，或者是对操作系统的某些功能进行补充和增强，用户利用它们可使操作更简单、更高效。

学习和使用这些常用工具软件，不但可以大大提高操作效率，而且还可充分了解计算机的发展和趋势，理解和掌握更多的计算机知识和技能。

1.1 软件的基础知识

什么是软件？这个问题简单但不好回答。现在被人们普遍认可的软件定义为：软件(Software)是计算机中与硬件(Hardware)相结合的一部分，包括程序(Program)和文档(Document)。其可以简单用下式来表示(将复杂的概念简化为公式，方便记忆)。

软件＝程序＋文档

(1) 程序：指的是能够实现某种功能的指令的集合，如 C 语言程序、Java 程序、Visual Basic 程序等。

(2) 文档：指的是软件在开发、使用和维护过程中产生的图文集合，如系统需求规格说明书、用户手册、Readme，甚至是一些软件宣传材料、包装文字和图形等。

1.1.1 软件的分类

软件一般分为系统软件和应用软件两大类，如图 1.1 所示的"软件分类"。

(1) 系统软件是指管理、控制和维护计算机的各种资源，以及扩大计算机功能和方便用户使用计算机的各种程序集合。它是构成计算机系统必备的软件，通常又分为操作系统、语言处理程序、数据库管理系统、工具软件 4 类。

(2) 应用软件是为了解决各种实际问题而设计的计算机程序，通常由计算机用户或专门的软件公司开发。常用的应用软件有文字处理软件、办公事务处理软件、辅助教学软件、工程设计绘图软件、图书管理软件等。

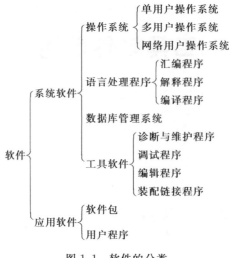

图 1.1 软件的分类

1.1.2 软件的版本

为了维护软件项目,提出了对版本进行管理控制的要求。而对于用户来说,版本直接体现在版本号的命名上。

版本号(Version Number)就是版本的标识号,它能为用户提供版本信息,从版本号中可以看出版本的新旧以及所提供的功能与设置。

1. 版本命名规范

软件版本号由四部分组成。第一部分为主版本号,第二部分为子版本号,第三部分为阶段版本号,第四部分为日期版本号加希腊字母版本号。其中希腊字母版本号共有 5 种,分别为 Base、Alpha、Beta、RC、Release,如 1.1.1.051021_beta。

2. 版本号修改规则

(1) 主版本号

当功能模块有较大的变动,如增加多个模块,或者整体架构发生变化,此版本号由项目经理决定是否修改。

(2) 子版本号

当功能有一定的增加或变化,如增加了对权限控制,增加自定义视图等功能,此版本号由项目经理决定是否修改。

(3) 阶段版本号

一般是 Bug 修复或是一些小的变动,要经常发布修订版,时间间隔不限,修复一个严重的 Bug 即可发布一个修订版,此版本号由项目经理决定是否修改。

(4) 日期版本号

日期版本号用于记录修改项目的当前日期,每天对项目的修改都需要更改日期版本号,此版本号由开发人员决定是否修改。

(5) 希腊字母版本号

希腊字母版本号用于标注当前版本的软件处于哪个开发阶段,当软件进入到另一个阶段时需要修改此版本号,此版本号由项目经理决定是否修改。

3．测试版

(1) α(Alpha)版

α版本表示该软件仅仅是一个初步完成品,通常只在软件开发者内部交流,也有很少一部分发布给专业测试人员。一般而言,该版本软件的 Bug 较多,普通用户最好不要安装。

(2) β(Beta)版

β版本相对于α版已有了很大的改进,消除了严重的错误,但还是存在着一些缺陷,需要经过大规模的发布测试来进一步消除。此版本通常由软件公司免费发布,用户可从相关的站点下载。通过一些专业爱好者的测试,将结果反馈给开发者,开发者们再进行有针对性的修改。该版本也不适合一般用户安装。

(3) γ版

γ版本已经相当成熟了,与即将发行的正式版相差无几,如果用户实在等不及了,尽可以装上一试。

(4) RC 版

RC 版本是软件正式发布的候选版本。Release Candidate,其含义是"发布候选版",它不是最终版,而是最终版之前的最后一个版本。

4．演示版

(1) Trial(试用版)

试用版软件在最近的几年里颇为流行,主要是得益于互联网的迅速发展。该版本软件通常都有时间限制,过期之后用户如果希望继续使用,一般得交纳一定的费用进行注册或购买,有些试用版软件还在功能上做了一定的限制。

(2) Unregistered(未注册版)

未注册版与试用版极其类似,只是未注册版通常没有时间限制,在功能上相对于正式版做了一定的限制。例如,绝大多数网络电话软件的注册版和未注册版,两者之间在通话质量上有很大差距。还有些未注册版虽然在使用上与正式版毫无二致,但是经常会弹出消息框来提醒用户注册。

(3) Demo 版

Demo 版本也称为演示版,在非正式版软件中,该版本的知名度最大。Demo 版仅仅集成了正式版中的几个功能,颇有点像 Unregistered。不同的是,Demo 版一般不能通过升级或注册的方法变为正式版。

5．正式版

不同类型软件的正式版本通常也有区别。

(1) Release

Release 版本是最终释放版,在一系列的测试版之后,终归会有一个正式版本,对于用户而言,购买该版本的软件绝对不会错。

（2）Registered

Registered 版本是与 Unregistered 相对的注册版。注册版、Release 和下面提及的 Standard 版一样,都是软件的正式版本,只是注册版软件的前身有很大一部分是从网上下载的。

（3）Standard

Standard 版本是最常见的标准版。标准版中包含了该软件的基本组件及一些常用功能,可以满足一般用户的需求。

（4）Deluxe

顾名思义即为豪华版。豪华版通常是相对于标准版而言的,主要区别是多了几项功能,价格会高,不推荐一般用户购买。此版本通常是为那些追求"完美"的专业用户所准备的。

（5）Professional（专业版）

专业版是针对某些特定的开发工具软件而言的。专业版中有许多内容是标准版中没有的,这些内容对于一个专业的软件开发人员来说是极为重要的。

（6）Enterprise（企业版）

企业版是软件版本最高级别的版本,可以开发任何级别的应用软件。如著名的 Visual C++的企业版相对于专业版来说增加了几个附加的特性,如 SQL 调试、扩展的存储过程向导等,此版本的价格也是普通用户无法接受的。

6. 其他版本

除了以上介绍的一些版本外,还有一些专有版本名称。

（1）Update（升级版）

升级版的软件是不能独立使用的,该版本的软件在安装过程中会搜索原有的正式版,如果不存在,则拒绝执行下一步。如 Microsoft Office 2000 升级版、Windows 9x 升级版等。

（2）OEM 版

OEM（Original Equipment Manufacturer）版通常是捆绑在硬件中而不单独销售的版本。开发公司将自己的产品交给别的公司去卖,保留自己的著作权,双方互惠互利,一举两得。

（3）单机（网络）版

网络版在功能、结构上远比单机版复杂。某些软件单机版和网络版的价格相差非常大,有些网络版甚至多一个客户端口就要加不少钱。

（4）商业版

商业版由开发者出售拷贝并提供软件技术报务,用户只有使用权,但不得进行非法复制、扩散和修改。

（5）共享版

共享版也称为普及版,其特点是由开发者提供软件试用程序复制授权,用户在使用该程序复制一段时间后,必须向开发者缴纳使用费,开发者则提供相应的升级和技术服务。

（6）免费版

免费版大多数由个人开发，免费提供给用户，没有任何功能、时间或次数上的限制，但一般不允许对该软件进行二次开发或用于商业营利目的。

（7）自由版

使用者有使用、复制、散布、研究、改写和再利用该软件的自由。例如，Linux 是一个功能强大的操作系统，同时它是一个自由软件，具有免费的、源代码开放的特征。

1.2　工具软件介绍

1.2.1　软件的安装

计算机软、硬件是相辅相成的，没有了软件，硬件就是一堆废铜烂铁，其存在的意义也就微乎其微了。因此，正确的安装软件是让计算机发挥功用的第一步。

1. 软件常用的安装过程

目前，几乎所有的 Windows 应用程序的安装过程都是非常相似的。

通常软件的安装文件都有 setup.exe 或 install.exe 这些安装程序。

双击执行，根据安装向导提示，一步步完成安装过程。

安装结束后，通常会自动在桌面添加所安装软件的快捷方式图标，双击该图标即可运行该软件；用户还可以在"开始"菜单中找到安装程序并启动。

2. 安装类型的选择

一般来说，当安装一个大型软件的时候，会有典型安装、完全安装、最小安装、自定义安装四种安装方式来供用户选择。

（1）典型安装

典型安装是一般软件的推荐安装类型，它为初级用户提供最简单的安装方式，用户无须对安装进行任何选择和设置。此种安装方式可为用户实现各种最基本、最常见的功能。

（2）完全安装

安全安装方式会把软件的所有组件都安装到用户的计算机上，但它需要的磁盘空间最多。

（3）最小安装

如果用户磁盘空间比较紧张，可以选择这种方式，最小安装只安装运行此软件必须的部分。

（4）自定义安装

当用户有了一定的软件安装经验之后，推荐使用这种安装方式。安装程序将会向用户提供一张安装列表，用户可以根据自己的需要来选择需要安装的项目并清除不需要的项目。这样既可以避免安装不需要的软件，节省磁盘空间，又能够一步到位地安装用户需要的软件。

3. 软件常用的安装方式

软件最常见的安装方式有光盘安装法、模拟光驱安装法、硬盘安装法、在线安装等，如下所示。

（1）光盘安装法

光盘安装法是最经典、兼容性最好、最简单的安装方法，可升级安装，也可全新安装。

（2）模拟光驱安装法

模拟光驱安装法安装最简单，安装速度快，但限制较多，推荐用于多系统的安装。

在现有系统下，用模拟光驱程序加载系统 ISO 文件，运行安装程序，进入安装界面，升级安装时 C 盘要留有足够的空间。多系统安装最好把新系统安装到新的空白分区。

（3）硬盘安装法

硬盘安装法是将光盘、U 盘和下载的文件直接保存在硬盘进行安装，是使用频率最高、速度较快的安装方法。

（4）在线安装

在线安装要求在上网的条件下，先下载文件到临时文件夹，当安装完毕后，已下载的安装程序会自动删掉。

1.2.2　软件的卸载

长时间使用计算机之后，安装的软件越来越多，用户在更换新软件时首先要将原来的软件卸载。下面介绍几种常用的卸载方法。

1. 利用"开始"菜单卸载软件

一般软件安装完后，在"开始"菜单的安装目录中，通常会看到有名为 Uninstall（或 Unwise)的命令，执行该命令后，会将软件彻底删除干净。

操作步骤：依次选择"开始"|"程序"|"广发证券"|"卸载广发证券至强版"选项，即可完成卸载操作，如图 1.2 所示的从开始菜单卸载软件，具体操作步骤见箭头顺序。

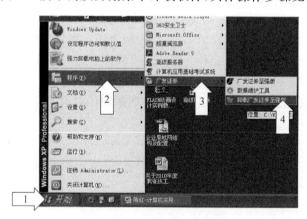

图 1.2　从开始菜单卸载软件

2. 使用 Windows 自带的"添加或删除程序"功能卸载

用户可以选择 Windows 提供的"添加或删除程序"功能来完成软件的卸载。

操作步骤：依次选择"开始"|"设置"|"控制面板"|"添加或删除程序"|需要删除的软件|"更改/删除"选项，如图 1.3、图 1.4 所示，具体操作步骤见箭头顺序。

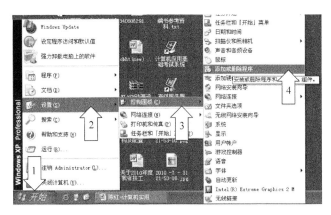

图 1.3　利用"添加或删除程序"卸载软件之一

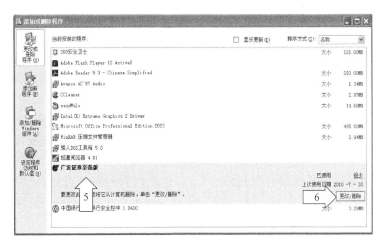

图 1.4　利用"添加或删除程序"卸载软件之二

3. 利用第三方卸载工具

如果运用上述两种方法，无法将软件完全卸载，可以借助第三方软件来帮助卸载。常用的第三方软件主要有 Windows 优化大师、超级兔子魔法设置、完美卸载等。从易用性和卸载的相对彻底性出发，推荐 Windows 优化大师。

1.3　软件的知识产权保护

1. 知识产权的概念

知识产权又称智力成果权，英文为 Intellectual Property，是指公民、法人对自己创造性的智力活动成果依法享有的民事权利。从权利的内容上看，知识产权包括人身权利和财产权利。知识产权中的人身权是与智力活动成果创造人的人身不可分离的专属权。例如，署名权、发表权、修改权等。知识产权中的财产权则是指享有知识产权的人基于这种智力活动成果而享有的获得报酬或其他物质利益的权利。

按照智力活动成果的不同,知识产权可以分为著作权、商标权、专利权、发明权、发现权等。

2. 知识产权的特征

(1) 知识产权的地域性

知识产权的地域性指的是知识产权只在授予其权利的国家或者确认其权利的国家产生,并且只能在该国范围内发生法律效力受法律保护。

(2) 知识产权的时间性

知识产权的时间性指的是知识产权只在法律规定的期限内受到法律保护,一旦超过了法律规定的有效期限,这一权利就自行消失,或者说该知识产权依法丧失。我国专利法规定自申请日开始计算,发明专利的保护期为 20 年,实用新型和外观设计的保护期为 10 年;商标有效期自核准之日起计算为 10 年,可以续后,次数不限;著作权规定公民作品著作权的有效期为作者终身及其去世后 50 年,职务作品单位享有的著作权为作品首次发表后 50 年。

3. 计算机软件的保护

围绕计算机软件这一特殊的知识产权客体,目前有几种重要的知识产权保护的方式,即《著作权法》、《专利法》和《商业秘密法》等。我国《著作权法》和《计算机软件保护条例》把计算机软件纳入版权法保护体系,以解决当前软件侵权问题,这不仅是知识产权在计算机领域的一个重要应用,而且为计算机软件从业人员提供了必要的保障。专利法保护计算机软件,一是使发明人在一定的时间、地域内拥有对软件发明的专有权,从而在控制市场占有及后续产品的开发上具有更多优势,而且还有利于打破大公司的技术垄断;二是专利权的取得意味着计算机软件源代码的公开,这能够有效避免公众对已有软件的重复开发;三是专利法较之版权法有一套完善的鼓励发明创造机制,有利于软件技术的创新。

1.4　应用案例

任务:列出表 1.1 中两个软件的版本,并说明软件的基本作用?

表 1.1　比较软件的版本

BORLAND C++ BUILDER COMPILER V5.5
手机 QQ2010(BlackBerry) Beta1 Build0024

[答案]　Borland C++ Builder Compiler V5.5 表示版本 V5.5,主要作用是 BC 编译器。手机 QQ2010(BlackBerry) Beta1 Build0024 表示版本 Beta1 Build0024,测试版,主要作用是将 QQ 聊天软件搬到手机上,用户随时随地可免费聊天。

1.5　技能训练

任务 1:说明 EasyRecovery Professional 6.12.02 的版本号,版本类型。

任务 2:说明 EVEREST Ultimate Edition 5.50 Final 的版本号,版本类型。

任务 3：广发证券至强版是系统软件，还是应用软件？

1.6　技能达标

1. 填空题
计算机工具软件是对(　　)的某些功能进行补充和增强。

2. 判断题
专利法是计算机软件知识产权保护的方式之一。　　　　　　　　　　　(　　)

3. 问答题
软件卸载通常用什么方法？

4. 上机操作题
练习安装"广发证券至强版"软件，然后再卸载该软件。

1.7　课后习题

上网下载软件"广发证券至强版"。

第 2 章

Internet 搜索引擎

技能目标

（1）了解和掌握搜索引擎的基础知识。

（2）掌握搜索引擎的使用方法及基本操作。

Internet 上的信息浩如烟海、网络资源无穷无尽，如何快速找到所需要的资源是一个大问题，而利用搜索引擎就可以解决这个问题。

搜索引擎（Search Engine）是根据一定的策略，运用特定的计算机程序搜集互联网上的信息，在对信息进行组织和处理后，将处理后的信息显示给用户，是为用户提供检索服务的系统。

搜索引擎是万维网环境中的信息检索系统。它提供两种服务方式：目录服务和关键字检索。

2.1 使用搜索引擎

2.1.1 搜索引擎的分类

根据搜索引擎搜索方式的不同，通常将其分为三大类：全文索引引擎、目录索引引擎、元搜索引擎。

1. 全文索引引擎

全文索引技术是目前搜索引擎的关键技术。全文索引引擎是名副其实的搜索引擎，国外代表有 Google，国内则有著名的百度搜索。它们从互联网提取各个网站的信息（以网页文字为主），建立起数据库，并能检索与用户查询条件相匹配的记录，按一定的排列顺序返回结果。

根据搜索结果来源的不同，全文搜索引擎可分为两类，一类拥有自己的网页抓取、索引、检索（Indexer）系统，有独立的"蜘蛛"（Spider）程序、"爬虫"（Crawler）程序、"机器人"（Robot）程序（这三种称法意义相同），能自建网页数据库，搜索结果直接从自身的数据库中调用，上面提到的 Google 和百度就属于此类；另一类则是租用其他搜索引擎的数据库，并按自定的格式排列搜索结果，如 Lycos 搜索引擎。

2. 目录索引引擎

目录索引虽然有搜索功能,但严格意义上不能称为真正的搜索引擎,只是按目录分类的网站链接列表而已。用户完全可以按照分类目录找到所需要的信息,不依靠关键词(Keywords)进行查询。目录索引中最具代表性的莫过于大名鼎鼎的 Yahoo、新浪分类目录搜索。

3. 元搜索引擎

元搜索引擎在接受用户查询请求后,同时在多个搜索引擎上搜索,并将结果返回给用户。著名的元搜索引擎有 InfoSpace、Dogpile 等。中文元搜索引擎中最具代表性的是搜星搜索引擎。在搜索结果排列方面,有的直接按来源排列搜索结果,如 Dogpile;有的则按自定的规则将结果重新排列组合,如 Vivisimo。

如今的全文搜索引擎与目录索引引擎已经融合,全文搜索引擎也提供目录索引服务。

2.1.2　常用搜索引擎

目前常用的搜索引擎有百度、Google、搜狐、新浪、腾讯、雅虎、天网等。下面介绍最常用的两大搜索引擎:百度和 Google。

1. 百度

百度搜索是目前全球最大的中文搜索引擎,每天处理来自 138 个国家和地区超过数亿次的搜索请求,每天有超过 7 万用户将百度设为首页,百度已成为中文搜索的代名词。

百度搜索也是全球最优秀的中文信息检索与传递技术供应商,中国所有具备搜索功能的网站中,由百度提供搜索引擎技术支持的超过 80%。

百度使用起来非常简单、快捷,它提供了几种不同类型数据的搜索页面,包括新闻、网页、贴吧、MP3、图片和网站等。

百度的网址为 http://www.baidu.com。

2. Google

Google 被公认为是全球规模最大的搜索引擎,它提供了简单易用的免费服务,用户可以在瞬间得到相关的搜索结果。

Google 的网址为 http://www.google.com。

2.1.3　搜索引擎的使用方法

随着网络的普及,互联网用户逐渐成熟,使用搜索引擎寻找各类问题答案、学习新知识的用户越来越多。从这个角度来看,掌握搜索引擎的使用方法,是使用互联网最基本的技术之一。下面以百度的使用方法为例来说明,Google 的使用方法与其类似,可以举一反三。

1. 全文索引引擎的使用

(1) 什么是关键词

关键词就是用户输入到搜索框中的文字,也就是用户命令百度要寻找的东西。

关键词可以是任何中文、英文、数字,或中文英文数字的混合体。用户可以命令百度寻找任何内容,所以关键词的内容可以是人名、网站、新闻、小说、软件、游戏、星座、工作、购物、论文等。

例如,用户可以搜索"大话西游"、"亚运会"、"高考"。

关键词可以输入一个,也可以输入两个、三个、四个,甚至可以输入一句话。例如,可以搜索"爱"、"大自然"、"MP3 下载"、"游戏 攻略 大全"、"蓦然回首,那人却在灯火阑珊处"。

提示:多个关键词之间必须留一个空格。

(2) 准确的关键词

百度搜索引擎严谨认真,要求一字不差。

例如,分别输入"舒淇"和"舒琪",搜索结果是不同的;分别输入"2010 年国内十大新闻"和"2010 年国内十大事件",搜索结果也是不同的;分别输入"电脑"和"计算机",搜索结果也是不同的。

因此,若对搜索结果不满意,建议检查输入文字有无错误,并换用不同的关键词搜索。

(3) 输入两个关键词搜索

输入两个关键词搜索,可以获得更精确更丰富的搜索结果。

例如,搜索"北京 暂住证",可以找到几万篇资料。而搜索"北京暂住证",则只有严格含有"北京暂住证"连续 5 个字的网页才能被找出来,不但找到的资料只有几百篇,资料的准确性也比前者差得多。

因此,当要查询的关键词较为冗长时,建议将它拆成几个关键词来搜索,词与词之间用空格隔开。

多数情况下,输入两个关键词搜索,就已经有很好的搜索结果。

(4) 百度搜索方法

① 用整句话搜索。如果想在网上查询什么是知识产权,建议输入关键字"什么是知识产权",而不要输入"知识产权",这样查找结果较为有针对性,不分散。

② 使用逻辑搜索。所谓逻辑搜索,指的是将关键词通过某种表达式提交给搜索引擎,可准确地查找相关资料。常用的逻辑搜索有逻辑"与"、逻辑"非"、逻辑"或"。

a. 逻辑"与":用"空格"表示。在各个关键词之间加"空格"。语法是"A B",表示搜索既要有关键词 A 又要有关键词 B 的网页。

例如,利用百度搜索引擎查找"2010 年 7 月 18 日的广州日报",可输入"广州日报 2010 年 7 月 18 日"。

b. 逻辑"非":用"－"表示。在各个关键词之间加"－"(减号),但在"－"之前需要留一个空格,否则,减号会被当成连字符处理,而失去减号语法功能。减号和后一个关键词之间,有无空格均可。语法使用为"A －B",表示搜索从关键词 A 中排除关键词 B 的网页。

例如,利用百度搜索引擎查找关于"教材",但不含"高中"的资料,可输入"教材 －高中"。

c. 逻辑"或":用"|"表示。语法使用为"A|B",表示搜索"或者包含关键词 A,或者包含关键词 B"的网页,使用同义词作关键词,并在关键词中使用"|"运算符可提高检索的全面性。

例如,计算机和电脑是同义词,输入"计算机|电脑",可快速搜索相关的资料。

③ 使用"intitle:"搜索。网页标题通常是对网页内容的归纳,把查询内容限定在网页标题中,就会得到和输入的关键字匹配度更高的检索结果。

使用时,要把查询内容中特别关键的部分,用"intitle:"表示。

注意:"intitle:"与后面的关键词之间不要有空格。

例如,查找林青霞的写真,可输入"写真 intitle:林青霞"。

④ 使用"inurl:"搜索。网页 url 中的某些信息,常常有某种有价值的含义。如果对搜索结果的 url 做某种限定,就可以获得良好的效果。

使用时,在前面或后面写上需要在 url 中出现的关键词。

注意:"inurl:"与后面的关键词之间不要有空格。

例如,查找关于 Photoshop 的使用技巧,输入"Photoshop inurl:jiqiao",它表示 Photoshop 可以出现在网页的任何位置,而"jiqiao"则必须出现在网页 url 中。

⑤ 使用"filetype:"搜索。"filetype:"表示对搜索对象进行限制,冒号后是文档格式,如 PDF、DOC、XLS 等,通过添加"filetype:",可以更方便更有效地找到特定的信息,尤其是学术领域的一些信息。

例如,查找经济信息学的 PDF 文档,可输入"经济信息学 filetype:PDF"。

⑥ 使用"site:"搜索。"site:"表示把搜索范围限定在特定站点中。有时候,如果知道某个站点有自己需要找的东西,就可以把搜索范围限定在这个站点中,能提高查询效率。

使用时,要在查询内容的后面加上"site:站点域名"。

注意:后面的站点域名不要带"http://",搜索关键词要在前,"site:"及网址要在后;关键词与"site:"之间须留一空格隔开;"site:"与后面的站点域之间不要有空格。

⑦ 使用书名号"《》"搜索。书名号"《》"表示精确匹配电影或小说。书名号是百度独有的一个特殊查询语法。在其他搜索引擎中,书名号会被忽略,而在百度中,中文书名号是可被查询的。

加上书名号的查询词汇,有两层特殊功能,一是书名号会出现在搜索结果中;二是书名号中的内容,不会被拆分。

例如,查电影"手机",若不加书名号,很多情况下出来的结果是通信工具——手机,而加上书名号后,"《手机》"的查询结果就是电影了。

⑧ 使用""""搜索。"表示精确匹配查询词,如果输入的查询词很长,百度经过分析后,给出的搜索结果中的查询词,可能是拆分的。此时,可以尝试让百度不拆分查询词,给查询词加上双引号,就可以达到效果。

例如,输入""华南师范大学"",搜索结果中的华南师范大学 6 个字就不会是分开的。

⑨ 使用"扩展名"搜索。网络资源丰富,有极多的电子书,人们在提供电子书时,往往带上书的扩展名,因此,可以利用扩展名来搜索电子书。例如,输入"明朝那些事儿.txt"。

⑩ 使用"相关搜索"。如果无法确定输入什么关键词才能找到满意的资料,可以使用百度的相关搜索。

首先输入一个简单词语搜索,百度搜索引擎会提供"其他用户搜索过的相关搜索词"作参考,选择任何一个相关搜索词,都能得到那个相关搜索词的搜索结果。

⑪ 使用"百度快照"。百度快照是百度网站最具魅力和实用价值的好东西。

用户在上网的时候可能会遇到过"该页无法显示"（即找不到网页的错误信息），或者出现网页连接速度缓慢，要十几秒甚至几十秒才能打开。出现无法登录网站情况的原因很多，例如，网站服务器暂时中断或堵塞、网站已经更改链接等，百度快照能很好地解决这个问题。

百度搜索引擎已先预览各网站，拍下网页的快照，为用户储存大量应急网页。百度快照功能在百度的服务器上保存了几乎所有网站的大部分页面，使用户在不能链接所需网站时，百度暂存的网页可救急，而且通过百度快照寻找资料要比常规链接的速度快得多。

在百度快照中，输入的关键词会用不同颜色在网页中标明，一目了然。

选择快照中的关键词，还可以直接跳到它在文中首次出现的位置，使用户浏览网页更方便。

2. 目录索引引擎的使用

目录索引引擎无须输入任何关键词即可进行分类检索。下面以百度为例来说明。

通过访问百度主页，选择"更多"链接，再选择"网站导航"链接，进入图 2.1 所示的网站分类目录列表，用户可进行分类选择。

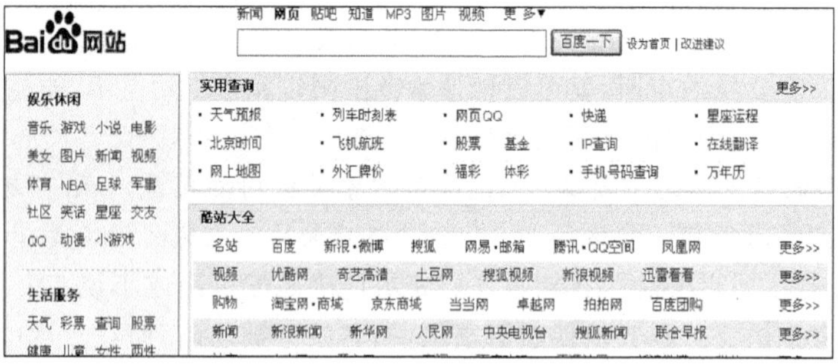

图 2.1　网站分类目录列表

2.2　应用案例

任务 1：利用百度搜索引擎查找"广州日报"，然后在结果中查找"2011 年 3 月 8 日"。
操作步骤：

（1）启动 IE 浏览器，在地址栏输入 www.baidu.com 或 http://www.baidu.com，按 Enter 键，或单击右侧的"转到"按钮，打开百度主页，在文本框中输入"广州日报"，单击"百度一下"按钮进行搜索，如图 2.2 所示。具体操作步骤见箭头顺序。

（2）弹出的搜索结果窗口如图 2.3 所示。单击某一个链接，可以打开具体网页，免费阅读广州日报。

（3）如图 2.4 所示，在网页底部找到"结果中找"按钮，单击进入新网页，输入"2011 年 3 月 8 日"，则可以迅速找到 2011 年 3 月 8 日出版的广州日报的链接地址，如图 2.5 所示。具体操作步骤见箭头顺序。

图 2.2　应用案例任务 1 操作步骤之一

图 2.3　应用案例任务 1 操作步骤之二

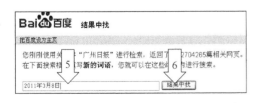

图 2.4　应用案例任务 1 操作步骤之三

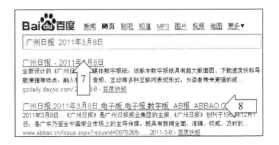

图 2.5　应用案例任务 1 操作步骤之四

任务2：利用百度目录搜索引擎搜索专业网站下载 WinRAR 软件。

操作步骤：

（1）访问图2.6所示的百度主页，选择"更多"链接，在图2.7所示的界面中，选择"网站导航"链接，进入图2.8所示的网站分类目录列表，用户可进行分类选择。例如，选择"天空软件站"链接。

图 2.6   应用案例任务2操作步骤之一

图 2.7   应用案例任务2操作步骤之二

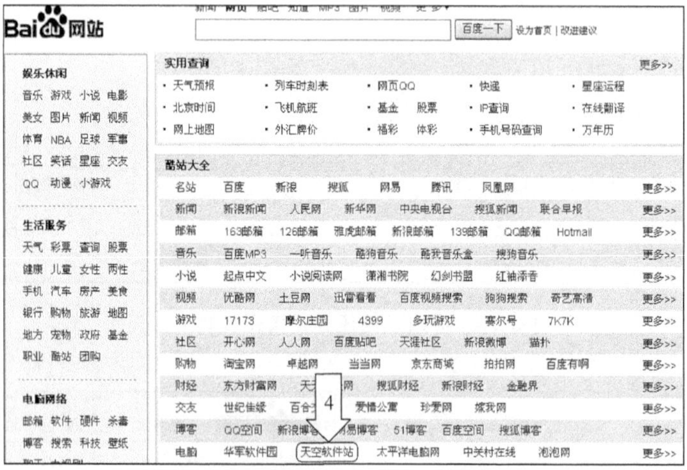

图 2.8   应用案例任务2操作步骤之三

（2）如图2.9所示，输入关键词 winrar，进入图2.10所示的界面，用户可以根据各软件的好评度，选择相应软件的链接地址。

（3）在图2.11所示的界面中，可以根据各网站的忙闲度，选择闲的网站快速下载相应的软件,右击空闲的下载地址,在弹出的快捷菜单中,选择"目标另存为"选项,再选择文件名及保存位置。

图 2.9　应用案例任务 2 操作步骤之四

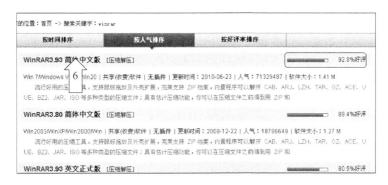

图 2.10　应用案例任务 2 操作步骤之五

图 2.11　应用案例任务 2 操作步骤之六

任务 3:利用搜索引擎推广网站。

(1) 利用 Google 搜索引擎注册网站来推广网站。

(2) 利用搜狐搜索引擎进行关键词竞价排名网络营销。

网站是企业网络营销的主窗口。利用搜索引擎推广网站主要包括两种方法:网站登录和关键词竞价排名。

操作步骤：

（1）利用 Google 搜索引擎注册网站来推广网站

启动 IE 浏览器，在地址栏输入 www.google.com 或 http://www.google.com，按 Enter 键，或单击右侧的"转到"按钮，打开 Google 主页，进入图 2.12 所示的 Google 首页界面。

图 2.12　Google 首页

依次选择"Google 大全"|"提交网站"|"将您的网址添加到 Google 索引中"链接，分别进入图 2.13 所示的"Google 大全"页面、图 2.14 所示的打开提交网站链接页面、图 2.15 所示的提交网址和网站说明信息页面，在打开网页的文本框中，输入要提交网站的网址和网站说明。例如，输入网址为 http://chenhongnhjx.blogbus.com，评论为"最新的教育理念"，输入验证码后，单击"添加网址"按钮，进入图 2.16 所示的网站登录成功的结果页面。

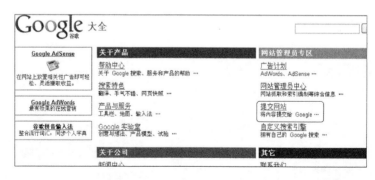

图 2.13　Google 大全

（2）利用搜狐搜索引擎进行关键词竞价排名网络营销

企业网站在搜索引擎竞价购买关键词，当有用户搜索相应关键词时，企业网站链接就会出现在搜索结果的预期排名位置，以使用户选择网站链接登录到企业的网站进行访问。

启动 IE 浏览器，在地址栏输入 www.sohu.com 或 http://www.sohu.com/，按 Enter 键，或单击右侧的"转到"按钮，进入图 2.17 所示的搜狐首页。

图 2.14　打开提交网站链接

图 2.15　提交网址和网站说明信息

图 2.16　网站登录成功的结果

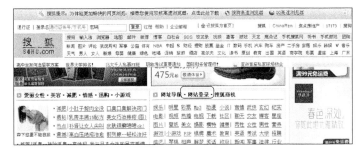

图 2.17　搜狐首页

选择"网站登录"链接,进入图 2.18 所示的网站登录页面。选择"图文固排"链接,再单击"在线申请"按钮,进入图 2.19 所示的在线提交申请页面,填写相关信息,按照"搜狗营销顾问提供咨询"→"签约付费"→"开通账号,开始推广"的顺序完成即可。

图 2.18　网站登录页面

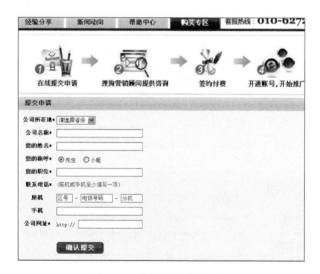

图 2.19　在线提交申请页面

2.3　技能训练

任务 1:

(1) 利用百度搜索引擎计算"35×82−12＝?","1 吨＝?斤"。

(2) 利用 Google 搜索引擎查找"1pt＝?cm"。

操作步骤:

(1) 访问百度主页,分别输入关键词"5×82−12＝"及"1 吨＝?斤",即可找到相应的答案。

（2）访问 Google 主页，输入关键词 1pt＝?cm，即可找到答案。

任务 2：利用百度搜索引擎查找"眼皮上落着一只苍蝇"的谜底。

操作步骤：输入关键词"眼皮上落着一只苍蝇 谜底"进行搜索。

任务 3：利用百度搜索引擎直接找"迅雷"软件下载页面。

分析：直接找下载页面，这是最直接的方式。软件名称，加上"下载"这个特征词，通常可以很快找到下载点。

操作步骤：访问百度主页，输入关键词"迅雷下载"进行搜索。

提示：一旦搜索范围局限在专业下载网站中，"下载"这个特征词就不必在查询词中出现了。

任务 4：利用百度搜索引擎查找网上购物信息：诺基亚 N95。

分析：网络商城的页面都具有一定特点，除了商品名称会被列举出来，页面上通常会有一些肯定会出现的特征词，如"价格"、"购物车"等。于是，用商品名称加上这些特征词，就能迅速地找到相关的网页了。

操作步骤：访问百度主页，输入关键词"诺基亚 M95 购物车"进行搜索。

2.4　技能达标

1．填空题

搜索引擎是一些网络服务商为用户提供的检索站点，它搜集了网上的各种信息（　　　），然后用一种固定的规律进行分类，提供给用户进行检索。

2．判断题

目录搜索引擎需要输入关键词。　　　　　　　　　　　　　　　　　（　　　）

3．问答题

从网上下载软件通常有几种方法？举例说明。

4．上机操作题

利用百度搜索引擎下载"风行"软件。

2.5　课后习题

上网查找"IT 通信调查报告"的网页，要求标题含有"调查报告"。

第 3 章

文件管理工具

在计算机中所有信息都是以文件的形式存放在磁盘中的,文件是相关信息的集合。随着各种软件如雨后春笋般地丰富起来,文件格式越来越多,需要借助其他工具处理这些文件。下面为读者介绍几款最为常用的文件管理工具,灵活运用这些软件能够解决许多实际问题。

3.1 压缩管理工具——WinRAR

压缩软件可以使文件变得更小,以便于用户交流。

WinRAR 是 Windows 版本的强大的压缩文件管理器,是流行好用的压缩工具,是一个能够建立、管理和控制档案文件的强大工具。它提供了 RAR 和 ZIP 文件的完整支持,能解压 7Z、ACE、ARJ、BZ2、CAB、GZ、ISO、JAR、LZH、TAR、UUE、Z 格式文件。

WinRAR 压缩率相当高,而资源占用相对较少,具有强力压缩、分卷、加密、自解压、备份、估计压缩、历史记录和收藏夹功能。

3.1.1 技能目标

(1) 了解和掌握 WinRAR 的基础知识。

(2) 掌握 WinRAR 的使用方法及基本操作。

3.1.2 相关知识点介绍

1. 压缩软件

压缩软件是利用算法将文件有损或无损地处理,以达到保留最多文件信息,而使文件体积变小的应用软件。压缩软件一般同时具有解压缩的功能。

2. 文件压缩的方式

由于计算机处理的信息是以二进制数的形式表示的,因此压缩软件就是把二进制信息中相同的字符串以特殊字符标记来达到压缩的目的。

压缩可以分为有损压缩和无损压缩两种。如果丢失个别的数据不会造成太大的影响,这时忽略它们是个好主意,这就是有损压缩。有损压缩广泛应用于动画、声音和图像文件中,典型的代表就是视频文件格式 MPEG、音频文件格式 MP3 和图像文件格式

JPG。但是更多情况下压缩数据必须准确无误，人们便设计出了无损压缩格式，例如，常见的 ZIP、RAR 等。

压缩后所生成的文件称为压缩包（Archive），容量只有原来的几分之一甚至更小。

压缩包已经是另一种文件格式了，如果想使用其中的数据，首先须用压缩软件把数据还原，这个过程称作解压缩。

3. 常见的压缩软件

常见的压缩软件有 WinRAR、WinZip、好压（Haozip）、7-Zip、WinMount、Peazip 等。其中，WinRAR、WinZip 和 WinMount 是收费软件；好压（Haozip）和 7-Zip 是免费软件。

4. 常见压缩格式

常见压缩格式有 RAR、ZIP、7Z、CAB、ARJ、LZH、TAR、GZ、ACE、UUE、BZ2、JAR、ISO 等，平时常见的 JPG、RMVB 等格式也属于压缩文件。

3.1.3 下载、安装与启动 WinRAR

从许多网站都可以下载这个软件，本文采用的版本是 WinRAR 3.93 简体中文版，支持操作系统 Windows 7/Windows Vista/Windows 2003/Windows XP/Windows 2000/Windows NT，软件大小 1.41MB，是试用版软件，有 40 天使用期。

1. 安装

双击下载后的安装文件，进入图 3.1 所示的安装对话框，建议选择默认位置，单击"安装"按钮，开始复制文件，进入图 3.2 所示的设置对话框，建议选择默认设置。

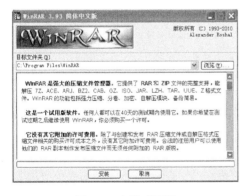
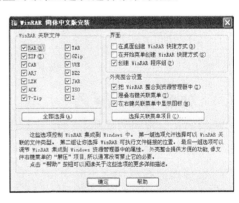

图 3.1 安装对话框   图 3.2 设置对话框

（1）WinRAR 关联文件：可以选择由 WinRAR 处理的压缩文件类型，选项中的文件扩展名就是 WinRAR 支持的多种压缩格式，其中 RAR、ZIP、CAB 和 ISO 压缩格式较为常见。

（2）界面：可以选择放置 WinRAR 快捷方式的地方。

（3）外壳整合设置：可以设置在右键关联菜单中显示图标。

设置完毕后，单击"确定"按钮，进入图 3.3 所示的完成对话框，单击"完成"按钮，进入图 3.4 所示的 WinRAR 程序菜单界面，至此完成安装过程。

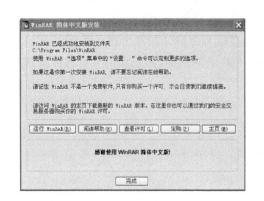

图 3.3　完成对话框　　　　　　　　　图 3.4　WinRAR 程序菜单界面

2. 启动

依次选择"开始"|"程序"|"WinRAR"级联菜单|"WinRAR"程序,进入图 3.5 所示的 WinRAR 主界面,窗口中有菜单栏、工具栏、地址栏以及管理文件的管理器窗口。

图 3.5　WinRAR 主界面

3.1.4　使用 WinRAR

WinRAR 最常用的操作是压缩或解压缩文件或文件夹,用户可以通过 WinRAR 主界面完成操作,但大多数情况下往往使用快捷菜单进行这些操作。

1. 创建压缩包

(1) 方法一:使用快捷菜单创建压缩包

① 使用快捷菜单。右击文件或文件夹,弹出图 3.6 所示的创建压缩包快捷菜单,选择"添加到压缩文件"选项,进入如图 3.7 所示的"压缩文件名和参数"对话框,默认选择"常规"选项。

② 压缩文件名。在图 3.7 中,单击"浏览"按钮,可以设置压缩文件保存在磁盘的具体位置和名称。

③ 配置。配置是指根据不同的压缩要求,选择不同压缩模式,不同的模式会提供不同的配置方式。

图 3.6　创建压缩包快捷菜单

在图 3.7 中,单击"配置"按钮,就会在配置的下方出现一个扩展的界面,如图 3.8 所示。其中上部分两个菜单选项用做配置的管理,下部分 5 个不同的菜单选项分别是不同的配置。比较常用的是默认配置,图 3.7 所示就是"默认配置"的界面。

图 3.7 "压缩文件名和参数"对话框

图 3.8 压缩配置扩展界面

④ 压缩文件类型。生成的压缩文件是 RAR 格式或 ZIP 格式。

⑤ 更新方式。一般用于以前曾压缩过的文件,现在由于更新等原因需要再压缩时进行的选项。

⑥ 存档选项。存档选项组中最常用的是"存档后删除原文件"和"创建自释放格式档案文件"。前者是在建立压缩文件后删除原来的文件;后者是创建一个 EXE 可执行文件,以便解压缩时可以脱离 WinRAR 软件自行解压缩。

⑦ 压缩方式。可以对压缩的比例和压缩的速度进行选择,由上到下,选择的压缩比例越大,速度越慢。

⑧ 分卷,字节数。当压缩后的大文件需要用几张软盘存放的时候,就要选择压缩包分卷的大小,一般对于 3.5 寸软盘,选择的字节数是"1457664"。

⑨ 档案文件的密码设置。有时对压缩后的文件有保密的要求。只要选择图 3.7 中的"高级"选项,进入图 3.9 所示的"高级"选项卡,单击"设置密码"按钮,弹出图 3.10 所示的"带密码压缩"对话框,输入两次密码,单击"确定"按钮退出。进行密码设置后的压缩文件,需要特定的解密才能解压缩。

图 3.9 "高级"选项卡

图 3.10 "带密码压缩"对话框

（2）方法二：使用主界面创建压缩包

在图 3.5 所示的主界面中，选择要压缩的对象，单击工具栏的"添加"按钮，进入图 3.11 所示的利用主界面创建压缩包步骤界面。具体操作步骤见箭头顺序，其余操作步骤同方法一。

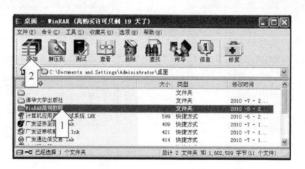

图 3.11　利用主界面创建压缩包步骤界面

2. 解压缩文件

（1）使用快捷菜单

右击压缩文件，弹出图 3.12 所示的解压缩文件快捷菜单，选择"解压文件"选项，进入图 3.13 所示的"解压路径和选项"对话框。其中"目标路径"指的是解压的文件存放在磁盘上的位置；"更新方式"和"覆盖方式"指的是解压缩的文件与目标路径的文件有同名时的一些处理选择。

图 3.12　解压缩文件快捷菜单　　　　图 3.13　"解压路径和选项"对话框

（2）使用主界面

双击压缩文件，进入图 3.14 所示的利用主界面解压步骤界面。

图中的矩形框表示的是压缩文件中所包含的原文件，先选择要解压的文件，再选择快捷工具中的"解压到"按钮。具体的操作步骤如箭头所示，其余步骤同上。

在图 3.14 中，若选择"添加"按钮，可以向压缩包内增加需要压缩的文件；若选择"自解压格式"按钮，可生成 EXE 可执行文件，即脱离 WinRAR 环境就可自行解压。

图 3.14　利用主界面解压步骤界面

3. WinRAR 软件使用注意要点

（1）使用 WinRAR 软件时，需注意软件的版本，应尽可能使用高版本；如果使用低版本，可能不能解压缩高版本的压缩文件。

（2）WinRAR 软件在压缩时设置的密码，安全性并不是最高，通过专门的破解软件有破译密码的可能性，所以在设置密码时，密码最好由"字母＋数字＋标点符号"组成（其他密码设置也可采用此组码方案）。

（3）虽然 WinRAR 软件已基本兼容 WinZIP 生成的压缩文件，但有某些 ZIP 文件可能用 WinRAR 解不开，此时不妨用最新版的 WinZIP 试试。

3.1.5　应用案例

任务 1：制作安装程序包。

操作步骤：

（1）在图 3.15 中，将要安装的文件放置到同一个目录下，右击该目录，在弹出的快捷菜单中，选择"添加到压缩文件"选项。

图 3.15　应用案例任务 1 操作步骤之一

（2）进入图 3.16 所示的对话框，设置压缩文件名及保存位置，选中"创建自解压格式压缩文件"复选框，选择"高级"选项卡。

（3）进入图 3.17 所示的对话框，单击"自解压选项"按钮。

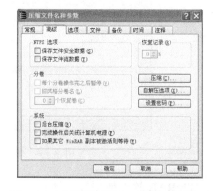

图 3.16　应用案例任务 1 操作步骤之二　　　图 3.17　应用案例任务 1 操作步骤之三

（4）设置自解压选项。进入图 3.18 所示对话框，可以进行自解压选项的设置，如下所示。

① 许可：可以输入许可信息。

② 模块：可以选择自解压模块。

③ 更新：可以选择生成压缩文件时的更新与覆盖方式。

以上设置对生成的安装程序的外观没有影响。但下面几个选项修改后，会改变安装程序的外征表现。

④ 常规：选择"常规"选项卡，进入图 3.18 所示对话框。在"解压路径"选项组中，若选择"在'Program Files'中创建"单选按钮，表示在当前文件夹中创建；若选择"绝对路径"单选按钮，表示可以使用绝对路径，将程序安装到指定的目录。

图 3.18　应用案例任务 1 操作步骤之四

在"安装程序"选项组中有两个可选项。其中，"解压后运行"表示当安装程序解压到指定目录后，能接着再执行一个程序，该程序的路径是相对路径，当前路径为解压后的路径。例如，若解压路径里面有 install. bat 文件，就可以执行这个脚本。

⑤ 高级：选择"高级"选项卡，进入如图 3.19 所示对话框，单击"添加快捷方式"按钮，进入图 3.20 所示对话框，只要填入源文件名、快捷方式名即可。其他的填入项可以自行测试。

⑥ 文本和图标：选择"文本和图标"选项卡，进入图 3.21 所示对话框。其中，徽标与图标可以直接从文件中选择，徽标的文件格式是 BMP，图标的文件格式是 ICO。

⑦ 模式：选择"模式"选项卡，进入图 3.22 所示对话框，在"安静模式"选项组中，若选择"全部显示"单选按钮，会在安装的时候，提示用户进行确认或者选择安装路径；若选择"隐藏启动对话框"或者"全部隐藏"选项，生成的安装程序就没有提示对话框，直接安装到用户指定的目录中。

图 3.19 应用案例任务 1 操作步骤之五

图 3.20 应用案例任务 1 操作步骤之六

图 3.21 应用案例任务 1 操作步骤之七

图 3.22 应用案例任务 1 操作步骤之八

任务 2：利用 WinRAR 合并分割文件，估计原文件压缩包大小 10MB，现将其按 4MB 进行分割压缩成多个小文件，发送 E-mail 给对方后，对方再合并回原文件。

操作步骤：

(1) 选择压缩文件。按 Win+E 键启动"资源管理器"，右击欲压缩的文件或文件夹，在弹出的快捷菜单中，选择"添加到压缩文件"选项，打开"压缩文件名和参数"对话框，参考图 3.15、图 3.16。

(2) 设置分割大小。在图 3.16 所示的"压缩文件名和参数"对话框中的"压缩文件名"文本框中，输入"分割文件.rar"，在"压缩分卷大小，字节"下拉列表框中，输入自定义分割大小 4mb，单击"确定"按钮即可。

注意：4mb 是小写。

(3) 压缩、分割文件。由于设置压缩文件名为"分割文件"，所以 WinRAR 会将选择的文件以"分割文件.part01.rar"、"分割文件.part02.rar"、"分割文件.part03.rar"这 3 个文件压缩存放在同一个文件夹中。

（4）合并分割文件。将这些分割后的文件作为附件发送到对方的电子邮箱中,对方收到后可将这些分割的文件复制到同一文件夹中,双击起始文件"分割文件.part01.rar",WinRAR 就会打开它,然后选择文件,进行解压操作,如图 3.14 所示。

3.1.6　技能训练

任务 1:将"广州地铁"文件夹打包在当前路径下,要求密码:123456;文件名:广州地铁.rar。

任务 2:将文件"广州地铁.rar"解压到 C 盘的"广州地铁"文件夹中。

任务 3:查找广州地铁.rar 里的有关地铁 5 号线的图片,并将它们解压到 D 盘的广州地铁 5 号线的文件夹中。

3.1.7　技能达标

1. 填空题

WinRAR 可以处理(　　)、ZIP、CAB 和 ISO 格式的压缩文件。

2. 判断题

自解压文件(SFX)是一种合并有运行模块的特殊文件。　　　　　　　　　(　　)

3. 问答题

WinRAR 的主要功能是什么?

4. 上机操作题

先将"广州亚运"文件夹进行打包,删除原文件夹,然后解压到相同路径、相同名的文件夹中。

3.1.8　课后习题

上网下载 WinRAR 的安装文件,安装硬盘,练习使用 WinRAR 软件。

3.2　文件恢复工具——EasyRecovery

计算机在使用过程中,难免会遇到中毒、系统崩溃、误删文件、误分区、断电或瞬间电流冲击、程序的非正常操作或系统故障造成的数据毁坏等情况,甚至进行硬盘的格式化,出现了这些情况,可以应用 EasyRecovery 软件(简称 ER)。它是世界著名数据恢复公司 Ontrack 的技术杰作,是一款非常强大的硬盘数据恢复工具,能够帮助恢复丢失的数据以及重建文件系统,其 Professional(专业)版更是囊括了磁盘诊断、数据恢复、文件修复、E-mail 修复 4 大类 19 个项目的各种数据文件修复和磁盘诊断方案。

3.2.1　技能目标

（1）了解和掌握 EasyRecovery 的基础知识。

（2）掌握 EasyRecovery 的使用方法及基本操作。

3.2.2　相关知识点介绍

1. 数据恢复的原理

计算机中的数据都存储于硬盘中,硬盘是由一组金属材料作为基层的盘片组成的,盘片上附着磁性涂层,靠硬盘本身转动和磁头的移动来读写数据。其中最外面的一圈称为0 磁道,上面记录了硬盘的规格、型号、主引导记录、目录结构等一系列最重要的信息,存放在硬盘上的每一个文件都在这里登记。

在读取文件时,计算机首先要寻找 0 磁道的有关文件的初始扇区,然后根据索引找到文件存储位置。而在删除文件时,系统仅仅对 0 磁道的文件信息标注进行删除,文件本身并没有被删除,只是系统将这部分文件占用的空间显示为释放状态,当系统再次向硬盘写入数据时,会优先考虑硬盘此时的空白区域,只有空白区域用完以后,才会覆盖上述被删除文件实际占有的空间。所以,只要措施得当,被删除文件的恢复希望很大。

2. EasyRecovery 数据恢复特点

EasyRecovery 不会向原始驱动器写入任何数据,它主要是在内存中重建文件分区表使数据能够安全地传输到其他驱动器中,以便从被病毒破坏或是已经格式化的硬盘中恢复数据。

ER 可以恢复大于 8.4GB 的硬盘,支持长文件名。被破坏的硬盘,如丢失的引导记录、BIOS 参数数据块、分区表、FAT 表、引导区都可以由它来进行恢复。

3.2.3　下载、安装与启动 EasyRecovery

从许多网站都可以下载这个软件,也可从 EasyRecovery 的开发公司 Ontrack 的主页 http://www.ontrack.com 下载最新的版本,本文采用的版本是 EasyRecovery Pro 6.21.02 汉化版,支持操作系统 Windows Vista/Windows 2003/Windows XP/Windows 2000/Windows NT,软件大小 18MB,是一个共享软件。

1. 安装

启动 EasyRecovery 安装程序,进入图 3.23 所示的安装向导界面,单击"下一步"按钮,进入图 3.24 所示的选择组件界面,取消选中"设置绿色导航站首页"复选框,进入图 3.25 所示的选择安装位置界面,建议选择默认位置,单击"安装"按钮,进入图 3.26 所示的正在安装界面,接着进入图 3.27 所示的完成安装界面,单击"完成"按钮,进入图 3.28 所示的 EasyRecovery 主界面,至此完成安装过程。

2. 启动

启动 EasyRecovery 软件有两种方法。

方法一:依次选择"开始"|"程序"|EasyRecovery Pro 级联菜单 | EasyRecovery Pro 程序,进入到图 3.28 所示的主界面。

图 3.23　安装向导界面

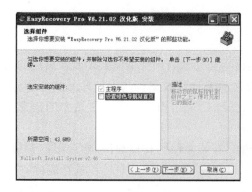

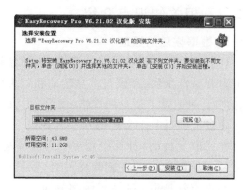

图 3.24　选择组件界面　　　　　　　图 3.25　选择安装位置界面

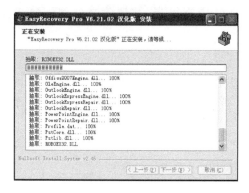

图 3.26　正在安装界面　　　　　　　图 3.27　完成安装界面

图 3.28　EasyRecovery 主界面

　　方法二：直接双击桌面上的 EasyRecovery Pro 快捷方式，具体操作同方法一。

3.2.4　使用 EasyRecovery

　　在图 3.28 所示的主界面中，其左侧的功能列表包括磁盘诊断、数据恢复、文件修复及邮件修复四大部分。

1. 磁盘诊断

在图 3.28 所示的主界面中,单击"磁盘诊断"按钮,进入图 3.29 所示的磁盘诊断界面,其中列出了驱动器测试、SMART 测试、磁盘显示器、分区测试和数据顾问 5 个部分,如下所示。

(1) 驱动器测试:可以寻找潜在的硬件问题。

(2) SMART 测试:监视并报告潜在的磁盘驱动器问题。

(3) 磁盘显示器:显示磁盘驱动器空间情况的详细信息。

(4) 分区测试:可以分析现有的文件系统结构。

(5) 数据顾问:可以创建自引导诊断工具盘。

图 3.29　磁盘诊断界面

2. 数据恢复

Easy Recovery 最核心的功能是数据恢复。在图 3.28 所示的主界面中,单击"数据恢复"按钮,进入图 3.30 所示的数据恢复界面,其中列出了高级恢复、删除恢复、格式化恢复、原始恢复、继续恢复和紧急引导盘 6 个部分,如下所示。

图 3.30　数据恢复界面

（1）高级恢复：可进行自定义数据恢复。例如，设定恢复的起始和结束扇区、文件恢复的类型等。

（2）删除恢复：可以查找并恢复已删除的文件。

（3）格式化恢复：可以从格式化的卷中恢复文件。

（4）原始恢复：忽略任何文件系统信息进行恢复，即是不含任何文件系统结构信息的恢复，从损坏分区中扫描并抢救出重要文件。原始恢复使用文件标识搜索算法从头搜索分区的每个簇，完全不依赖于分区的文件系统结构，也就是说，只要是分区中的数据块都有可能被扫描出来，并判断出其文件类型，从而将文件恢复过来。

（5）继续恢复：继续已保存的数据恢复进度。

（6）紧急引导盘：可以创建自引导紧急启动盘。

3. 文件修复

EasyRecovery 有强大的修复文件的功能。在图 3.28 所示的主界面中，单击"文件修复"按钮，进入图 3.31 所示的文件修复界面，其中列出了 Access 修复、Excel 修复、PowerPoint 修复、Word 修复和 Zip 修复 5 个部分，如下所示。

（1）Access 修复：可以修复损坏的 Microsoft Access 数据库。

（2）Excel 修复：可以修复损坏的 Microsoft Excel 电子表格。

（3）PowerPoint 修复：可以修复损坏的 Microsoft PowerPoint 演示文稿。

（4）Word 修复：可以修复损坏的 Microsoft Word 文档。

（5）Zip 修复：可以修复损坏或无效的 Zip 文件。

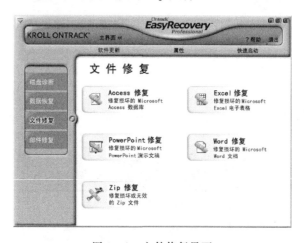

图 3.31　文件修复界面

4. 邮件修复

EasyRecovery 提供了对 Office 组件之一的 Microsoft Outlook 和 IE 组件的 Outlook Express 文件的修复功能。在图 3.28 所示的主界面中，单击"邮件修复"按钮，进入图 3.32 所示的邮件修复界面。

图 3.32　邮件修复界面

3.2.5　应用案例

任务：恢复被删除的文件。

在 D 盘建立一个 Word 文档，文件名为本人的"学号"，文件内容有图片和学号，然后删除该文件，并且清空回收站，试用 EasyRecovery 恢复该文件。

操作步骤：

(1) 先按题目要求建立好 Word 文件，例如，文件名为 22.doc，删除该文件并且清空回收站。

(2) 在图 3.28 所示的主界面中，单击"数据恢复"按钮，进入图 3.30 所示的数据恢复界面。单击"删除恢复"按钮，软件开始扫描系统，出现图 3.33 所示的"目的地警告"消息框，告知必须选择另一个不同于来源的复制目的地才能完成恢复。单击"确定"按钮。本例在 D 盘删除文件，所以恢复

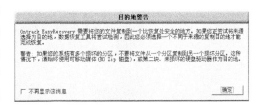

图 3.33　"目的地警告"消息框

时不能存放回 D 盘，只能存放在 C 盘、E 盘等其他盘。

本例选择"D:\"按钮，进入图 3.34 所示的设置删除文件的分区界面，在"文件过滤器"文本框中，输入 *.doc，单击"下一步"按钮，进入图 3.35 所示的正在扫描文件界面。

(3) 接着进入图 3.36 所示的选择恢复文件界面，完成后会在窗口左边窗格中显示该分区的所有文件夹(包括已删除的文件夹)，右边窗格显示已经删除了的文件，可先浏览到被删除文件所在文件夹，然后就可以在右边的文件栏中看到该文件夹下已经删除的文件列表，选择要恢复的文件，其文件名可能与原文件名不相同，可以单击"查看文件"按钮，预览文件内容；单击"下一步"按钮，进入如图 3.37 所示的复制数据目的地界面。

(4) 在图 3.37 中，在"恢复目的地选项"下拉列表框中，选择"本地驱动器"选项，再单击"浏览"按钮，指定恢复的文件所保存的位置，这个位置必须在另外一个分区中。本例选择 C 盘的桌面位置，选中"生成恢复报告"复选框，单击"浏览"按钮，确定生成报告的保存

位置,本例选择 C 盘的桌面位置。最后单击"下一步"按钮,进入图 3.38 所示的正在复制数据界面。

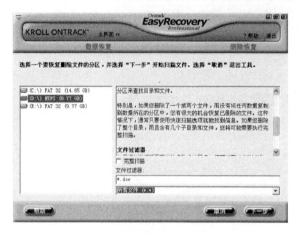

图 3.34　设置删除文件的分区界面

图 3.35　正在扫描文件界面

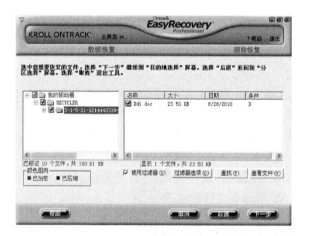

图 3.36　选择恢复文件界面

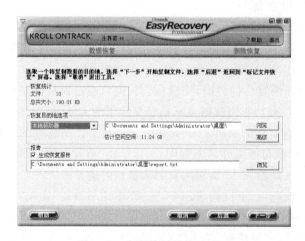

图 3.37　复制数据目的地界面

图 3.38　正在复制数据界面

注意：文件夹的恢复也和文件恢复类似，只须选择已被删除的文件夹，其下的文件也会被选择，其余的步骤与文件恢复完全相同。

（5）接着进入图 3.39 所示的数据恢复摘要界面，可单击"打印"按钮来打印恢复摘要，也可单击"保存"按钮来保存恢复摘要。最后单击"完成"按钮，进入图 3.40 所示的"保存恢复"对话框，单击"否"按钮，至此结束本题操作。

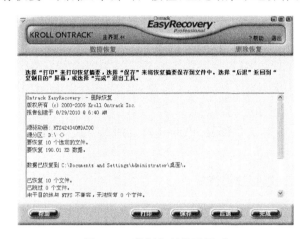

图 3.39　数据恢复摘要界面   图 3.40　"保存恢复"对话框

3.2.6　技能训练

任务 1：恢复已格式化分区中的文件。

操作步骤：

在图 3.28 所示的主界面中，单击"数据恢复"按钮，进入数据恢复界面，单击"格式化恢复"按钮，先选择已格式化的分区，然后扫描分区。扫描完成后，可看到扫描出来的文件夹都以"DIRxx"（x 是数字）命名。打开其下的子文件夹，名称没有发生改变，文件名也都是完整的。其余的步骤也和前面一样，先选定要恢复的文件夹或文件，然后指定恢复后的文件所保存的位置，最后将文件恢复在指定位置。

注意：在每一个已删除文件的后面都有一个"状况"标识，用字母表示，它们的含义是不同的。G 表示文件状况良好、完整无缺；D 表示文件已经删除；B 表示文件数据已损坏；S 表示文件大小不符。总之，如果状况标记为 G、D、X 则表明该文件被恢复的可能性比较大；如果标记为 B、A、N、S，则表明文件恢复成功的可能性会比较小。

任务 2：从损坏的分区中恢复文件。

操作步骤：

如果分区和文件目录结构受损，可在图 3.28 所示的主界面中，单击"数据恢复"按钮，进入数据恢复界面。单击"原始恢复"按钮，选择损坏的分区，再单击"文件类型"按钮。在出现的"文件类型"对话框中，添加、删除各种文件类型标识，以确定在分区中寻找哪种文件。例如，要找 Word 文档，可将 DOC 文件标识出来，选择"保存"按钮。接下来的扫描就只针对 DOC 文件进行，这样目标更明确，速度也更快。恢复的后续步骤和前面完全一样。

任务 3：修复损坏的文件。

操作步骤：

用前面方法恢复过来的数据有些可能已经损坏了，或者文件在传输和存储过程中损坏了，可以考虑用"文件修复"来修复文件。

在图 3.28 所示的主界面中，单击"文件修复"按钮，可以看到 EasyRecovery 可以修复 5 种文件：Access、Excel、PowerPiont、Word 和 ZIP。这些文件修复的方法是一样的。例如，修复 ZIP 文件，可选择 ZIPRepair 选项，再单击"浏览文件"按钮，导入要修复的 ZIP 文件，单击"下一步"按钮，即可进行文件修复。

3.2.7 技能达标

1．填空题

EasyRecovery 囊括了磁盘诊断、（   ）、文件修复、E-mail 修复四大类基本功能。

2．判断题

原始恢复可以忽略任何文件系统信息进行数据恢复。   （   ）

3．问答题

格式化恢复的主要功能是什么？

4．上机操作题

先建立一个文件，然后删除，清空回收站，尝试用"删除恢复"来恢复这个文件。

3.2.8 课后习题

上网下载 EasyRecovery 的安装文件，解压到硬盘，练习使用 EasyRecovery 软件。

3.3 光盘刻录软件——Nero

Nero 是德国公司出品的光盘刻录程序，支持中文长文件名刻录，也支持 ATAPI（IDE）的光盘刻录机，可刻录多种类型的光盘片，如资料 CD、音乐 CD、Video CD、Super Video CD、DDCD 或是 DVD，是一个相当不错的光盘刻录程序。

3.3.1 技能目标

（1）了解和掌握 Nero 的基础知识。

（2）掌握 Nero 的使用方法及基本操作。

3.3.2 相关知识点介绍

1．光盘

光盘即高密度光盘（Compact Disc），是近代发展起来不同于磁性载体的光学存储介质，用聚焦的氢离子激光束处理记录介质的方法来存储和再生信息，又称激光光盘。

光盘是以光信息作为存储物的载体，它可用来存储数据。分为不可擦写光盘和可擦写光盘，例如，CD-ROM、DVD-ROM 是不可擦写光盘；CD-RW、DVD-RAM 是可擦写光盘。

2. 常用光盘分类

(1) CD-R：多段式一次性写入光盘数据格式。在光盘上加一层可一次性记录的染色层，可通盘进行刻录。常用的 CD-R 有金质光盘和银质光盘等。

金质光盘，是在空白光盘上包上一薄反射性的金质层，对于数据存档来说是理想的选择。

银质光盘，也称为商用复制 CD，具有铝制薄层，适用于数据传递和大量商用复制。

(2) CD-RW：在光盘上加一层可改写的染色层，通过激光可在光盘上反复多次写入数据。

(3) VCD(Video CD)：激光视盘，即全动态、全屏播放的激光影视光盘。

(4) DVD(Digital Versatile Disk)：数字多用光盘。其以 MPEG-2 为标准，拥有 4.7GB 的大容量，可储存 133 分钟的高分辨率全动态影视节目，包括杜比数字环绕声音轨道。其图像和声音质量是 VCD 所不及的。

(5) DVD＋RW：可反复写入的 DVD 光盘，又叫 DVD-E。其容量为 3.0GB，采用 CAV 技术来获得较高的数据传输率。

3. CD-R/CD-RW 的分类

CD-R/CD-RW 光盘按表面涂层的不同，可以分为以下几种。

(1) 绿盘：由 Taiyo Yuden 公司研发，原材料为 Cyanine(青色素)，保存年限为75 年，是最早开发的标准，兼容性最为出色，制造商有 Taiyo Yuden、TDK、Ricoh(理光)、Mitsubishi(三菱)。

(2) 蓝盘：由 Verbatim 公司研发，原材料为 Azo(偶氮)，在银质反射层的反光下会看见水蓝色的盘面，存储时间为 100 年，制造商有 Verbatim 和 Mitsubishi。

(3) 金盘：由 Mitsui Toatsu 公司研发，原材料为 Phthalocyanine(酞菁)，抗光性强，存储时间长达 100 年，制造商有 Mitsui Toatsu、Kodak(柯达)。

(4) 紫盘(CD-RW)：它采用特殊材料制成，只有类似紫玻璃的一种颜色。CD-RW 以相变式技术来生产结晶和非结晶状态，分别表示 0 和 1，并可以多次写入，也称为可复写光盘。

4. CD-ROM/CD-R/CD-RW 的不同之处

虽然 CD-ROM、CD-R、CD-RW 都是光盘，但它们的实质大不相同。

CD-ROM 是最常见的，表面是白色的，也叫银盘。它由光盘加工线大批量生产出来，一生产出来就已经有内容了，刻录机是无法做出 CD-ROM 的。

CD-R 的表面涂有反射层(绿、蓝或金色)，刚生产出来时是无内容的，在刻录之后，盘片的颜色会改变，表明资料已经存储进去了。

CD-RW 是可重复刻录光盘，也有反射层(紫色)，并可以多次使用，极限为 1 千次左右。

5. 光盘刻录原理

光盘的刻录主要靠光盘刻录机完成，光盘刻录机是一种数据写入设备，利用激光将数据写到空白光盘上，从而实现数据的储存。其写入过程可以看做普通光驱读取光盘的逆过程。

刻录机是利用大功率激光将数据以"平地"或"坑洼"的形式刻录在光盘上的。

光盘刻录机包括 CD-R、CD-RW 以及 DVD。

6. 光盘镜像文件

所谓镜像文件,其实和 ZIP 压缩包类似,它将特定的一系列文件按照一定的格式制作成单一的文件,以方便用户下载和使用。例如,一个测试版的操作系统、游戏等。

镜像文件不仅具有 ZIP 压缩包的"合成"功能,它最重要的特点是可以被特定的软件识别并可直接刻录到光盘上。

常见的镜像文件格式主要有:ISO、BIN、NRG、NRI、VCD、CIF、FCD、IMG、CCD、C2D、DFI、TAO、DAO 和 CUE 等。

每种刻录软件支持的镜像文件格式都各不相同。例如,Nero 支持 NRG、ISO 和 CUE;Easy CD Creator 支持 ISO、CIF;CloneCD 支持 CCD 等。

3.3.3　下载、安装与启动 Nero

从许多网站都可以下载这个软件,本文采用的版本是 Nero 10 Multimedia Suite V10.0.10.100 精简版,支持操作系统 Windows 7/Windows Vista/Windows 2003/Windows XP/Windows 2000,软件大小 56.48MB,是一个免费软件。

1. 安装

双击下载的 Nero 安装程序,进入图 3.41 所示的安装向导界面,建议从精简实用出发,单击"自定义安装"单选按钮,单击"下一步"按钮,进入图 3.42 所示的选择安装位置界面,建议选择默认设置,单击"下一步"按钮,进入图 3.43 所示的选择组件界面,取消选中 Nero BurnRights、Nero DiscSpeed、Nero InfoTool、集成右键快捷菜单复选框,单击"安装"按钮,进入图 3.44 所示的正在安装界面,接着进入图 3.45 所示的完成安装界面,仅选中"运行 Nero Multimedia Suite 10.0.10.100 精简版"复选框,单击"完成"按钮,进入图 3.46 所示的欢迎使用界面,可以单击"请稍后再提醒我"或者"关闭"按钮,进入图 3.47 所示的 Nero 主界面,至此完成安装过程。

图 3.41　安装向导界面

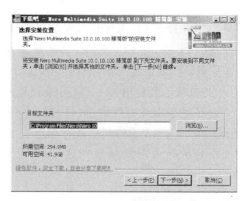

图 3.42　选择安装位置界面

图 3.43 选择组件界面

图 3.44 正在安装界面

图 3.45 完成安装界面

图 3.46 欢迎使用界面

2. 启动

本版本的 Nero 有两种界面：Nero Burning ROM 界面及 Nero Express 界面。

（1）启动 Nero Burning ROM 软件的方法

方法一：依次选择"开始"|"程序"|Nero Multimedia Suite|Nero Burning ROM 程序，可启动进入图 3.47 所示的默认 Nero 主界面。

方法二：直接双击桌面的 Nero Burning ROM 快捷方式，具体操作同方法一。

图 3.47　Nero 主界面

（2）启动 Nero Express 软件的方法

依次选择"开始"|"程序"|Nero Multimedia Suite|Nero Express 程序，可进入图 3.48 所示的 Nero Express 界面。

（3）两种界面相互切换

① Nero Burning ROM 界面切换至 Nero Express 界面操作方法如下。

在图 3.47 所示的 Nero 主界面中，在"新编辑"对话框中，单击 Nero Express[E] 按钮；或者关闭"新编辑"对话框，单击 Nero Burning ROM 窗口工具栏中的 按钮；亦可依次选择"帮助"|"使用 Nero Express"选项。

② Nero Express 界面切换至 Nero Burning ROM 界面操作方法如下。

在图 3.48 所示的 Nero Express 界面中，单击左边框中部的左三角形按钮，进入图 3.49 所示的 Nero Express 扩展界面，单击左上方的"切换到 Nero Burning ROM"链接即可。

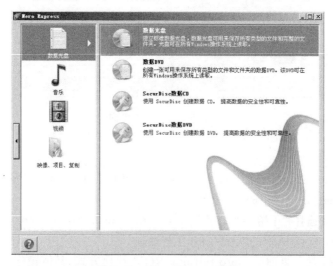

图 3.48　Nero Express 界面

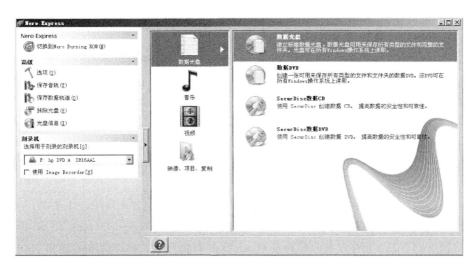

图 3.49　Nero Express 扩展界面

3.3.4　使用 Nero

1. Nero Burning ROM 界面

图 3.50 所示的 Nero Burning ROM 界面,由菜单栏、工具栏、左边的 ISO1 和右边的浏览器、状态栏组成。其中,浏览器的用法与资源管理器类似,可以选择需要刻录的内容,即选择连续或不连续的文件和文件夹。ISO1 细分为左窗格和右窗格两部分,右窗格用于显示或选择待刻录的内容。在左窗格中可以通过"重命名"命令或通过 ISO1 左窗格最上边的文字修改光盘的卷标。

图 3.50　Nero Burning ROM 界面

2. 利用 Nero Burning ROM 界面刻录数据光盘

启动 Nero,默认进入图 3.50 所示的 Nero Burning ROM 界面,在打开窗口的同时,打开"新编辑"对话框，如图 3.47 所示的 Nero 主界面。

在打开的"多重区段"选项卡中有 3 个单选项。

（1）启动多重区段光盘：当使用空白光盘刻录，且刻录的内容不满一张光盘，以后准备继续刻录，则选择该选项。

（2）继续多重区段光盘：当使用已经刻录有内容且"新编辑"对话框中设置了"继续刻录多重区段光盘"，则使用该选项，此时，对话框中的"选项"区可用，一般选择默认设置即可。

（3）没有多重区段：使用的光盘是空白光盘，刻录的内容基本装满一张光盘，以后不准备继续刻录，则使用该选项。

在"新编辑"对话框中，左边为刻录内容类型选项，默认选择 CD-ROM（ISO），表示制作一般的数据光盘，再单击"新建"按钮，进入图 3.50 所示的 Nero Burning ROM 界面。

将"浏览器"中选择的刻录内容拖放至 ISO1 的右窗格中；亦可以在右窗格上，右击空白处，在弹出的快捷菜单中，选择"添加文件"或"添加文件夹"选项添加文件。此时，在窗口下方的标尺上将显示刻录内容的大小。在标尺上分别有绿、黄、红块。其中绿色块表示安全的刻录容量范围；黄色块表示刻录容量最理想界线；红色块表示刻录容量的安全警戒线。

若要继续添加，只须在"浏览器"中重新选择内容，并将所选的内容添加至 ISO1 的右窗格中。若要删除已经添加的内容，只须在 ISO1 区选择要删除的内容，然后按照删除操作方法进行操作即可。

注意：这不是删除文件，而是清除所选择的待刻录内容。

可以重命名 ISO1 窗口中的文件或文件夹。操作方法：右击文件或文件夹，在弹出的快捷菜单中，选择"重命名"命令。

刻录有两种方法。

方法一：添加与编辑刻录内容完成后，单击工具栏的"刻录"按钮，进入图 3.51 所示的"刻录编译"对话框。默认选择"刻录"选项卡，选项卡中的参数一般取默认值即可。如果刻录的光盘质量不是太好，可将写入速度设置低于默认的写入速度，以提高刻录的成功率。再单击"刻录"按钮，进入图 3.52 所示的"写入光盘"界面，在刻录窗口上部的列表框中，显示刻录过程的各种动态信息。Nero 首先为刻录做一些准备工作，如激活无缝链接、文件暂存等。在这一阶段，若单击"取消"按钮，将取消刻录操作，光盘不易受损。若列表框中已显示"以 4×（600KB/s）的速度开始刻录"的信息。此时，单击"取消"按钮会导致光盘报废，必须等待刻录操作的完成。

刻录完成后，弹出完成消息框，单击"确定"按钮，再单击刻录窗口的"完成"按钮，光盘会从驱动器中弹出并回到 Nero Burning ROM 界面。关闭该窗口，此时，将弹出询问是否保存刻录时生成的 ISO 文件消息框，系统默认选择"是"按钮。若不保存，可以单击"否"按钮，退出 Nero Burning ROM 界面。

方法二：在图 3.50 所示的 Nero Burning ROM 界面中，单击 立即刻录 按钮，进入图 3.53 所示的"立即刻录"对话框。单击"是"按钮，进入图 3.52 所示的写入光盘界面，其余的操作步骤按前述操作即可。

图 3.51　"刻录编译"对话框

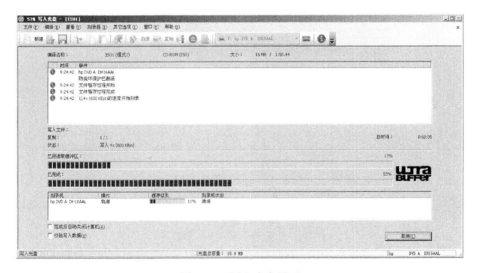

图 3.52　写入光盘界面

3. Nero Express 界面

Nero Express 是 Nero Burning ROM 的简化版,界面简洁,操作简便,是初学者最宜选用的界面。

图 3.48 所示的 Nero Express 界面中,包括制作数据光盘、音乐、视频、映像、项目、复制等功能。

图 3.53　"立即刻录"对话框

(1) 数据光盘:可建立标准数据光盘,数据光盘可用来保存所有类型的文件和完整的文件夹。光盘可在所有 Windows 操作系统上读取。

(2) 数据 DVD:创建一张可用来保存所有类型的文件和文件夹的数据 DVD。该 DVD 可在所有 Windows 操作系统上读取。

（3）SecurDisc 数据 CD：使用 SecurDisc 创建数据 CD，提高数据的安全性和可靠性。

（4）SecurDisc 数据 DVD：使用 SecurDisc 创建数据 DVD，提高数据的安全性和可靠性。

4. 利用 Nero Express 界面刻录数据光盘

启动 Nero Express，进入图 3.48 所示的 Nero Express 界面，依次选择左边框的"数据光盘"|右边框的"数据光盘"选项，进入图 3.54 所示的光盘内容为空白的界面。单击"添加"按钮，进入"添加文件和文件夹"窗口。选择需要刻录的文件或文件夹，单击"添加"按钮，再单击"关闭"按钮，进入图 3.55 所示的光盘内容界面。单击"下一步"按钮，进入图 3.56 所示的最终刻录设置界面。例如，在"光盘名称"文本框中，输入"09 电子商务安装程序"，再单击"刻录"按钮，进入图 3.57 所示的刻录过程界面。系统将显示刻录过程的各种动态信息，等待一段时间后，进入图 3.58 所示的刻录过程完成界面。单击"下一步"按钮，进入如图 3.59 所示的保存项目界面，可以保存刻录时生成的 NRI 文件。也可以单击"关闭"按钮，不保存直接退出。

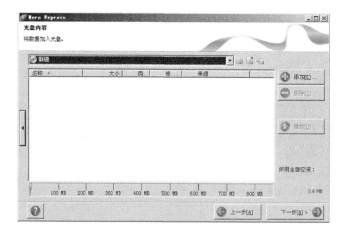

图 3.54　光盘内容为空白的界面

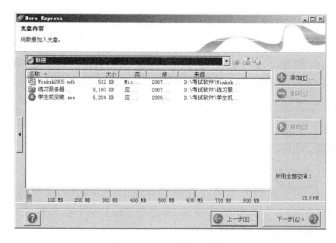

图 3.55　光盘内容界面

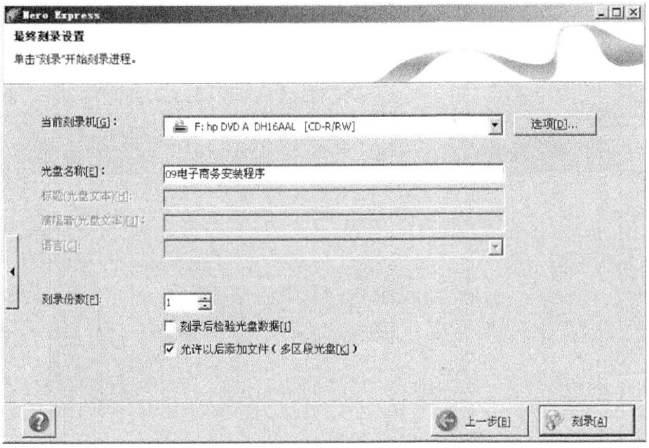

图 3.56　最终刻录设置界面

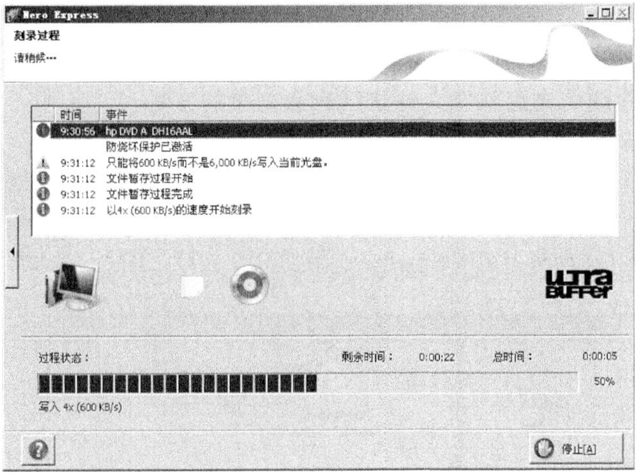

图 3.57　刻录过程界面

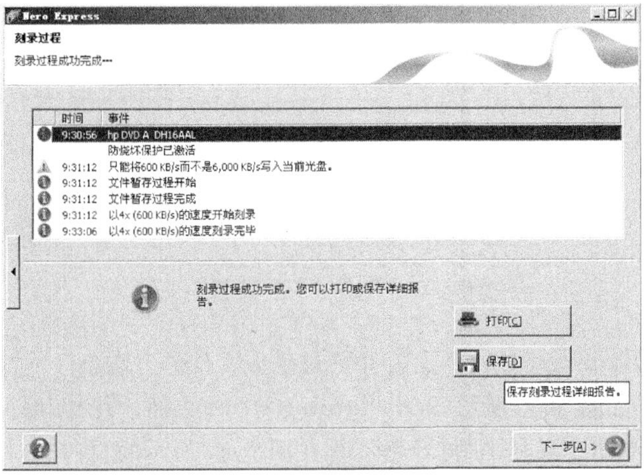

图 3.58　刻录过程完成界面

图 3.59　保存项目界面

5. 利用刻录生成的光盘映像文件进行光盘刻录的方法

（1）在图 3.48 所示的 Nero Express 界面中，打开刻录生成文件的方法

选择"映像、项目、复制"选项，进入图 3.60 所示的映像、项目、复制界面。依次选择"映像、项目、复制"|"光盘映像或保存的项目"选项，在图 3.61 所示的"打开"对话框中，选择相应的映像文件，最后单击"打开"按钮。

图 3.60　映像、项目、复制界面

（2）在 Nero Burning ROM 界面打开刻录生成文件的方法

启动 Nero，进入图 3.50 所示 Nero Burning ROM 界面。在"新编辑"对话框中，单击"打开"按钮，或者单击工具栏的"打开"按钮，在图 3.61 所示的"打开"对话框中，选择相应的映像文件，最后单击"打开"按钮。

图 3.61 "打开"对话框

3.3.5 应用案例

任务 1：擦除可重写光盘。

准备好 CD-R/W 或 DVD-R/W 可重写光盘，放入刻录光驱。

操作步骤：

方法一：在图 3.49 所示的 Nero Express 扩展界面中，单击"擦除光盘"链接，进入图 3.62 所示的"擦除可重写光盘"对话框，单击"删除"按钮。

方法二：在图 3.50 所示的 Nero Burning ROM 界面中，依次选择"刻录器"|"擦除可重写光盘"选项，进入图 3.62 所示的"擦除可重写光盘"对话框，单击"删除"按钮。

任务 2：复制整张 CD 光盘。

可以将光盘上的内容复制到一张新的空白光盘上。将源盘放入 CD-ROM 光驱，将空白目标盘放入刻录光驱。本例以只有一个刻录光驱为例进行说明。

操作步骤：

以 Nero Express 界面为例，依次选择"开始"|"程序"|Nero Multimedia Suite|Nero Express 程序，可启

图 3.62 "擦除可重写光盘"对话框

动进入图 3.48 所示的 Nero Express 界面。依次选择"映像、项目、复制"|"复制整张 CD"选项，进入图 3.63 所示的选择来源及目的地界面。单击"复制"按钮，进入图 3.64 所示的刻录过程界面，根据屏幕提示一步步操作即可。

3.3.6 技能训练

任务 1：将 MP3 文件制作成音乐光盘。

Nero 可以创建标准音频光盘，可以在所有音频光盘播放器上播放，用户可以对硬盘驱动器上的音乐进行编译，或者从现有的音频光盘中选择轨道。在刻录过程中，MP3 和 WMA 文件将自动转换为音频光盘格式。

操作步骤：

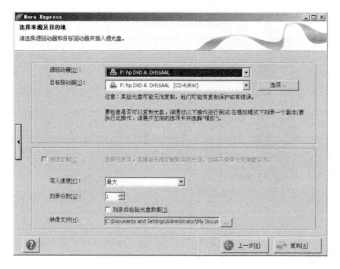

图 3.63　选择来源及目的地界面

图 3.64　刻录过程界面

以 Nero Express 界面为例,依次选择"开始"|"程序"|Nero Multimedia Suite|Nero Express 程序,可启动并进入到图 3.48 所示的 Nero Express 界面。依次选择"音乐"|"音乐光盘"选项,打开"我的音乐 CD"窗口。单击"添加"按钮,添加 MP3 文件。依次单击"添加"|"关闭"|"下一步"按钮,打开"最终刻录设置"窗口,在"标题(光盘文本)"和"演唱者(光盘文本)"文本框中,分别输入相应的内容,最后单击"刻录"按钮。

任务 2:制作数据音频光盘。

Nero 可将音频和数据文件刻录到同一张空白光盘上,既可以在光盘播放设备播放不同格式的音乐,又可以在计算机上读取相关的数据文件。

操作步骤:

以 Nero Burning ROM 界面为例。

（1）启动 Nero，"新编辑"对话框中，依次单击"混合模式 CD"|"新建"按钮。

（2）添加与编辑刻录内容完成后，选择工具栏的"刻录"按钮。

任务 3：复制整张 DVD 光盘，即创建整张 DVD 的副本。

事先要准备空白 DVD 光盘。

操作步骤：

以 Nero Express 界面为例，依次选择"开始"|"程序"|Nero Multimedia Suite|Nero Express 程序，可启动并进入到图 3.48 所示的 Nero Express 界面。选择"映像、项目、复制"|"复制整张 DVD"选项，进入"选择来源及目的地"窗口。单击"复制"按钮，根据屏幕提示一步步操作。

3.3.7　技能达标

1. 填空题

Nero 是（　　）工具。

2. 判断题

Nero 不支持 CD 刻录。　　　　　　　　　　　　　　　　　　　　　　　　（　　）

3. 问答题

DVD＋RW 光盘表示什么意思？

4. 上机操作题

利用 Nero 制作光盘映像文件。

操作步骤：

以 Nero Burning ROM 界面为例。

（1）启动 Nero，在"新编辑"对话框中依次单击 CD-ROM(ISO)|"新建"按钮。在"浏览器"窗口中，选择要刻录的文件或文件夹，拖曳至"ISO1"窗口中。

（2）选择工具栏中的 Image Recorder 刻录器，或者依次选择"刻录器"|"选择刻录器"选项，打开"选择刻录器"对话框。选择 Image Recorder 驱动器，再单击"确定"按钮。

（3）单击工具栏中的"刻录"按钮，进入"刻录编译"对话框。单击"开始刻录"按钮，在弹出的"保存映像文件"对话框中，输入文件名，设置文件类型为 ISO。单击"保存"按钮，出现"刻录完毕"信息提示，单击"确定"按钮。

3.3.8　课后习题

上网下载 Nero 的安装文件，解压到硬盘，练习使用 Nero 软件。

3.4　虚拟光驱软件——DAEMON Tools

DAEMON Tools 是先进的模拟备份且合并保护盘的虚拟光驱工具。它可以备份 SafeDisc 保护的软件，也可以打开 CUE(CDRWin/DiscDump/Blindread 生成的 BIN 映像)、ISO(CDRWin 或 CDWizard 生成的映像)、CCD(CloneCD 生成的.IMG 映像)、BWT (Blindwrite 生成的映像)、CDI、MDS(Alcohol120％生成的映像)等虚拟光驱的映像文件。

3.4.1　技能目标

（1）了解和掌握 DAEMON Tools 的基础知识。

（2）掌握 DAEMON Tools 的使用方法及基本操作。

3.4.2　相关知识点介绍

虚拟光驱是一种模拟(CD/DVD-ROM)工作的工具软件,可以生成和电脑上所安装的光驱功能一模一样的光盘映像,一般光驱能做的事虚拟光驱一样可以做到。

其工作原理是：先虚拟出一部或多部虚拟光驱后,将光盘上的应用软件存放在硬盘上,并生成一个虚拟光驱的映像文件,然后就可以将此映像文件放入虚拟光驱中来使用。以后要启动此应用程序时,不必将光盘放在光驱中,也就无须等待光驱的缓慢启动,只须单击"插入"图标,虚拟光盘立即装入虚拟光驱中运行,快速又方便。

常见的虚拟光驱软件有 VDM、DAEMON Tools 等。

3.4.3　下载、安装与启动 DAEMON Tools

从许多网站都可以下载这个软件。本文采用的版本是 DAEMON Tools 4.35.5 汉化增强版,支持操作系统 Windows 98/ Windows Me/ Windows NT4/ Windows 2000/ Windows XP /Windows Vista,软件大小 8.73MB,是一个免费软件。

1. 安装

双击下载的 DAEMON Tools 安装程序,进入图 3.65 所示的安装向导界面。单击"下一步"按钮,进入图 3.66 所示的许可协议界面。单击"我同意"按钮,进入图 3.67 所示的许可类型界面。选择"免费许可"单选按钮,再单击"下一步"按钮,进入图 3.68 所示的选择组件界面。选中"桌面快捷方式"及"开始菜单快捷方式"两个复选框,进入图 3.69 所示的支持 DAEMON Tools 团队界面。取消选中"浏览器起始页"复选框,单击"下一步"按钮,进入图 3.70 所示的选择安装位置界面。建议选择默认位置,单击"安装"按钮,进入图 3.71 所示的正在安装界面。接着进入图 3.72 所示的完成安装向导界面,单击"确定"按钮,至此完成安装过程。

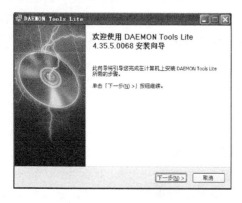

图 3.65　安装向导界面

图 3.66　许可协议界面

图 3.67　许可类型界面

图 3.68　选择组件界面

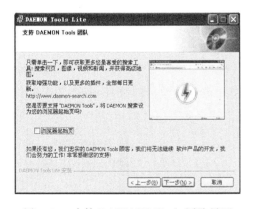

图 3.69　支持 DAEMON Tools 团队界面

图 3.70　选择安装位置界面

图 3.71　正在安装界面

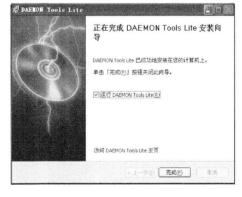

图 3.72　完成安装向导界面

2. 启动

启动 DAEMON Tools 软件的方法如下。

方法一：依次选择"开始"|"程序"|DAEMON Tools Lite|DAEMON Tools Lite 程序,可启动并进入到图 3.73 所示的正在更新虚拟设备界面,同时任务栏会出现 DAEMON

Tools 的程序图标，如图 3.74 所示。

图 3.73　正在更新虚拟设备界面 　　　　　　图 3.74　DAEMON Tools 程序图标

方法二：直接双击桌面的 DAEMON Tools Lite 快捷方式，具体操作同方法一。

3.4.4　使用 DAEMON Tools

使用 DAEMON Tools 最主要的目的是设置虚拟光驱，即将光盘映像文件做成虚拟光驱，就像机器上真的多了一个或多个 CD-ROM 驱动器一样。

1．设置虚拟光驱

右击任务栏的图标，弹出图 3.75 所示的 DAEMON Tools 菜单。共有 7 个菜单项，分别是"装载和驱动器管理"、"光盘映像"、"虚拟设备"、"参数选择"、"立即购买"、"帮助"和"退出"。当建立虚拟光驱后，此菜单会增加"最近使用的映像"菜单项。

选择"虚拟设备"选项，DAEMON Tools 默认设置一个虚拟驱动器，虚拟驱动器标号为 0。可以选择"添加 SCSI 虚拟驱动器"选项，增加虚拟驱动器的数目，最多支持 4 个虚拟光驱，如图 3.76 所示。

图 3.75　DAEMON Tools 菜单 　　　　　　图 3.76　虚拟设备界面

在图 3.77 所示的虚拟光驱数目界面中，有"设备 0：〔G：〕无媒体"和"设备 1：〔S：〕无媒体"两个选项。其中 0 和 1 是虚拟驱动器标号；G 和 S 是虚拟光盘驱动器的盘符；"无媒体"表示没有光盘映像文件与虚拟光驱相关联。

例如，选择"设备 0：〔G：〕无媒体"选项，打开图 3.78 所示的子菜单。选择"装载映像"选项，进入图 3.79 所示的"选择映像文件"对话框。选择一个映像文件，可以是 CUE、ISO、CCD 等格式，单击"打开"按钮，打开资源管理器，进入图 3.80 所示的设置完成虚拟光驱界面，即可以像访问物理光驱一样访问该虚拟光驱，在左窗格中，选择该驱动器或驱动器中的文件夹，在右窗格可以看到对应的内容，至此完成虚拟光驱的设置。

图 3.77　虚拟光驱数目界面 　　　　　　图 3.78　选择"装载映像"选项

图 3.79　"选择映像文件"对话框

图 3.80　设置完成虚拟光驱界面

2．更新虚拟光驱内容

若要更换虚拟光驱的内容，只须在图 3.77 所示的界面中，选择需要的设备。例如，选择"设备0：［G：］"选项，然后选择"装载映像"选项，直接更换新的映像文件。其余步骤同前述类似。

3．卸载映像

在图 3.81 所示的级联菜单中，选择"卸载映像"选项，可将映像文件从虚拟光驱中彻底移除。映像文件移除后，该虚拟光驱与映像文件之间不存在关联了。也就是说，此时设备变成"无媒体"了，要想再次使用虚拟光驱，必须重新装载映像文件。

4．虚拟弹出光盘与卸载驱动器

设置了虚拟光驱后，可以实现虚拟弹出光盘的操作。

在图 3.81 所示的界面中，若选择"弹出"选项，这时虚拟光驱中的内容消失，但虚拟光盘驱动器依然存在。若选择"移除驱动器"选项，可卸载虚拟光驱，其标志将从资源管理器中消失。

图 3.81　"卸载映像"、"弹出"及"移除驱动器"选项

5．退出程序

右击任务栏中的  图标，在弹出的快捷菜单中选择"退出"选项，可以退出程序。虽然程序已退出，但创建的虚拟光驱仍然可以使用。

6．卸载程序

依次选择"开始"|"程序"|DAEMON Tools Lite|Uninstall 选项，再依次选择"卸载"|"完成"选项，即可卸载 DAEMON Tools 程序。

3.4.5　应用案例

任务：将给定的 MUSIC.iso 文件，其内容为 MP3 音乐，进行虚拟光驱的设置，虚拟盘符为 T，并且打开虚拟光驱后自动装载。

操作步骤：

（1）设置虚拟光驱。在图3.75所示的菜单中，依次选择"虚拟设备"|"添加SCSI虚拟驱动器"|设备标号或盘符|"设备参数"选项，进入"设备参数"对话框。在"驱动器盘符"下拉列表框中选择"T："，再单击"确定"按钮。

（2）装载映像。在图3.75所示的菜单中，选择"虚拟设备"，然后，选择"设备0：[T：]无媒体"选项，再选择"装载映像"选项，出现图3.79所示的"选择映像文件"对话框。选择MUSIC.iso文件，再单击"打开"按钮，完成装载映像操作。

（3）自动装载。在图3.75所示的菜单中，选择"参数选择"选项，进入"参数选择"对话框，选中"自动装载"复选框，最后单击"关闭"按钮。

3.4.6　技能训练

任务1：将"我的文档"中给定的ISO文件设置为虚拟光驱，自动产生盘符。

任务2：将"我的文档"中给定的ISO文件设置为虚拟光驱，盘符为S。

任务3：将任务2中的虚拟盘符S的内容更换为"我的文档"中给定的2010.iso文件，然后移除该虚拟光驱。

3.4.7　技能达标

1．填空题

DAEMON Tools是（　　）工具。

2．判断题

DAEMON Tools不支持装载.nrg格式的映像文件。　　　　　　　　　　（　　）

3．问答题

虚拟光驱的原理是什么？

4．上机操作题

利用NERO软件先建立3个ISO文件，然后设置3个虚拟光驱，再移除这3个虚拟光驱。

3.4.8　课后习题

上网下载DAEMON Tools的安装文件，解压到硬盘，练习使用DAEMON Tools软件。

第 4 章

网 络 工 具

随着计算机网络的迅速发展,各种网络应用层出不穷。本章将介绍常用的网络工具,包括下载和上传、网络通信及电子邮件客户端等。

4.1 影视点播软件——风行

风行(Funshion)又叫风行网络电影,是全球首款集在线观看和下载于一身的影视点播软件,也是全球最大的影视点播平台。软件具有"边下边看"、"超级点播"及"BT 高速下载"的功能,支持快进、快退、自由拖放等多种操作,支持视频预览,可播放不完整的文件;画质清晰、内容丰富、搜索功能强大。

风行的影视点播技术特点如下。

(1) 高效缓冲算法,最大限度保障在线观看的流畅度。

(2) 在所有 Windows 操作系统上均可支持 NAT,自动完成 UPnP 端口映射。

(3) 高效的 NAT 和防火墙穿透能力,帮助内网用户加快下载速度。

(4) 支持 DHT 网络,连接不到 Tracker 服务器时也可获取想要的数据。

(5) 智能磁盘缓存算法,通过内存中缓冲数据消除高速下载上传对硬盘的损伤。

4.1.1 技能目标

(1) 了解和掌握风行的基础知识。

(2) 掌握风行的使用方法及基本操作。

4.1.2 相关知识点介绍

1. 码率

码率是数据传输时单位时间传送的数据位数,一般采用的单位是 Kbps,即千位每秒。

计算机中的信息是用二进制的 0 和 1 来表示,其中每一个 0 或 1 被称作一个位,用小写 b 表示,即 bit(位);大写 B 表示 byte,即字节,一个字节相当于八个位,即 1B=8b;大写 K 表示千的意思,即千个位(Kb)或千个字节(KB)。表示文件的大小单位,一般都使用 4 字节(KB)。

Kbps 是指网络速度,即每秒钟传送多少个千位的信息,其中 ps 指每秒。为了在直观上显得网络的传输速度较快,一般都使用 Kb(千位)来表示,如果是 KBps,则表示每秒传送多少千字节,1KBps＝8Kbps。比如 ADSL 上网时的网速是 512Kbps,如果转换成字节,就是 512/8＝64KBps(即 64 千字节每秒)。

2. P2P

P2P 是英文 Point to Point(点对点)的简称,表示在下载的同时,计算机还继续做主机上传。对于这种下载方式,用户越多速度越快。风行的 P2P 技术是更先进的点对点网络传输技术,对用户的计算机无损伤。

3. 缓冲

由于风行必须先把影视资源文件从互联网下载到本机,需等到本机有一定资源内容时方可播放,这个必要的等待过程就称作"缓冲"。缓冲到 100％的时候,就开始播放影片。缓冲时间的长短因用户的网络环境差异而不等,通常网速越快,缓冲时间越短。如果网速慢,需要耐心等待,甚至等影片下载完全后再观看。

4. 监听端口

监听端口能获得远程连接。前提是公网 IP,或网关上对监听的端口作了端口映射。在端口连通的情况下,就可以和更多的用户进行连接点播,一般来说速度就会快起来。若不监听端口,将减少一半的传输机会。

5. UPnP 自动端口映射

内网的特点是无法对外打开监听端口,因此会损失所有外部发起的连接,例如硬件路由器、Windows 网络共享等。常用的解决办法是用 NAT 进行端口映射,将网关/路由器上的端口映射到本机,但操作过程相对复杂。

风行支持 UPnP 自动端口映射,可以在本机上自动完成网关端口映射配置的操作。用户可以在不作任何配置的情况下,自动在网关上打开对外端口,点播速度自然得到了提升。目前支持 UPnP 的操作系统是 Windows XP,网关设备包括 Windows XP 的 Internet 连接共享、防火墙及支持 UPnP 的硬件路由器。

6. 连接数

连接数是指影片资源在同一时间内有多少用户在观看的一个大致度量。如果连接数越大,意味该影片资源的下载速度会更快、更流畅。

7. 种子文件

种子文件是基于 P2P 传输的一种"源"文件,它按照一定的格式记录了实际网络文件的必要信息,风行软件通过读取种子文件中的信息来下载网络上的媒体文件。风行的种子文件的格式是 ∗.fsp。

8. 任务

用户对某个节目的操作(如点播、下载、删除等)事件组合称为任务。任务的主体是某个影视节目,因此任务也可表示某个节目,在"任务管理"窗口中可以对各个任务进行一些操作。

9. 节目初始化

点播某个节目后,在风行启动下载和播放之前有一个准备(如获取资源)的过程,称为节目初始化,通常这个过程不会很长。

10. FSP

FSP 的全称是 Funshion Server Protocol,即风行服务协议。

4.1.3　下载、安装与启动风行

从许多网站都可以下载这个软件,本文采用的版本是风行 2.4.0.23 正式版,支持操作系统 Windows 7/Windows 2003/Windows XP/Windows 2000,软件大小 4.63MB,是一个免费软件。

风行软件对系统的要求如下。

(1) 软件环境:Windows 2000/Windows 2003/Windows XP 操作系统;安装 DirectX 9.0;安装 MediaPlayer 9 和 Real One Player 或以上。

(2) 硬件环境:CPU:450MHz 以上;内存:256MB 以上;显卡:16MB 显存以上。

1. 安装

双击下载的风行安装程序,进入图 4.1 所示的安装向导界面,单击“下一步”按钮,进入图 4.2 所示的安装协议界面。单击“接受”按钮,进入图 4.3 所示的选择安装路径界面,建议选择默认设置。单击“安装”按钮,最后进入图 4.4 所示的安装完成界面。取消选中“最流行的游戏和时尚精品”复选框,单击“完成”按钮,至此完成安装过程。

图 4.1　安装向导界面

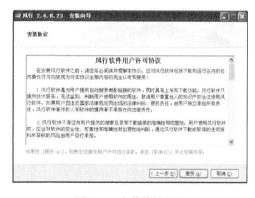

图 4.2　安装协议界面

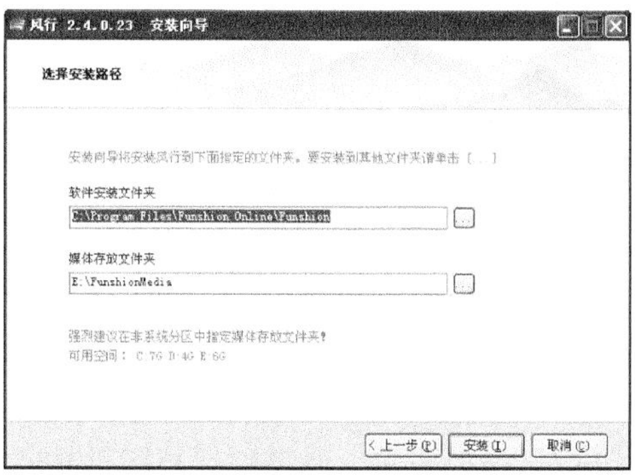

图 4.3　选择安装路径界面

图 4.4　安装完成界面

2. 启动

启动"风行"软件的方法如下。

方法一：依次选择"开始"|"程序"|"风行"|"风行"程序，可启动并进入图4.5所示的风行"经典模式"主界面。

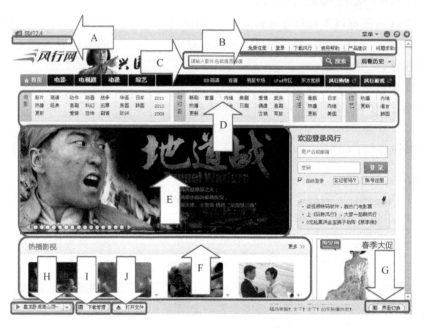

图4.5   风行"经典模式"主界面

方法二：直接双击桌面上的"风行"快捷方式，或者双击任务栏的风行的程序图标 ，具体操作同方法一。

4.1.4   使用风行

1. 风行界面介绍

风行界面由三大功能界面组成：节目资源界面、播放界面、软件菜单界面。

（1）节目资源界面

图4.5所示的"经典模式"主界面，由A、B、C、D、E、F、G、H、I、J区构成。

① A区（软件快捷操作按钮组）：在风行软件左上角有一个长条形阴影，当光标移动至此，会出现图4.6所示的快捷操作按钮工具栏，可以进行"后退"、"前进"、"刷新"、"主页"等操作，选择"主页"按钮，则回到软件启动时的页面。

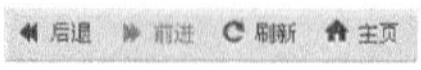

图4.6   快捷操作按钮工具栏

② B区（软件工具导航）：用户可以选择"免费注册"、"登录"、"下载风行"、"使用帮助"、"产品建议"、"问题求助"等选项。

③ C区（搜索框）：在搜索框内输入影片名称、演员名或者导演名，可以方便地找到需要的影片。例如，输入"风声"，单击右边的"搜索"按钮，出现图4.7所示的搜索结果界面，要想了解更多，可以单击"查看完整结果"链接。

图 4.7　搜索结果界面

④ D区(影视资源的分类目录列表)：用户可以较方便地找到喜爱的影片。

⑤ E区(热门电影)：展现近期热门的电影，每日更新。

⑥ F区(推荐影视节目)：提供风行编辑精心挑选的优秀影视节目。

⑦ G区(界面切换区)：可以实现"经典模式"与"流行模式"的切换。系统主界面默认是"经典模式"。单击"界面切换"按钮，再单击"流行模式"按钮，进入图 4.8 所示的风行的流行模式界面。在界面底部会出现"影片任务"、"下载管理"、"打开文件"等选项。

图 4.8　风行的流行模式界面

⑧ H区：影片任务栏。显示当前正在播放的影片任务及其他任务，选择正在播放的任务可展开和收回播放窗口。

⑨ I区：下载管理区。

⑩ J区：打开文件区。

（2）播放界面

选择任何一部影片图片或标题，进入图4.9所示的播放界面。选择"返回风行网"选项，可以收回播放界面，返回主界面，此时影片仍在播放。若想打开播放界面，则单击软件底部任务栏中正在播放的影片名，就可以打开播放界面，再次选择则收回。单击 ▮▮ 按钮，或者按SpaceBar（空格）键，可暂停当前播放任务，再次单击该按钮则继续播放当前任务。

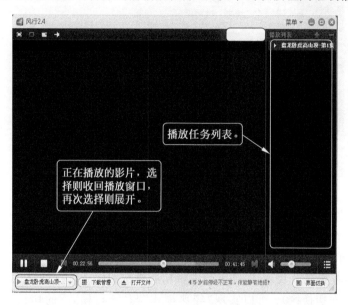

图4.9　播放界面

（3）软件菜单界面

在图4.5所示的"经典模式"主界面中，单击"菜单"按钮，可打开图4.10所示的风行软件菜单，其中包括如下子菜单和菜单项。

① 文件：可以添加点播任务，打开本地的媒体文件，恢复任务，打开和清除历史记录等。

② 设置：可以进行中、英语言选择，设置下载完成后自动关机，音/视频设置，还有一个主要的"选项"设置。

③ 视图：通过图4.11所示的"视图"子菜单，可以进行"经典"与"流行"的界面切换；可以选择全屏模式（亦可双击播放界面）；可以隐藏或显示任务列表。

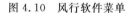

图4.10　风行软件菜单　　　　　　　图4.11　"视图"子菜单

④ 帮助：可以通过"帮助"子菜单中的选项进入"软件帮助"、"风行网站"、"进入论坛"、"联系我们"、"检查更新"等页面。

⑤ 退出：选择"退出"命令将会关闭风行软件。如果仍然有下载的任务或者有正在

播放的影片,将会询问是否确定退出风行软件。

2. 风行的选项设置

在图 4.5 所示的主界面中,依次选择"菜单"|"设置"|"选项"选项,进入"选项"对话框,包括"基本设置"和"播放设置"两大部分。

(1) 基本设置

基本设置界面包括常规选项、网络连接、任务管理、快捷方式、通知选项等部分,如图 4.12 所示。

① 常规选项:可以进行个性化常规设置。

② 网络连接:可以进行全局最大下载/上传速度、监听端口等设置。

③ 任务管理:可以进行保存路径、每个任务的最大连接数、功能等设置。

④ 快捷方式:可以进行播放器快捷方式等设置。

⑤ 通知选项:可以进行显示影视内容通知、显示活动通知、显示公告信息、显示个人通知等设置。

(2) 播放设置

图 4.13 所示的播放设置界面包括播放控制、画面控制、声音控制、色彩调节、配音选择、其他等部分。

① 播放控制:可以进行置顶、显示等设置。

② 画面控制:可以进行画面比例、缩放、旋转、平移等设置。

③ 声音控制:可以进行音频、声音放大、声音同步调节等设置。

④ 色彩调节:可以进行色彩的亮度、对比度、色彩、饱和度等调节。

⑤ 配音选择:可以选择国语片及外语片配音。

⑥ 其他:可以进行截图保存路径、音频设备、播放时去黑边等设置。

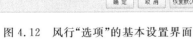

图 4.12　风行"选项"的基本设置界面　　　图 4.13　风行"选项"的播放设置界面

3. 搜索影片

可以通过软件搜索和分类检索来寻找想看的影片。

(1) 通过软件搜索

在图 4.5 所示的主界面中,在 C 区的搜索框内,输入想看的影片名称、导演或演员名字,单击"搜索"按钮,出现一系列的搜索结果。选择喜欢的影片,再单击"立即观看"按钮,经过节目初始化后,即可进入播放界面观看电影。

（2）通过分类检索查找

在图 4.5 所示的主界面中,在 F 区选择符合要求的选项,会出现影视列表。也可以按地区、年代、主题进行筛选。

（3）通过推荐影视节目及热门电影查找

在图 4.5 所示的主界面中,在 D 区及 E 区选择符合要求的优秀影视节目。

4. 边下载边观看

（1）节目初始化

图 4.5 所示的主界面也可称之为"节目库"。在 D 区、E 区、F 区中,选择影片图片或标题,将弹出初始化进度条,进入图 4.14 所示的"任务初始化"对话框,随即进入影片播放界面,缓冲完成后即可尽情欣赏。

（2）影片任务栏

在图 4.15 所示的影片任务栏中,当光标移动到当前播放的影片,会显示影片下载及码率信息。例如,单击"孔子"按钮,会出现当前处于"正在播放"状态以及容量大小、速度、进度、连接、码率等信息资料。其中,码率反映了影片的清晰度,而连接数则表示影片的热门程度,此时处于"边下载边观看"状态。若再次单击"孔子"按钮,则回到风行主界面,此时处于"边下载不观看,做其他事"状态。再次单击"孔子"按钮,又回到"边下载边观看"状态。

图 4.14　"任务初始化"对话框

图 4.15　影片任务栏

右击影片,或者单击影片右边的下三角按钮,会弹出图 4.16 所示的快捷菜单,可以进行"转为下载"、"下载任务"、"暂停任务"、"删除任务"、"浏览文件夹"等操作。

5. 任务管理

单击软件底部影片任务栏旁边的"下载管理"按钮,进入图 4.17 所示的"任务管理"对话框。任务管理将任务分为"全部"、"未完成"、"已完成"和"回收站"4 个大组。

图 4.16　"影片任务栏"快捷
菜单界面

"任务管理"提供了全部的下载任务,显示任务的容量大小、进度、下载速度、需时、连接数。右击列表中的任务,可弹出快捷菜单,可以进行"转为下载"、"下载任务"、"暂停任务"、"删除任务"、"上移"、"下移"、"移动至顶部"、"移动至底部"、"浏览文件夹"等操作。

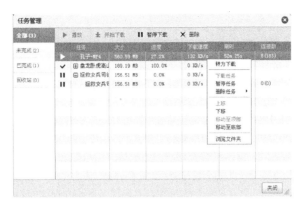

图 4.17　"任务管理"对话框

4.1.5　应用案例

任务：在本地添加已下载的完整或不完整的文件。

操作步骤：

（1）启动风行，在图 4.5 所示的主界面中，依次选择"菜单"|"文件"|"打开文件"选项。

（2）进入图 4.18 所示的"打开"对话框，选择某个.fsp 种子文件，再单击"打开"按钮。

图 4.18　"打开"对话框

4.1.6　技能训练

任务 1：用另一种方法，在本地添加已下载的完整或不完整的文件。

操作步骤：

启动风行，在图 4.5 所示的主界面中，选择 J 区的打开本地文件，进入图 4.18 所示的"打开"对话框，分两种情况。

（1）若选择的是已完全下载的文件，直接单击"打开"按钮，即可播放。

（2）若选择的某个文件，出现"fc!"，表示未完全下载，单击"打开"按钮后，继续单击底部的"下载管理"按钮，在"任务管理"对话框中，单击要播放的影片，单击"播放"按钮。

任务 2：利用历史任务记录打开下载的文件。

打开历史任务记录相当于打开了系统盘上的一个文件夹，存放着用户曾经点播过的节目的种子文件，用户可以再次使用这些文件进行下载及观看。

操作步骤：

（1）启动风行，在图 4.5 所示的主界面中，依次选择"菜单"|"文件"|"打开历史任务记录"选项。

（2）进入如图 4.19 所示的打开历史任务记录界面，双击某个种子文件即可播放。

任务 3：恢复任务。在"任务管理"对话框中删除某个任务和文件，请恢复该任务。

图 4.19　打开历史任务记录界面

操作步骤:

(1) 在"任务管理"对话框中,右击影片"孔子",打开如图 4.20 所示的快捷菜单,依次选择"删除任务"|"删除任务和文件"选项,影片即被彻底删除。

(2) 在图 4.5 所示的主界面中,依次选择"菜单"|"文件"|"恢复任务"选项,进入图 4.21所示的"恢复任务"对话框,分别单击"浏览"按钮,选择需要恢复的影片名(FSP 格式的种子文件)和下载储存影片的文件夹(文件夹与影片名同名),单击"确定"按钮。再次检查任务管理界面,影片"孔子"又恢复了并且可以播放了。

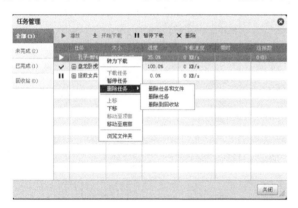

图 4.20　任务管理快捷菜单

图 4.21　"恢复任务"对话框

注意:如果已下载完成的影片,无须再恢复任务,可选择"菜单"|"文件"|"打开文件"进行播放了。

4.1.7　技能达标

1. 填空题

风行是(　　　)工具。

2. 判断题

风行不支持装载.rmvb 格式的文件。　　　　　　　　　　　　　　　　　(　　　)

3. 问答题

缓冲的原理是什么?

4. 上机操作题

利用风行软件搜索电影《山楂树之恋》,边下载边播放。

4.1.8　课后习题

上网下载风行的安装文件,解压到硬盘,练习使用风行软件。

4.2　网络下载工具——迅雷

迅雷立足于为全球互联网提供最好的多媒体下载服务,它使用基于网格原理的多资源超线程技术,能够将网络上存在的服务器和计算机资源进行有效的整合,构成独特的迅雷网络,通过迅雷网络,各种数据文件能够以最快的速度进行传递。多资源超线程技术还具有互联网下载负载均衡功能,有效降低了服务器负载。

迅雷的多资源超线程技术特点如下。

(1) 全新的多资源超线程技术,显著提升下载速度。

(2) 功能强大的任务管理功能,可以选择不同的任务管理模式。

(3) 智能磁盘缓存技术,有效防止了高速下载时对硬盘的损伤。

(4) 智能的信息提示系统,根据用户的操作提供相关的提示和操作建议。

(5) 独有的错误诊断功能,帮助用户解决下载失败的问题。

(6) 病毒防护功能,可以和杀毒软件配合保证下载文件的安全性。

(7) 自动检测新版本,提示用户及时升级。

(8) 提供多种皮肤,用户可以根据自己的喜好进行选择。

4.2.1　技能目标

(1) 了解和掌握迅雷的基础知识。

(2) 掌握迅雷的使用方法及基本操作。

4.2.2　相关知识点介绍

1. 网格

网格是利用互联网把地理上广泛分布的各种资源(包括计算资源、存储资源、带宽资源、软件资源、数据资源、信息资源、知识资源等)连成一个逻辑整体,就像一台超级计算机一样,为用户提供一体化信息和应用服务(如计算、存储、访问等)。

2. 多线程技术

多线程技术是把一个文件分割成几个部分同时下载,从而成倍地提高下载速度。

3. 负载均衡

负载均衡建立在现有网络结构之上,它提供了一种廉价有效透明的方法来扩展网络设备和服务器的带宽、增加吞吐量,可加强网络数据处理能力,提高网络的灵活性和可用性。

4.2.3　下载、安装与启动迅雷

从许多网站都可以下载这个软件,本书采用的版本是迅雷(Thunder) 7.1.7.2244,支

持操作系统 Windows 7/Windows Vista/Windows 2003/Windows XP/Windows 2000,软件大小 18.78MB,是一个免费软件。

1. 安装

双击下载的迅雷安装程序,进入图 4.22 所示的软件许可协议界面。单击"接受"按钮,进入图 4.23 所示的选择安装目录界面。仅选中"添加桌面快捷方式"复选框,进入图 4.24 所示的正在安装界面,接着进入图 4.25 所示的安装完成界面。仅选中"启动迅雷7"复选框,单击"完成"按钮。第一次启动,会打开"设置向导"对话框,建议单击"关闭"按钮,进入图 4.26 所示的迅雷主界面,至此完成安装过程。

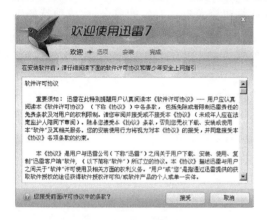

图 4.22　软件许可协议界面

图 4.23　选择安装目录界面

图 4.24　正在安装界面

图 4.25　安装完成界面

2. 启动

启动迅雷软件的方法如下。

方法一:依次选择"开始"|"程序"|"迅雷软件"|"迅雷 7"|"启动迅雷 7"程序,启动后在屏幕上出现悬浮窗 迅雷7 ,同时在任务栏上会出现迅雷的程序图标 。

方法二:直接双击桌面的"迅雷"快捷方式,具体操作同方法一。

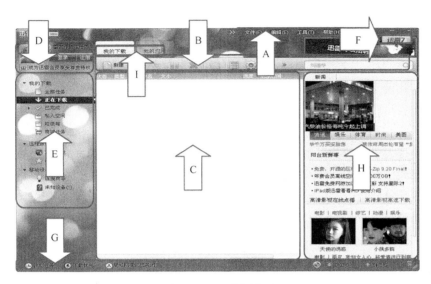

图 4.26　迅雷主界面

4.2.4　使用迅雷

1. 迅雷主界面介绍

图 4.26 所示的主界面由菜单栏、工具栏、任务管理窗、任务列表框组成。

（1）A 区（菜单栏）：有文件、编辑、工具、帮助等选项。

（2）B 区（工具栏）：有新建、开始、暂停、删除、打开、目录、分组、配置、分享下载链接等选项。

（3）C 区（任务列表框）：显示下载的任务信息，包括状态、类型、文件名、大小、进度、剩余时间等选项。

（4）D 区（用户窗）：可以实现迅雷会员登录及注册等。

（5）E 区（任务管理窗）：包括"我的下载"、"远程服务"、"移动设备"等选项。其中，"我的下载"包括全部任务、正在下载、已完成、私人空间、垃圾箱、商城任务等项目；"远程服务"包括离线下载、收藏夹、随身盘等项目；"移动设备"包括连接向导等项目。

（6）F 区（悬浮窗）：可拖动悬浮窗到任何位置，若单击悬浮窗中的 ![img] 按钮，会弹出快捷菜单，用户可以进行"显示主界面"、"选择任务"、"新建任务"等操作。

（7）G（状态栏）：可进行"计划任务"、"下载优先"、"局域网模式"等项目，显示下载、上传速度等设置。

（8）H 区：包括"基本信息"和"新闻"项目。其中，"基本信息"包括数据来源、基本操作、属性信息等项目。

（9）I 区：包括"我的下载"和"我的应用"两部分。其中，单击"我的下载"按钮，则相应的下载任务会与 C 区和 E 区相照应；选择"我的应用"按钮，可以提供"迅雷看看"、"迅雷钱包"、"皮肤中心"、"下载站导航"、"热门小游戏"、"网络测速"、"宽带排行榜"、"边下边玩"、"移动设备"、"狗狗搜索"、"软件仓库"、"虾米电台"、"豆瓣电台"、"斯诺克"、"德州扑克"、"连连看"、"对对碰"、"添加应用"等多项服务。

2. 悬浮窗的使用

所谓"悬浮窗",是指当迅雷启动后桌面上显示的一个 ▣迅雷7 图标,用户可以将希望下载的链接从网页上直接拖放到该图标,即可开始下载文件。

右击"悬浮窗",或者单击悬浮窗中的 ◀ 按钮,均会弹出图 4.27 所示的悬浮窗快捷菜单。

除了使用右键快捷菜单中的选项完成新建下载任务之外,还能通过拖放下载链接到悬浮窗来新建下载任务。当有任务正在下载时,悬浮窗内会显示下载进度百分比,会显示下载速度等流量信息。

双击悬浮窗,可以进入图 4.26 所示的主界面;右击任务栏中的图标 ▣,弹出图 4.28 所示的快捷菜单,选择"显示主界面"选项,亦可进入主界面。在主界面中再次双击悬浮窗,可退出主界面;同样右击任务栏中的图标 ▣,弹出图 4.28 所示的快捷菜单,选择"隐藏主界面"选项,亦可退出主界面。

默认情况下,悬浮窗、"监视剪贴板"、"监视浏览器"是开启的。若不希望如此,可在图 4.28 所示的快捷菜单中,选择"隐藏悬浮窗"选项,在级联菜单中,选择"监视剪贴板"及"监视浏览器"选项,可取消以上相应选项。

图 4.27　悬浮窗快捷菜单

图 4.28　快捷菜单

3. 使用剪贴板

若迅雷的"监视剪贴板"选项有效,用户可将下载文件的 URL 地址信息复制到剪贴板,然后在图 4.26 所示的主界面中,依次选择"文件"|"新建任务"|"普通/eMule 任务"选项,系统会自动将 URL 地址信息填写到"建立新的下载任务"对话框中的"下载链接"栏中,用户设置完其他选项后,选择"立即下载"按钮,即可开始下载任务。

4. 使用快捷菜单添加任务

在图 4.29 所示的下载文件链接快捷菜单中,在带有需下载文件链接的网页中,右击链接文字,在弹出的快捷菜单中,选择"使用迅雷下载"选项,进入图 4.30 所示的建立新的下载任务界面,建议选择默认位置,单击"立即下载"按钮,即可开始下载任务,进入图 4.31所示的下载任务界面,其中 A 区、B 区、C 区、D 区相照应。A 区表示任务"正在下载",与 B 区当前正在下载的任务列表对应,同时 C 区显示相应的下载进度图示,当选择图示的颜色块时,弹出 D 区的界面。

图 4.29　下载文件链接快捷菜单　　　　图 4.30　建立新的下载任务界面

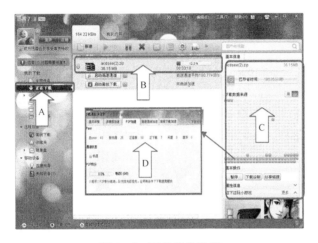

图 4.31　下载任务界面

下载完成后,进入图 4.32 所示的已下载完毕界面。在"任务列表框"中,先选择已下载的任务,若单击工具栏的"打开"按钮,可以打开下载文件；若单击　按钮,可以打开下载文件所在的文件夹。

图 4.32　已下载完毕界面

5. 批量下载任务

批量下载功能可以方便地创建多个包含共同特征的下载任务。例如,网站 A 提供了 10 个这样的文件地址：

http://www.a.com/01.zip

http://www.a.com/02.zip

⋮

http://www.a.com/10.zip

这 10 个地址只有数字部分不同,如果用(∗)表示不同的部分,这些地址可以写成:

http://www.a.com/(∗).zip

同时,通配符长度指的是这些地址不同部分数字的长度,例如,从 01.zip～10.zip,通配符长度是 2;从 001.zip～010.zip,通配符长度是 3。

操作步骤:

依次选择"文件"|"新建任务"|"批量任务"选项,填写带通配符的 URL 地址,最后选择"确定"按钮完成操作。

注意:在填写从×××到×××的时候,01～10 或者 001～010,在设定通配符长度时,只需要填写成从 1～10。填写完成后,在示意窗口会显示第一个和最后一个任务的具体地址,可以检查是否正确。

6. FTP 探测器

FTP 探测器是浏览 FTP 站点结构的工具,就像使用 Windows 的资源管理器一样。

(1) 连接登录

在图 4.26 所示的主界面中,依次选择"工具"|"FTP 资源探测器"选项,经过初始化后,关闭"收藏夹"对话框,会弹出图 4.33 所示的"FTP 资源探测器"窗口。在地址栏中,输入一个 FTP 地址,如"ftp://192.168.1.2",再输入用户的 FTP 用户名和密码;若匿名登录,则不需要用户名和密码,选择"打开"或者"连接"选项,或者按 Enter 键,就可以浏览该 FTP 站点的资源了。

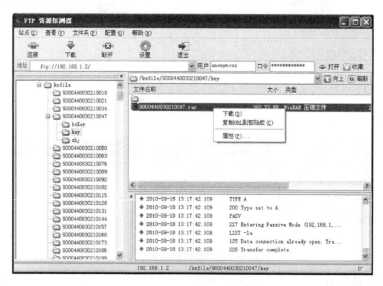

图 4.33   "FTP 资源探测器"窗口

(2) 下载

在图 4.33 中,右击需要直接下载的资源,在弹出的快捷菜单中,选择"下载"选项,弹出建立新的下载任务界面,具体步骤参考 4.2.4 小节。

7. 配置迅雷

在图 4.26 所示的主界面中,依次选择"工具"|"配置"选项,或者选择工具栏的"配置"选项,或者按 Alt+O 键,进入图 4.34 所示的配置面板界面,用户可以进行"常用设置"、"任务默认属性"、"监视设置"、"网络设置"、"外观设置"、"BT 设置"、"eMule 设置"、"代理设置"、"消息提示"、"下载安全"、"下载加速"等多个项目的设置。

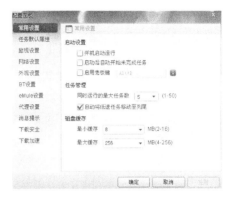

图 4.34　配置面板界面

4.2.5　应用案例

任务:使用迅雷的边下载边播放功能。

操作步骤:

(1) 在图 4.26 所示的主界面中,输入关键词"蜡笔小新",单击 🔍 按钮。通过访问结果网页找到视频资源,再单击"迅雷下载"按钮,添加下载任务。

(2) 在图 4.35 所示的边下载边播放界面中,右击需要观看的下载任务,在弹出的快捷菜单中选择"立即播放"选项,系统就会打开默认的播放器进行播放,建议在下载到 15% 后进行预览,此时播放会更加流畅。

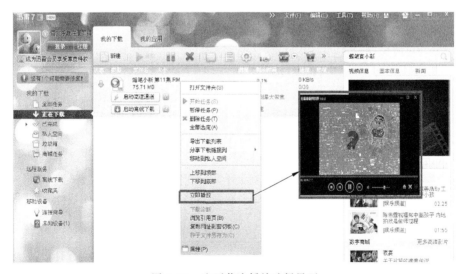

图 4.35　边下载边播放选择界面

4.2.6　技能训练

任务 1:在任务管理窗中增加适合自已的类别,如驱动,设置下载软件存放此处。

操作步骤:

(1) 启动迅雷,在图 4.26 所示的主界面中,在任务管理窗口中,右击"已完成"选项,弹出图 4.36 所示的添加分类快捷菜单。选择"添加分类"选项,在如图 4.37 所示的"添加分类"对话框中,在"分类名称"文本框中输入"驱动",单击"确定"按钮,完成分类设置。

图 4.36　添加分类快捷菜单　　　　图 4.37　"添加分类"对话框

（2）在图 4.26 所示的主界面中，选择"已下载"前的右三角按钮，可以查看到一个名为"驱动"的新类别，表示分类设置成功。

（3）在下载驱动程序时，可以图 4.30 所示的建立新的下载任务界面中，依次选择"已完成"|"驱动"选项，即可把软件下载到"驱动"类别中。

任务 2：切换上网优先和下载优先模式。

上网优先：提高用户浏览网页的速度，而不受下载影响，此模式大约影响 13% 的下载速度。

操作步骤：

（1）启动迅雷，在图 4.26 所示的主界面中，在底部状态栏，单击默认的"下载优先"按钮，在弹出的图 4.38 所示的下载优先与上网优先切换界面中，选择"上网优先"选项，此时状态栏的"下载优先"切换为"上网优先"模式。

（2）在底部状态栏，单击"上网优先"按钮，再选择"下载优先"选项，此时状态栏的"上网优先"切换为"下载优先"模式。

任务 3：更改默认的文件存放目录。

操作步骤：

（1）启动迅雷，在图 4.26 所示的主界面中，单击工具栏的"配置"按钮，在图 4.34 所示的配置面板界面中，选择左边列表中的"任务默认属性"选项，进入如图 4.39 所示的任务默认属性界面。在对应的右边"常用目录"中，选择"使用指定的存储目录"单选按钮，再选择"选择目录"按钮，可以更改文件存放目录。

（2）在图 4.26 所示的主界面中，依次选择"文件"|"新建任务"|"普通/eMule 任务"选项，打开"建立新的下载任务"对话框，发现存放路径已更改，表示操作成功。

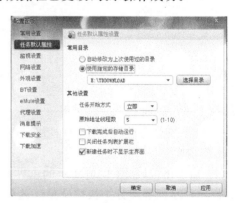

图 4.38　下载优先与上网优先切换界面　　　图 4.39　任务默认属性界面

4.2.7　技能达标

1. 填空题

迅雷是(　　)工具。

2. 判断题

迅雷不支持上传文件。　　　　　　　　　　　　　　　　　　　　　　(　　)

3. 问答题

网格的原理是什么?

4. 上机操作题

利用迅雷软件下载 ACDsee 软件。

4.2.8　课后习题

上网下载迅雷的安装文件,解压到硬盘,练习使用迅雷软件。

4.3　FTP 上传下载工具——FlashFXP

FlashFXP 是功能强大的 FXP/FTP 软件。它融合了一些其他优秀 FTP 软件的优点,支持文件及文件夹传送、删除;支持上传、下载及第三方文件续传;可以传送指定类型的文件;可以缓存远端文件夹列表;支持 FTP 代理及 Socks 代理;具有避免空闲功能,可防止被站点踢出;支持每个站点使用被动模式等。

4.3.1　技能目标

(1) 了解和掌握 FlashFXP 的基础知识。

(2) 掌握 FlashFXP 的使用方法及基本操作。

4.3.2　相关知识点介绍

1. FTP

FTP 即文件传送协议,可用于 Internet 上控制文件的双向传送。它也是一个应用程序,用户可以通过它,把自己的 PC 与世界各地所有运行 FTP 协议的服务器相连,访问服务器上的大量程序和信息。

2. FTP 的工作方式

(1) PORT(主动方式):客户端向服务器端发送连接请求,服务器接收后建立一条命令链路,当有数据传送时,客户端在命令链路中用 PORT 命令告诉服务器打开了一个端口,服务器去连接这个端口来建立连接。

(2) PASV(被动方式):与主动方式相反,是服务器打开了一个端口,客户端连接这个端口并建立连接。

3. FXP

FXP 是文件交换协议,是一个服务器之间传输文件的协议,这个协议控制着两个支持 FXP 协议的服务器,在无须人工干预的情况下,自动地完成传输文件的操作。在客户机上,可以简单地发送一个传输的命令,即可控制服务器从另一个 FTP 服务器上下载一个文件,下载过程中,无须客户机干预,客户机甚至可以断网关机。这种协议通常只适用于管理员的管理用途,在一般的公开 FTP 服务器上,是不会允许 FXP 的,因为这样会浪费服务器资源,而且有可能出现安全问题。

使用 FXP 传送数据有两个必要条件:一个是两台 FTP 服务器必须都支持 FXP;另一个是两台 FTP 服务器必须都支持 PASV 方式。

4.3.3 下载、安装与启动 FlashFXP

从许多网站都可以下载这个软件,本文采用的版本是 FlashFXP 3.7.7 Build 1317 Beta 汉化版(烈火版),支持操作系统 Windows 7/Windows 2003/Windows XP/Windows 2000/Windows NT,软件大小 3.34MB,是一个共享软件,使用期限 30 天。

1. 安装

双击下载的 FlashFXP 安装程序,进入图 4.40 所示的安装向导界面。单击"下一步"按钮,进入图 4.41 所示的许可协议界面。单击"下一步"按钮,进入图 4.42 所示的信息界面。单击"下一步"按钮,进入图 4.43 所示的选择目标位置界面。单击"下一步"按钮,进入图 4.44 所示的选择组件界面。仅选中"FlashFXP 帮助文件"复选框,再单击"下一步"按钮,进入图 4.45 所示的选择开始菜单文件夹界面。单击"下一步"按钮,进入图 4.46 所示的选择附加任务界面。选中"创建开始菜单快捷方式"及"创建桌面快捷方式"复选框,选择"将配置文件放入本程序的安装目录(推荐)"单选按钮。单击"下一步"按钮,进入图 4.47所示的准备安装界面。单击"安装"按钮,进入图 4.48 所示的正在安装界面。接着进入图 4.49 所示的安装向导完成界面,单击"完成"按钮,进入图 4.50 所示的 FlashFXP 主界面,至此完成安装过程。

图 4.40　安装向导界面

图 4.41　许可协议界面

2. 启动

启动 FlashFXP 软件的方法如下。

方法一:依次选择"开始"|"程序"|FlashFXP 级联菜单|FlashFXP 程序,会出现图 4.50 所示的主界面。

方法二:直接双击桌面的 FlashFXP 快捷方式,具体操作同方法一。

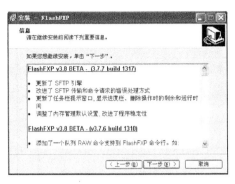

图 4.42　信息界面

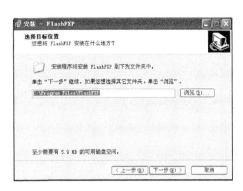

图 4.43　选择目标位置界面

图 4.44　选择组件界面

图 4.45　选择开始菜单文件夹界面

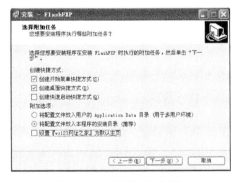

图 4.46　选择附加任务界面

图 4.47　准备安装界面

图 4.48　正在安装界面

图 4.49　安装向导完成界面

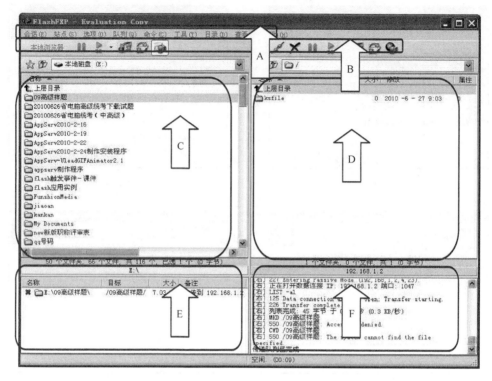

图 4.50　FlashFXP 主界面

4.3.4　使用 FlashFXP

1. FlashFXP 主界面介绍

图 4.50 所示的主界面由菜单栏(A 区)、工具栏(B 区)、本地窗口(C 区)、远程窗口(D 区)、任务列表窗口(E 区)和连接状态窗口(F 区)六大部分组成。

2. 上传及下载

(1) 登录 FTP 站点

启动 FlashFXP,在图 4.50 所示的主界面中,依次选择"会话"|"快速连接"选项,或者按 F8 键,或者依次选择工具栏中的 ⚡ 按钮|"快速连接"选项,弹出图 4.51 所示的"快速连接"对话框,输入服务器地址、用户名(非匿名 FTP)、密码、FTP 服务器的 TCP 端口号"(默认为 21)。例如,服务器地址是 ftp://192.168.1.2,匿名用户不需要输入用户名和密码,最后单击"连接"按钮,至此完成登录 FTP 站点。

(2) 下载文件或文件夹

有两种方法可以实现下载文件或文件夹。

方法一:在图 4.50 所示的主界面中,在 D 区(即远程窗口或服务器窗口)的文件列表中,选择文件或文件夹,用鼠标直接拖到 C 区(即本地窗口)中,即可完成下载操作。

方法二:在 D 区(远程窗口)的文件列表中,右击文件或文件夹,弹出图 4.52 所示的快捷菜单,选择"传送"选项,下载目标位置在 C 区(本地窗口)。

图 4.51 "快速连接"对话框

图 4.52 快捷菜单

（3）上传文件或文件夹

在建立连接后，用鼠标可将本地窗口中的文件或文件夹，直接拖到远程窗口（即服务器窗口），或者右击文件或文件夹，在图 4.52 所示的快捷菜单中，选择"传送"选项，上传目标位置到远程窗口。

（4）任务列表窗口

对于经常要更新的文件或文件夹，可以利用任务列表窗口，简化用户手动添加任务的操作。

在图 4.52 所示的快捷菜单中，选择"队列"选项，将文件或文件夹放到图 4.50 所示的主界面的 E 区（即任务列表窗口）中。等到下次使用软件时，用户可直接在 E 区的任务列表窗口中，右击任务，打开图 4.53 所示的任务列表快捷菜单，选择"传送队列"选项。

图 4.53 任务列表快捷菜单

3. 站点管理器

FlashFXP 站点管理器的作用是将使用过的 FTP 站点信息（站点地址、端口号、用户名和密码等）保存在系统中，需要再次访问这些站点时，可以通过站点管理器方便地登录站点。

（1）登录访问过的站点

依次选择"站点"|"站点管理器"选项，进入图 4.54 所示的"站点管理器"对话框，左侧窗口的"快速连接"存放着曾经登录过的站点信息，选择右侧的"连接"按钮，可再次登录该站点。

（2）建立新站点

在图 4.54 所示的"站点管理器"对话框中，单击"新建站点"按钮，出现"新建站点"对话框，提示用户输入站点名，例如，输入"教师 FlashFXP 站点"，单击"确定"按钮。在图 4.54所示的"站点管理器"对话框中，在左侧窗口的"FlashFXP 站点"将会看到新增的"教师 FlashFXP 站点"站点信息，在右侧窗口输入对应的 IP 地址、用户名称（非匿名 FTP）、密码、FTP 服务器的 TCP 端口号（默认为 21），最后单击"连接"按钮。

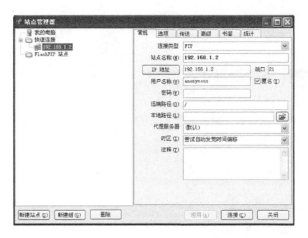

图 4.54　"站点管理器"对话框

4.3.5　应用案例

任务：给"站点管理器"设置密码，控制非法用户使用 FlashFXP。

操作步骤：

(1) 在图 4.50 所示的主界面中，依次选择"站点"|"安全性"|"设置密码"选项，在打开的"站点管理器安全"对话框中，两次输入密码，单击"确定"按钮。

(2) 启动 FlashFXP，出现要求输入密码对话框，表示设置成功。

4.3.6　技能训练

任务 1：如何输出 FTP 服务器目录树列表？

当用户登录到 FTP 站点时，由于没有类似网站导航功能，想了解整个服务器文件的目录是比较难的，FlashFXP 为用户提供了能输出远程服务器文件存放目录的功能。

操作步骤：

(1) 登录 FTP 站点后，在图 4.50 所示的主界面中，选择远程窗口中的文件目录，再依次选择"目录"|"查看原始目录"选项。

(2) 在打开的新窗口中，依次选择"文件"|"另存为"选项，可以保存目录为 .txt 或 .rtf 格式的文件，至此操作完成。

任务 2：如何查找 FTP 服务器中的文件？

搜索功能为用户提供了极大的方便，用户可以像在本地搜索文件那样在远程服务器中搜索需要的资源。

操作步骤：

(1) 登录 FTP 站点后，在图 4.50 所示的主界面中，可以在远程窗口中选择多个文件夹，再依次选择"工具"|"查找 FTP 服务器上的文件"选项。

(2) 打开"FTP 文件搜索"窗口，选择"名称"文本框，可以输入带通配符的查找条件，例如"＊.txt"，表示查找扩展名为 .txt 的文件，最后单击"查找"按钮。

任务 3：利用 FlashFXP 软件，上传本人的网页到 FTP 站点(例如 ftp://192.168.1.2)中自己的学号文件夹中，要求全体师生通过 IE 浏览器能够访问该 FTP 站点(例如

ftp://192.168.1.2/12),并且浏览学生的网页。

教师最好要在 Windows 2000/Windows 2003 Server 操作系统环境下建立 FTP 站点,并且设置允许"写入"。

操作步骤:

(1) 学生首先在"我的文档"中建立自己的学号文件夹,将制作的网页全部存入此文件夹中。

制作网页最简单的方法:在 Word 中,输入图文并茂的内容,然后依次选择"文件"|"另存为"选项,选择"保存类型"为网页。

(2) 在图 4.50 所示的主界面中,登录 FTP 站点,在本地窗口中,打开"我的文档",右击自己的学号文件夹,在弹出的快捷菜单中选择"传送"选项,在远程窗口中可以看到上传的学号文件夹。

(3) 打开 IE 浏览器,输入 FTP 网址,如 ftp://192.168.1.2/12,可以浏览到自己和别人的网页,至此操作完成。

4.3.7 技能达标

1. 填空题

FlashFXP 是( )工具。

2. 判断题

FlashFXP 不支持 FXP 协议。 ( )

3. 问答题

什么是 FTP?

4. 上机操作题

利用 FlashFXP 软件,将 FTP 服务器站点中的"亚运会"文件夹的全部资料下载到"我的文档"中。

4.3.8 课后习题

上网下载 FlashFXP 的安装文件,解压到硬盘,练习使用 FlashFXP 软件。

4.4 整站下载工具——Teleport Pro

Teleport Pro 是一个功能强大的整站下载工具,也是一款使用简单、功能强大的离线浏览器。它不仅能离线浏览某个网页,还可以从 Internet 的任何地方下载任何文件;它可以在指定的时间自动登录到指定的网站下载指定的内容;用户可以用它来创建某个网站的完整的映像,作为创建网站的参考。

4.4.1 技能目标

(1) 了解和掌握 Teleport Pro 的基础知识。

(2) 掌握 Teleport Pro 的使用方法及基本操作。

4.4.2　相关知识点介绍

离线浏览器是按用户设置的要求，将若干个网站从服务器下载到用户硬盘上的软件。如果用户对某个网站特别感兴趣，想做镜像站，使用离线浏览器无疑非常明智。当所需要的网站内容全部存储在本地硬盘上时，用户可以不受时间的限制，慢慢地品味，细细地研究，充分享受信息带来的乐趣。

4.4.3　下载、安装与启动 Teleport Pro

从许多网站都可以下载这个软件，本文采用的版本是 Teleport Pro V1.54 汉化版，支持操作系统 Windows 2003/Windows XP/Windows 2000/Windows NT/Windows 9x，软件大小 1.31MB，是一个共享软件。

1. 安装

双击下载的 Teleport Pro 安装程序，进入图 4.55 所示的安装向导界面。单击"下一步"按钮，进入如图 4.56 所示的许可协议界面。单击"下一步"按钮，进入图 4.57 所示的信息界面。单击"下一步"按钮，进入图 4.58 所示的选择目标位置界面中。建议选择默认安装位置，直接单击"下一步"按钮，进入图 4.59 所示的选择开始菜单文件夹界面。单击"下一步"按钮，进入图 4.60 所示的选择附加任务界面。选中"创建桌面快捷方式"复选框，单击"下一步"按钮，进入图 4.61 所示的推荐使用的第三方插件界面。取消选中任何复选框，单击"下一步"按钮，进入图 4.62 所示的准备安装界面。单击"安装"按钮，进入

图 4.55　安装向导界面

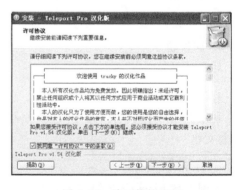

图 4.56　许可协议界面

图 4.57　信息界面

图 4.58　选择目标位置界面

图 4.63 所示的正在安装界面,接着进入图 4.64 所示的安装向导完成界面。单击"完成"
按钮,进入图 4.65 所示的 Teleport Pro 主界面,至此完成安装过程。

图 4.59　选择开始菜单文件夹界面

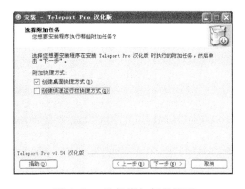

图 4.60　选择附加任务界面

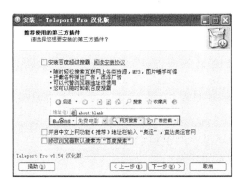

图 4.61　推荐使用的第三方插件界面

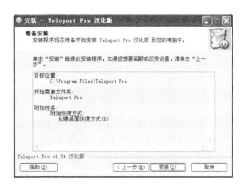

图 4.62　准备安装界面

图 4.63　正在安装界面

图 4.64　安装向导完成界面

2. 启动

启动 Teleport Pro 软件的方法如下。

方法一:依次选择"开始"|"程序"|Teleport Pro|Teleport Pro 程序,会出现图 4.65
所示的主界面。

方法二:直接双击桌面的 Teleport Pro 快捷方式,具体操作同方法一。

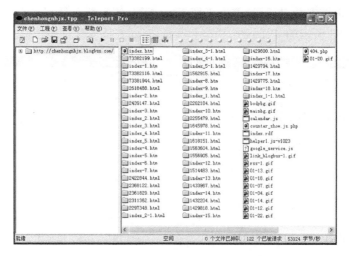

图 4.65   Teleport Pro 主界面

4.4.4   使用 Teleport Pro

1. Teleport Pro 主界面介绍

图 4.65 所示的主界面由菜单栏、工具栏、左侧项目窗口、右侧下载文件列表窗口、状态栏五大部分组成。

左侧项目窗口：用来显示当前要下载到本地硬盘中的项目名称(即工程名称)。

右侧下载文件列表窗口：用来显示已下载到本地硬盘中的文件。

最下面的状态栏：显示文件下载过程中各线程的工作状态。

最右边的线程指示灯：用来显示每个线程的下载状态。当用户开始下载站点时，它呈现出各种颜色交替状态。

(1) 灰色：表示空闲状态。

(2) 红色：表示处于连接服务器状态。

(3) 绿色：表示请求文件。

(4) 蓝色：表示接收文件，而且用不同的圆面积表示下载的进程。

2. 添加新任务

使用向导模式，很容易就可以把一个站点或该站点的特定内容(如某个站点的 JPEG 文件)下载到本地硬盘中。

(1) 新建工程

在图 4.65 所示的主界面中，依次选择"文件" |"新建工程向导"选项，进入图 4.66 所示的欢迎来到新建工程向导界面。单击"下一步"按钮，进入图 4.67 所示的起始地址界面。例如，输入网址 http://chenhongnhjx. blogbus. com，单击"下一步"

图 4.66   欢迎来到新建工程向导界面

按钮,进入如图 4.68 所示的工程属性界面。单击"下一步"按钮,进入图 4.69 所示的完成创建工程界面,选择"完成"按钮,进入图 4.70 所示的"保存为"对话框。为该工程保存一个文件名,扩展名为.tpp,例如,输入文件名为 chenhongnhjx.tpp,单击"保存"按钮。

图 4.67　起始地址界面

图 4.68　工程属性界面

图 4.69　完成创建工程界面

图 4.70　"保存为"对话框

(2) 开始下载

进入图 4.71 所示的 chenhongnhjx.tpp 界面,单击工具栏中的 ▶ 按钮,运行工程。或者依次选择"工程"|"开始"选项,开始下载网站,进入图 4.65 所示的主界面。

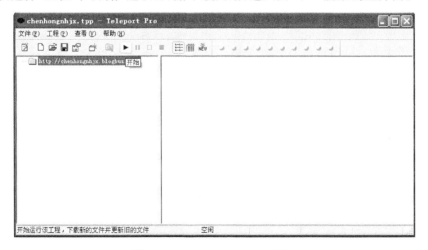

图 4.71　chenhongnhjx.tpp 界面

3. 离线浏览

在断网的情况下,用户有3种方法可以实现离线浏览。

方法一:在图4.65所示的主界面中,依次选择"查看"|"工程文件夹"选项,进入图4.72所示的打开工程文件夹界面,即网站保存位置,用户可以浏览网页。

方法二:选择工具栏中的"工程文件夹"按钮。

方法三:在图4.65所示的主界面的左侧任务窗口中,选择需要的任务,右击需要的工程,弹出图4.73所示的工程快捷菜单。选择"在同一窗口中打开"选项,也可在右侧的网站窗口中,右击需要打开的网页资源,以进行相应的浏览或编辑等操作。

图4.72　打开工程文件夹界面

图4.73　工程快捷菜单

4. 工程属性设置

在图4.65所示的主界面中,依次选择"工程"|"工程属性"选项,或者单击工具栏中的"工程属性"按钮,进入图4.74所示的工程属性设置界面。可以进行摘要、文件下载、浏览/映像、探测、忽略、网络规范、高级等个性化选项设置。

(1)摘要:可以浏览工程上次运行时间、已读取页面、已下载文件、已下载字节、数据库大小、起始地址等工程信息。

(2)文件下载:可以进行选择性下载、下载模式等设置。

(3)浏览/映像:可以选择保存HTML页面、复制远程服务器的目录结构、链接系统等设置。

(4)探测:可以进行高级链接、强度、更新等设置。

(5)忽略:可以进行禁止等设置。

(6)网络规范:可以选择启用域分布查询、启用服务器超负荷保护、遵循漫游器排除标准、代理标识等设置。

(7)高级:可以进行工程自动化设置。

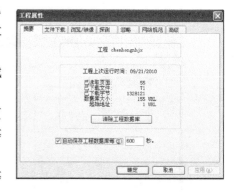

图4.74　工程属性设置界面

4.4.5　应用案例

任务：使用时间表。

时间表是一个安排项目执行时间的程序，设置好这个程序后，用户就不必坐在计算机前面操作下载文件的指令，只要设置时间一到，计算机就会自动将文件抓回到用户的计算机里。如果是拨号网络的用户，也可以在下载时由这个程序自动拨号，在下载结束后，自动切断网络连接。

操作步骤：

（1）启动 Teleport Pro，在图 4.65 所示的主界面中，依次选择"工程"|"计划"选项，或者依次选择"开始"|"程序"|Teleport Pro|"计划程序"选项，进入图 4.75 所示的无添加计划工程时间表界面。

（2）依次选择"编辑"|"添加"选项，或者单击工具栏中的"＋"按钮，进入图 4.76 所示的添加计划工程之工程界面。单击"浏览"按钮，添加工程文件名。在"自动连接使用"下拉列表框中，选择"宽带连接"。选中"完成后断开连接"复选框。再选择"计划"选项卡，选择"每天"单选按钮，在文本框输入"16:43"，选中所有星期复选框，如图 4.77 所示。单击"确定"按钮，进入图 4.78 所示的已添加计划工程时间表界面，至此完成操作。

图 4.75　无添加计划工程时间表界面

图 4.76　添加计划工程之工程界面

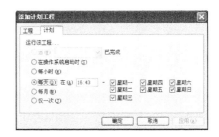

图 4.77　添加计划工程之计划界面

图 4.78　已添加计划工程时间表界面

4.4.6　技能训练

任务1：

（1）使用 Teleport Pro 软件，下载网站 http://chenhongnhjx.blogbus.com 到本地硬盘，要求保存工程文件名为"学号.tpp"。

（2）重新启动 Teleport Pro，打开"学号.tpp"文件，继续添加新网址 http://www.baidu.com，搜索深度为1。

注意：添加下载新网站后，保存的原工程文件名仍不变。

操作步骤：

（1）参考4.4.4小节中的第2部分的添加新任务的操作步骤。

（2）在图4.65所示的主界面中，依次选择"工程"｜"新建起始地址"选项，在打开的"起始地址属性"对话框中，输入 URL 为 http://www.baidu.com，标题为"百度"。在左侧项目框中，选择"百度"为起始地址。单击工具栏的"开始"按钮，系统自动保存文件名为原工程文件名。

任务2：使用 Teleport Pro 软件下载网站 http://chenhongnhjx.blogbus.com，要求搜索深度为2，只下载图片文件到本地硬盘。

操作步骤：

（1）启动 Teleport Pro，在图4.65所示的主界面中，依次选择"文件"｜"新建工程向导"选项，进入图4.66所示的欢迎来到新建工程向导界面。选择"在一个网站中搜索指定类型的文件"单选按钮，单击"下一步"按钮，进入图4.67所示的起始地址界面。输入网址 http://chenhongnhjx.blogbus.com，设置2层链接，单击"下一步"按钮，进入图4.79所示的工程属性界面。单击"添加"按钮，添加图片文件。单击"下一步"按钮，进入图4.69所示的完成创建工程界面。单击"完成"按钮，进入图4.70所示的"保存为"对话框。输入文件名为 chenhongnhjx.tpp，单击"保存"按钮。

图4.79　工程属性界面

（2）进入图4.71所示的 chenhongnhjx.tpp 界面，单击工具栏中的 ▶ 按钮，运行工程。或者依次选择"工程"｜"开始"选项，开始下载网站。

4.4.7　技能达标

1. 填空题

Teleport Pro 是（　　）工具。

2. 判断题

Teleport Pro 不支持断点续传。　　　　　　　　　　　　　　　　　　　　（　　）

3. 问答题

什么是离线浏览器？

4. 上机操作题

利用 Teleport Pro 软件,下载网站 http://chenhongnhjx.blogbus.com 到本地硬盘,要求排除扩展名为 .gif 的文件。

操作步骤:

(1) 参考 4.4.4 小节中的第 2 部分的添加新任务之"新建工程"的操作步骤。

(2) 依次选择工具栏中的"工程属性"|"忽略"选项,在第二个文本框输入 *.gif,然后参考 4.4.4 小节中的第 2 部分的添加新任务之"开始下载"的操作步骤即可。

4.4.8　课后习题

上网下载 Teleport Pro 的安装文件,解压到硬盘,练习使用 Teleport Pro 软件。

4.5　社交网络平台——微博

微博,即微博客(MicroBlog)的简称。网络语言中又称"微波"、"围脖"等谐音。它是一个基于用户关系的信息分享、传播以及获取平台,用户可以通过 Web、Wap 以及各种客户端组建个人社区,以 140 字左右的文字更新信息,并实现即时分享。

最早、最著名的微博是美国的 Twitter,根据相关公开数据,截至 2010 年 1 月,该产品在全球已经拥有 7500 万注册用户。

2009 年 8 月份,中国最大的门户网站新浪网推出"新浪微博"内测版,成为门户网站中第一家提供微博服务的网站,微博正式进入中文上网主流人群视野。

微博作为一种新型媒体,已经越来越流行,人们的工作生活越来越离不开了。目前流行的微博有新浪微博、网易微博、腾讯微博、搜狐微博、凤凰微博等。

4.5.1　技能目标

(1) 了解和掌握微博的基础知识。

(2) 掌握微博的使用方法及基本操作。

4.5.2　相关知识点介绍

1. 发微博定义

国内知名新媒体领域研究学者陈永东在国内率先给出了微博的定义:微博是一种通过关注机制分享简短实时信息的广播式的社交网络平台,其中有五方面的理解。

(1) 关注机制:可单向可双向。

(2) 简短内容:通常为 140 字。

(3) 实时信息:最新实时信息。

(4) 广播式:公开的信息,任何人均可以浏览。

(5) 社交网络平台:把微博归为社交网络。

2. 微博的特点

微博客草根性很强,广泛分布在桌面、浏览器、移动终端等多个平台上,有多种商业模式并存,有形成多个垂直细分领域的可能,但无论哪种商业模式,都离不开用户体验的特性和基本功能。微博的特点如下。

（1）信息获取具有很强的自主性、选择性。

用户可以根据自己的兴趣偏好，依据对方发布内容的类别与质量，来选择是否"关注"某用户，并可以对所有"关注"的用户群进行分类。

（2）微博宣传的影响力具有很大弹性，与内容质量高度相关。

微博影响力是基于用户现有的被"关注"的数量的。用户发布信息的吸引力、新闻性越强，对该用户感兴趣、关注该用户的人数也越多，影响力越大。此外，微博平台本身的认证及推荐亦有助于增加被"关注"的数量。

（3）内容短小精悍。

微博的内容限定为 140 字左右，内容简短，不需长篇大论，门槛较低。

（4）信息共享便捷迅速。

可以通过各种连接网络的平台，在任何时间、任何地点即时发布信息，其信息发布速度超过传统纸媒及网络媒体。

3. 微博控

微博控是指对微博极度喜爱的人。由于"迷恋"微博，网友中出现一大批"微博控"，他们每日每夜地上微博，一上就是十多个小时，甚至不惜放弃睡眠时间。

系统"微博控"功能可记录用户的发微博积极性，若每天都发微博，系统就会给用户提供不同等级的表扬。

4. 微群

微群是微博群的简称。微群能够聚合有相同爱好或者相同标签的朋友们，将所有与之相应的话题全部聚拢在微群里面。让志趣相投的朋友们以微博的形式更加方便地进行参与和交流，所有信息可通过群组发送，非常快捷、方便。例如，@香水群，所有群组成员均可收到群内发出的促销信息、组内活动。

5. 新浪微博认证

新浪微博是一个由新浪网推出，提供微型博客服务的类 Twitter 网站。用户可以通过网页、Wap 页面、手机短信、彩信发布消息或上传图片。新浪把微博理解为"微型博客"或者"一句话博客"。用户可以将看到的、听到的、想到的事情写成一句话，或发一张图片，通过电脑或者手机随时随地分享给朋友，一起分享、讨论。用户还可以关注您的朋友，即时看到朋友们发布的信息。

新浪微博实行公众人物身份认证策略。若用户在微博页看到红色"V"标志，即名人认证标志，表明此微博已通过新浪实名认证。一般人不可以认证，要求必须是公众人物，并且认证的审核条件也比较多。

若用户在微博页看到蓝色"V"标志，则表示是企业认证标志。

6. 同城微博、同城活动

同城微博：若用户填写了所在的城市，那么该城市的微博会在同城微博的界面显示出来，可以浏览本地其他人的一些动态。

同城活动：活动有"线上"和"线下"之分。"线上"表示直接上网就可以参加同城活动；"线下"表示实际户外活动。

4.5.3　开通新浪微博

若用户已有新浪账号(如×××@sina.com、×××@sina.cn)，则直接登录微博就可以使用，无须单独开通。

若用户没有新浪账户，则需要如下的操作步骤。

1. 在线申请微博

微博需要在线申请，目前流行的微博有许多，本文采用的微博是新浪微博。申请新浪微博的操作步骤如下。

(1) 访问新浪微博的网址：http://weibo.com/，进入图 4.80 所示的新浪微博页面。

(2) 在图 4.80 中，单击"立即注册微博"按钮，进入图 4.81 所示的注册页面，共有电子邮箱注册及手机号码注册两种注册方式。默认单击"电子邮箱注册"按钮，即电子邮箱注册方式，分别在"我的邮箱"文本框、"创建密码"文本框、"昵称"文本框输入相应的用户信息。

图 4.80　新浪微博页面

注意："我的邮箱"及"创建密码"即是登录微博的账号及密码，"昵称"最好用真名。

在"性别"栏选择"男"或"女"单选按钮。在"所在地"的两个下拉列表中的左下拉列表中，可以选择省份；右下拉列表中，可以选择城市。

在"学校"文本框中，可以选择性输入信息。在"姓名"文本框、"身份证号"文本框、"验证码"文本框中分别输入相应的用户信息，再单击"立即开通"按钮。

注意：强烈建议输入真实的姓名及身份证号码，以便日后可以加关注及加粉丝。

图 4.81 注册页面

（3）进入如图 4.82 所示的激活页面，单击"立即查看邮箱"按钮，进入用户邮箱，马上激活邮件，完成注册。

特别说明：邮箱中的确认信的有效链接地址需要在 48 小时内完成确认，超过 48 小时该确认链接地址失效。

（4）接着系统会自动进入图 4.83 所示的推荐页面，用户可以根据需要的项目，选择"加关注"按钮。再单击"下一步，找到朋友"按钮，按照系统提示的步骤，进入微博。用户也可以直接关闭退出该界面。

图 4.82 激活页面

2. 登录微博

重新访问新浪微博的网址 http://weibo.com/，进入图 4.80 所示的新浪微博页面，分别输入相应的账号及密码，再单击"登录微博"按钮，进入图 4.84 所示的新浪微博主页面，至此完成开通微博操作。

3. 微博命名注意事项

（1）关键点：用真名，不要使用符号，一经确定后不要再修改。

图 4.83　推荐页面

图 4.84　新浪微博主页面

（2）微博命名（昵称）规则。

① 微博命名一定要简洁、好记，最好全部用中文。

② 最好用真名，这是建立客户（粉丝）信任度的第一步。若真名已经被别人抢注，可以在真名尾部加"在线"、"的微博"，如"陶石在线"、"钊杰的微博"。

③ 也可以用职业定位作名称，如"培训师文伟航"。

④ 不要在名称里加"_"或"-"符号，这两个符号极易被忽略和混淆，失去传播价值。

4.5.4　使用微博

1. 微博主页面介绍

图 4.84 所示的主页面由功能区(A 区)、发布区(B 区)、广告区(C 区)、微博分类区(D 区)、微博显示区(E 区)、个人资料区(F 区)、推荐区(G 区)七大部分组成。

(1) 功能区(A 区)

功能区提供首页、广场、微群、应用、游戏、搜索、昵称、找人、手机、消息、账号等按钮功能,功能如下所示。

① 首页:显示新浪微博主页面。

② 广场:包括名人堂、微博达人、风云榜、微话题、微博精选、随便看看、同城微博、微访谈、微直播、大屏幕、热门微博等新浪微博精选项目。

③ 微群:可以加入或创建一个提供多人交流服务的平台,包括我的微群、发现微群、管理/查看更多微群等项目。

④ 应用:包括相册、微音乐、微活动、投票、微电台、微盘、微数据、微女郎、微公益、微博桌面等新浪推荐的各类应用。

⑤ 游戏:提供热门游戏。

⑥ 搜索:可以搜索微博、找人。

⑦ 昵称:若单击昵称按钮,如"米乐通"按钮,进入图 4.85 所示的"新浪微博"基本资料页面,将显示虚框线内的本人微博网址、博客、微博、心情、我的资料、个人资料、我的标签、我的微群、关注的话题、我的粉丝、新浪微博意见反馈等。单击"首页"按钮,可以回到图 4.84 所示的主页面。

⑧ 找人:可以寻找自己想要交流的对象。

⑨ 手机:新浪微博手机版功能,提供与网页版相同的功能和服务。

⑩ 消息:可以查看评论、查看粉丝、查看私信、查看"@我"、查看群内消息、查看相册消息、查看通知、查看邀请。

⑪ 账号:包括昵称、账号设置、模板设置、版本选择、我的微币、我的微号、我的工具、退出等项目。

(2) 发布区(B 区)

该区可以发表的内容最多是 140 字,还可以发布表情、图片、视频、音乐、话题、投票等。可以设置公开或者私密的发布方式。

(3) 广告区(C 区)

该区显示新浪发布的各类广告。

(4) 微博分类区(D 区)

该区包括"全部微群"、"我的微群"、"猜你喜欢"共 3 个栏目。

(5) 微博显示区(E 区)

在图 4.84 所示的主界面中,选择"全部微群"按钮,会在 E 区出现相关的微博。

(6) 个人资料区(F 区)

该区显示本人微博的基本资料。其包括显示本人头像、关注人数、粉丝人数、发布微博数量、写心情、微博勋章、新手指南、我的首页、"@提到我的"、我的评论、我的私信、我的收藏等信息。

若选择头像按钮,将进入图 4.85 所示的新浪微博基本资料页面。

注意:关注表示你想看谁的微博。粉丝表示谁看了你的微博。

图 4.85　新浪微博基本资料页面

(7) 推荐区(G 区)

推荐区包括玩转微博、可能感兴趣的人、热门话题、人气用户推荐、可能感兴趣的微群、关注的话题、可能感兴趣的活动、推荐活动、公告栏、怎样玩转微博、新浪微博意见反馈等项目。

2. 发布微博

发布微博有多种方式,有计算机发布微博、手机绑定短信/彩信发布微博、关联博客发布微博、转发他人微博生成一条新微博、评论他人微博生成一条新微博、通过手机 WAP 作为客户端发布微博等。本文以计算机发布微博为例来说明操作方法。

(1) 在微博中发布文字

在图 4.84 所示的主页面 B 区的微博输入框中,可以输入内容最多是 140 字的文本,再单击"发布"按钮。此时在图 4.84 所示的主页面 E 区会出现刚才发布的微博,同时在图 4.84 所示的主页面 F 区微博数字会加 1。

(2) 在微博中发布图片

在图 4.84 所示的主页面 B 区中,单击 图片 链接,进入图 4.86 所示的图片界面,同时在微博输入框中会出现"分享图片"的文字,可以删除或者更改该文字。

图 4.86 所示的图片界面中,包括"本地上传"及"推荐配图"两个栏目,默认选择"本地上传"选项。

① 本地上传。若单击"单张图片"按钮,进入"打开文件"对话框,可以选择需要上传的文件,要求必须为 5MB 以下的 GIF、JPG、PNG 文件格式,再单击"打开"按钮,最后单击"发

图 4.86　图片界面

布"按钮即可发布图片微博。此时在图 4.84 所示的主页面 E 区会出现刚才发布的微博，同时在图 4.84 所示的主页面 F 区微博数字会加 1。

　　若单击"多张图片"按钮，进入图 4.87 所示的图片处理界面，包括模板拼图和图片拼接 2 个栏目，默认选择"模板拼图"选项。选择"＋打开图片"选项，进入"选择要上传的文件，通过 js. t. sinajs. cn"对话框。选择需要的图片文件，再单击"打开"按钮，可以添加图片到列表框中。同理，可以重复上述操作步骤，继续添加图片进行模板拼图或图片拼接，最后单击"上传到微博"按钮即可发布图片微博了。此时在图 4.84 所示的主页面 E 区会出现刚才发布的微博，同时在图 4.84 所示的主页面 F 区微博数字会加 1。

　　② 推荐配图。在图 4.86 所示的图片界面中，选择"推荐配图"选项，进入图 4.88 所示的推荐配图界面，其中提供了默认、心情、搞怪、囧语录、浪漫爱情、闯堂兔、旺狗、悠嘻猴、阿狸、蘑菇点点等分类图片。选择需要的图片后单击"发布"按钮即可发布图片微博。此时在图 4.84 所示的主页面 E 区会出现刚才发布的微博，同时在图 4.84 所示的主页面 F 区微博数字会加 1。

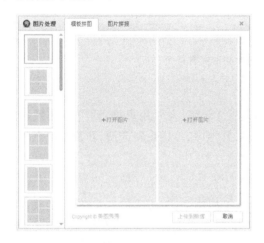

图 4.87　图片处理界面

图 4.88　推荐配图界面

　　（3）在微博中发布视频

　　① 发布在线视频微博。在图 4.84 所示的主页面 B 区中，选择 视频 链接，进入图 4.89 所示的视频界面，默认选择"在线视频"选项，在文本框输入视频播放页地址。如输入 http://video. sina. com. cn/v/b/682846-1045548635. html，单击"确定"按钮，此时视频链接地址输入到微博输入框中，最后单击"发布"按钮。此时在图 4.84 所示的主页面 E 区会出现刚才发布的微博，同时在图 4.84 所示的主页面 F 区微博数字会加 1。

　　注意：视频链接必须是以. html 结尾的链接地址。

　　目前已支持新浪播客、优酷网、土豆网、酷 6 网、我乐网、奇艺网、凤凰网等视频网站的视频播放页链接。

　　② 发布本地上传视频微博。在图 4.89 所示的视频界

图 4.89　视频界面

面中,若依次选择"上传视频"|"从电脑直接上传视频"选项,进入图 4.90 所示的视频上传窗口。用户可以单击"浏览"按钮,进入"选择要上传的文件,通过:p.you.video.sina.com.cn"对话框,选择需要上传的视频文件(如 2012-4-22 16-23-38.avi),再单击"打开"按钮,再单击"上传视频"按钮,进入图 4.91 所示的视频上传完成窗口。用户可以分别在"给视频取个标题"文本框(限 20 字)及"对视频说两句"文本框(限 111 字)中输入文本,单击"发布"按钮,进入如图 4.92 所示的视频微博提交窗口,单击"关闭此窗口"按钮即可。此时在图 4.84 所示的主页面 E 区会出现刚才发布的微博,同时在图 4.84 所示的主页面 F 区微博数字会加 1。

　　注意:本地上传视频文件大小不能超过 500MB。

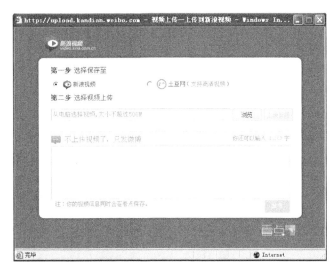

图 4.90　视频上传窗口

图 4.91　视频上传完成窗口

图 4.92   视频微博提交窗口

（4）在微博中发布音乐

① 发布搜索歌曲微博。在图 4.84 所示的主页面 B 区中，选择 🎵音乐 链接，进入图 4.93 所示的音乐界面。默认选择"搜索歌曲"选项，在文本框中直接输入歌曲名。如输入"中国人"，再单击"搜索"按钮。在弹出的歌曲列表框中，选择需要的歌曲名，如"中国人-刘德华-刘德华 99 演唱会"，此时在微博输入框中会出现"刘德华-中国人-http://t.cn/hp9uj"文字，单击"发布"按钮。此时在图 4.84 所示的主页面 E 区会出现刚才发布的微博，同时在图 4.84 所示的主页面 F 区微博数字会加 1。

② 发布喜欢的歌微博。在如图 4.93 所示的音乐界面中，选择"喜欢的歌"选项，进入如图 4.94 所示的喜欢的歌界面。例如，选择"Mr Clown(kurukawa)-梁晓雪 Kulu"选项，此时在微博输入框中会出现"梁晓雪 Kulu-Mr Clown(kurukawa)-http://t.cn/zOtTzRh"文字，单击"发布"按钮。此时在如图 4.84 所示的主页面 E 区会出现刚才发布的微博，同时在如图 4.84 所示的主页面 F 区微博数字会加 1。

图 4.93   音乐界面

图 4.94   喜欢的歌界面

喜欢的歌会有红心标记，若没有标记喜欢的歌，可以选择"微博音乐盒"链接，选择喜欢的歌，标记为红心即可。

③ 发布输入音乐链接微博。在图 4.93 所示的音乐界面中，选择"喜欢的歌"选项，进入图 4.95 所示的输入音乐链接界面。可以在文本框中输入 MP3 链接地址、新浪乐库播放页链接地址、酷我音乐播放页链接地址、Songtaste

图 4.95   输入音乐链接界面

的播放页面链接地址。例如,输入 http://www.kuwo.cn/yinyue/1150363/,单击"搜索"按钮,若出现"没有识别出相应的歌曲信息",可以选择"作为普通的链接发布"链接,此时在微博输入框中会出现 http://www.kuwo.cn/yinyue/1150363/,再单击"发布"按钮。此时在图 4.84 所示的主页面 E 区会出现刚才发布的微博,同时在图 4.84 所示的主页面 F 区微博数字会加 1。

(5) 在微博中发布话题

在如图 4.84 所示的主页面 B 区中,选择  话题 链接,进入图 4.96 所示的话题界面。单击"插入话题"按钮,此时会在微博输入框中出现"♯在这里输入你想要说的话题♯"文字,可以在首尾两个"♯"之间输入想要说的话题标题,在最后一个♯号后可以写一段自己的话题介绍。例如,输入"♯最新的教育理念♯运用'三为循环法'提高技校班主任班级管理能力的研究",单击"发布"按钮。此时在图 4.84 所示的主页面 E 区会出现刚才发布的微博,图 4.97 所示的话题发布完成界面,同时在图 4.84 所示的主页面 F 区微博数字会加 1。

图 4.96 话题界面　　　　　　　　图 4.97 话题发布完成界面

在图 4.97 所示的话题发布完成界面中,选择虚框线处的"♯最新的教育理念♯"链接,进入图 4.98 所示的"最新的教育理念"话题搜索结果页面,可以浏览到更多有关"最新的教育理念"的相关信息。

图 4.98 "最新的教育理念"话题搜索结果页面

注意：话题就是讨论的信息。微博常用字符"＃"表示"话题"，即关键词或标签。

具体格式：＃十话题十＃十话题内容

其中，话题内容可有可无，作为附加部分。

例如，"＃中国电信服务好＃……"发布后此类话题就会聚集在一起，其他人都可以看到。

（6）在微博中发起投票

在图 4.84 所示的主页面 B 区中，选择 投票 链接，进入图 4.99 所示的投票界面。其中有"发起文字投票"和"发起图片投票"两个栏目，默认选择"发起文字投票"选项。若继续选择"高级设置"选项，会进入图 4.100 所示的投票扩展界面。

图 4.99　投票界面

图 4.100　投票扩展界面

① 发起文字投票微博。在图 4.100 所示的投票扩展界面中，在"创建标题"（最多 25 字）栏的文本框中，输入"运用'三为循环法'提高技校班主任班级管理能力的研究"；选择"添加选项"链接，可增加一个新的投票选项。在"投票选项"（至少 2 项，每项最多 20 字）栏中的第 1 个文本框中，输入"你觉得标题教育理念创新吗？"；在"投票选项"栏中的第 2 个文本框中，输入"有没有听说过'三为循环法'？"；在"投票选项"栏中的第 3 个文本框中，输入"班主任的德育理论是否需要更新？"。用户可以进行截止时间、投票结果、投票说明等方面的高级设置，最后单击"发起"按钮，需要等待管理员审核通过才能在微博上显示出来。结果参考如图 4.101 所示的投票发布成功界面。

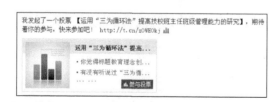

图 4.101　投票发布成功界面

②发起图片投票微博。在图 4.100 所示的投票扩展界面中,选择"发起图片投票"选项,再选择"高级设置"选项,进入图 4.102 所示的发起图片投票界面。在其中用户可以创建标题;进行投票选项的图片及文本设置,选择选项,进入"选择文件"对话框,选择需要的图片文件,再单击"打开"按钮,此时会变成,选择选项,可以更换图片;选择"添加选项"选项,可以增加新的投票选项;用户可以进行截止时间、投票结果、投票说明等方面的高级设置,最后单击"发起"按钮,需要等待管理员审核通过才能在微博上显示出来。

图 4.102　发起图片投票界面

(7) 微博"@"功能

当用户关注了某人,某人却没有关注该用户的时候,可以通过"@"功能,让对方看到自己的微博。

微博的"@"字符,表示"对某人说话"或"引起某人注意"的意思,在后面加上某用户的昵称,要说的内容对方就会知道。

格式:@+昵称+空格+内容。

其中,内容可有可无,作为附加部分。

例如,"@3G 翼路同行"。

注意:"3G"与"翼路同行"之间有一空格。

4.5.5　应用案例

任务 1:设置微博的个性域名。

设置个性域名,可让朋友更容易记住!

操作步骤:

登录新浪微博,在图 4.84 所示的主页面 A 区中,依次选择"账号"|"账号设置"|"个性域名"选项,进入图 4.103 所示的个性域名设置页面。例如,输入"chenhongnhjx",单击"确定"按钮,系统会出现"确认要使用这个域名吗? 保存后将不能修改"提示框,单击"确定"按钮。以后登录新浪微博后,用户就可直接访问设置好的网页微博地址:http://weibo.com/chenhongnhjx。

另外,用户还可以申请微号,设置数字微博地址。

任务 2:设置个性标签。

个性标签:可以添加描述自己职业、兴趣、爱好等方面的词语。例如学生,80 后,音乐等,通过标签能找到属于共同爱好的朋友。最多可添加 10 个标签,多个标签词之间用空格分开。

个性标签是一种魅力体现,关系到能吸引哪些人成为粉丝。

操作步骤:

图 4.103   个性域名设置页面

登录新浪微博,在图 4.84 所示的主页面 A 区中,依次选择"账号"|"账号设置"|"个性签名"选项,进入图 4.104 所示的个人标签设置页面。例如,在"个人标签"文本框中输入"好书 读书",再单击"添加标签"按钮,系统会出现"你已成功添加标签好书、读书。赶紧告诉朋友们你的标签吧"提示框。可以单击"推荐给朋友"或者"以后再说吧"。在如图 4.84 所示的主页面 A 区中,单击昵称按钮,或者在如图 4.84 所示的主页面 F 区中,选择头像按钮,均可在页面右侧栏中看到已添加的标签。

图 4.104   个人标签设置页面

任务 3:如何在微博中增加粉丝数量?

操作步骤:

(1) 设定微博的个性化头像。

登录新浪微博,在图 4.84 所示的主页面 A 区中,单击"首页"按钮。再单击图 4.84 所示的主页面 F 区的头像按钮,或者在图 4.84 所示的主页面 A 区中,单击昵称按钮,或者在图 4.84 所示的主页面 A 区中,依次选择"账号"|"账号设置"|"修改头像"选项,再单击"上传头像"按钮,进入图 4.105 所示的"修改头像"页面,共有"本地照片"、"拍照上传"、"普通上传"3 种头像上传模式。

① 本地照片:选择一张本地的图片编辑后上传为头像。单击"本地照片"按钮,进入"选择要上传的文件,通过:js. t. sinajs. cn"对话框,选择需要的图片文件,再单击"打开"按钮,最后单击"保存"按钮。目前仅支持 JPG、GIF、PNG 图片文件,且文件大小不能超过 5MB。

② 拍照上传:通过摄像头拍照编辑后上传为头像。选择"拍照上传"按钮,按步骤操

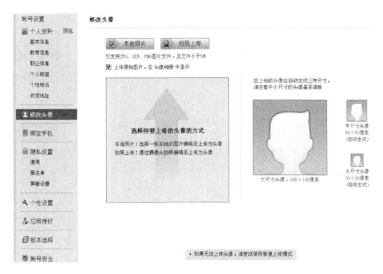

图 4.105　"修改头像"页面

作即可。

③ 普通上传：若无法上传头像，可使用此模式。依次选择"普通上传模式"链接|"浏览"按钮，进入"选择文件"对话框。选择需要的图片文件，再单击"打开"按钮，最后单击"保存"按钮。目前仅支持 JPG、GIF 图片文件，且文件大小不能超过 2MB。选择"更多上传模式"链接，可以返回到"本地照片"及"拍照上传"模式。

上传的头像会自动生成大尺寸头像（180×180 像素）、中尺寸头像（50×50 像素）、小尺寸头像（30×30 像素）共 3 种尺寸，特别要注意中小尺寸头像是否清晰。

（2）信息的发布需要用简短的文字，引发网友的关注。

（3）除了信息的发布外，增加互动性的信息发布更能吸引网友的参与讨论。

（4）每天发布信息的内容及安排很重要。

（5）有选择地关注一些人，让网友感受到真实与亲民。

（6）有选择地回复网友评论，更多地激发网友的转发、评论。

4.5.6　技能训练

任务 1：如何在微博中加关注？

关注：用户所关注过的人，包括朋友、偶像等，用户的名字会出现在他们的"粉丝"当中，但是他们的"关注"中未必有你。当所关注的人更新了微博的时候，更新信息会出现在用户的主页。

相互关注：就是用户所关注的人也关注了该用户，他们各自的更新动态会出现在彼此的主页中。

粉丝：关注了用户的人，用户的更新动态会出现在他们的主页中，但是粉丝的更新动态用户不会看到。

加关注，顾名思义就是关注对方，成为他的粉丝，以后对方更新的微博就会在你的微博主页中显示，若不想看到好友的信息，可以选择"取消关注"链接来取消关注。

操作步骤：

（1）通过微博名搜索来加关注。

登录新浪微博，在图 4.84 所示的主页面 A 区中，在搜索文本框中，输入关键字，如"当当网"，再单击"搜索"按钮 ，此时会出现图 4.106 所示的"当当网"微博搜索结果页面，单击 +加关注 按钮即可。

图 4.106   "当当网"微博搜索结果页面

（2）通过粉丝加关注。

互相成为对方粉丝，常称为"互粉"。

登录新浪微博，在图 4.84 所示的主页面 A 区中，单击"首页"按钮，再选择 F 区的"粉丝"选项，在需要的粉丝处，单击对应的 +加关注 按钮即可。

任务 2：增加新微博的方法。

操作步骤：

（1）通过电脑发微博。参考 4.5.4 小节中的第 2 部分的操作步骤。

（2）通过手机绑定短信/彩信发微博。

（3）通过"关联博客"发微博，即自己博客中的博文更新的同时，系统会自动产生新微博。

（4）转发别人微博生成一条新微博。

转发就是分享给粉丝们。

在图 4.107 所示的转发、收藏、评论微博页面中，选择"转发"选项，进入"转发微博"对话框。可以在文本框中输入转发理由，再单击"转发"按钮。当系统出现"转发成功"提示时，在图 4.84 所示的主页面 E 区会出现刚才发布的微博，同时在图 4.84 所示的主页面 F 区微博数字会加 1。

（5）评论别人微博生成一条新微博。在图 4.107 所示的转发、收藏、评论微博页面中，选择"评论"选项，可以在文本框中输入最多 140 字的评论内容，再单击"评论"按钮，此时在图 4.84 所示的主页面 E 区会出现刚才发布的微博，同时在图 4.84 所示的主页面 F 区微博数字会加 1。

（6）通过手机 WAP、客户端发新微博。其分别见图 4.108 所示的手机发布微博页面及如图 4.109 所示的客户端发布微博页面。

图 4.107　转发、收藏、评论微博页面

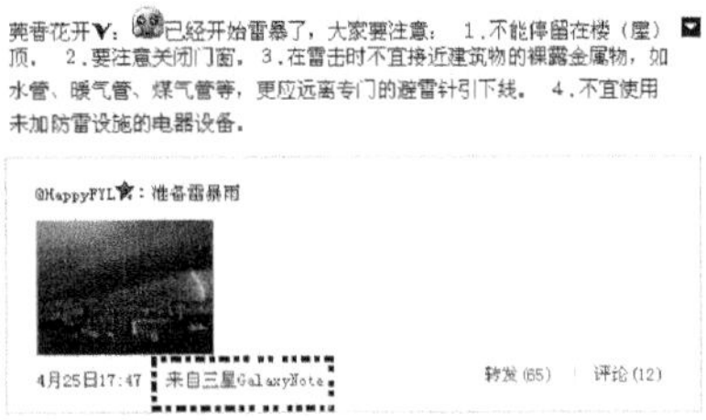

图 4.108　手机发布微博页面

任务 3：更换微博模板。

模板就是微博的主页背景，可以使用系统推荐的，也可以自定义属于自己风格的微博界面。

操作步骤：

登录新浪微博，在如图 4.84 所示的主页面 A 区中，依次选择"账号"|"模板设置"选项，进入图 4.110 所示的模板设置界面。其中提供了"最新推荐"、"童趣"、"时尚"、"校园"、"节日"、"经典"、"自定义"7 个模板项目，用户可以进行个性化设置。

图 4.109　客户端发布微博页面

图 4.110　模板设置界面

4.5.7　技能达标

1. 填空题

微博是(　　　)工具。

2. 判断题

微博支持上传视频。　　　　　　　　　　　　　　　　　　　　　　　(　　　)

3. 问答题

什么是微群？

4. 上机操作题

任务：发私信。

当与好友之间的对话不想让第三方知道，可以通过发私信。

操作步骤：

在图 4.111 所示的私信页面中,单击"私信"按钮,进入发私信界面,可以输入 300 字的文字内容,可以上传表情、图片、文件等,再单击"发送"按钮。

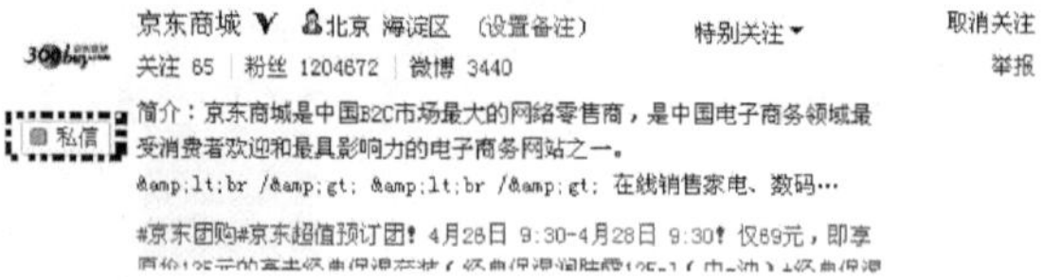

图 4.111   私信页面

4.5.8   课后习题

上网开通新浪微博,练习使用微博。

4.6   网络通信工具——腾讯 QQ

腾讯 QQ 是深圳市腾讯计算机系统有限公司开发的一款基于 Internet 的即时通信(IM)软件。它支持在线聊天、视频电话、点对点断点续传文件、共享文件、网络硬盘、自定义面板、QQ 邮箱等多种功能,并可与移动通信终端等多种通信方式相连。通过免费使用QQ,用户可以方便、实用、高效地和朋友联系。

4.6.1   技能目标

(1) 了解和掌握腾讯 QQ 的基础知识。
(2) 掌握腾讯 QQ 的使用方法及基本操作。

4.6.2   相关知识点介绍

1. QQ 号码

QQ 号码为腾讯 QQ 的账号,全部由数字组成,QQ 号码在用户注册时由系统随机选择。目前,QQ 号码长度已经达到 10 位数。

普通 QQ 号码 3 个月内若没有登录记录或付费号码没有及时续费,QQ 号码将被回收。由于有部分人群偏好于个别特殊号码,如 2008××××(奥运号)等,称为"靓号",腾讯在其网站的号码专区将这些号码进行出售。

2. QQ 群

QQ 群是腾讯 QQ 的一种附加服务,是一个聚集一定数量 QQ 用户的长期稳定的公共聊天室。团体成员可以互相通过语音、文字、视频等方式互相交流信息。

根据群内人数的不同,群分为普通群(100 人)、高级群(200 人)、超级群(500 人)这3 种类型。

3. 群主、群空间和管理员

群主是创建群的人,拥有管理群的最高权力。群主在创建群以后,可以邀请朋友或者有共同兴趣爱好的人到一个群里面聊天。在群内除了聊天,还提供了群空间服务。在群空间中,用户可以使用论坛、相册、共享文件等多种交流方式。群空间为群主提供了强大的管理群的功能,群主可以自由设定群内的版面、相册,还可以设置群空间为公开还是非公开,可以设置一些群内的成员为管理员来帮助管理,一个群中除了群主,最多可以设置5个管理员协助进行管理。

4.6.3 下载、安装与启动腾讯 QQ

从许多网站都可以下载这个软件,本文采用的版本是腾讯 QQ2011,支持操作系统 Windows XP/Windows Vista/Windows 7/Windows 2000/Windows 2003,软件大小 38.4MB,是一个免费软件。

1. 安装

双击下载的"腾讯 QQ"安装程序,进入图 4.112 所示的腾讯 QQ2011 安装向导界面。单击"下一步"按钮,进入图 4.113 所示的自定义安装与快捷方式选项界面。仅选中"桌面"复选框,单击"下一步"按钮,进入图 4.114 所示的选择安装路径界面。建议选择默认位置,单击"安装"按钮,进入图 4.115 所示的正在安装界面,接着进入图 4.116 所示的安装完成界面。取消选中全部复选框,单击"完成"按钮,进入图 4.117 所示的 QQ 用户登录界面,至此完成安装过程。

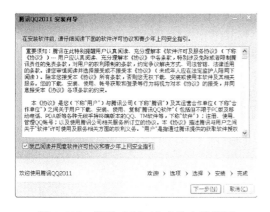

图 4.112 腾讯 QQ2011 安装向导界面

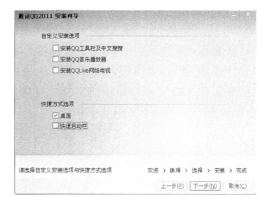

图 4.113 自定义安装与快捷方式选项界面

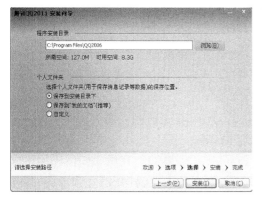

图 4.114 选择安装路径界面

图 4.115 正在安装界面

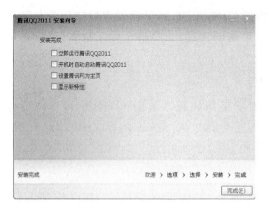

图 4.116　安装完成界面　　　　　　　图 4.117　QQ 用户登录界面

2. 启动

启动"腾讯 QQ"软件的方法如下。

方法一：依次选择"开始"|"程序"|"腾讯软件"|"QQ2011"|"腾讯 QQ2011"程序，进入图 4.117 所示的 QQ 用户登录界面。输入账号、密码，若选中"记住密码"复选框，则在下次启动 QQ 时自动登录。最后单击"安全登录"按钮，即可进入图 4.118 所示的 QQ 主面板（主界面）。QQ 主面板最小化后变成任务栏中 QQ 的程序图标 。

方法二：直接双击桌面的"腾讯 QQ"快捷方式，其余具体操作同方法一。

4.6.4　使用腾讯 QQ

1. 腾讯 QQ 主界面介绍

QQ 主面板形状狭长，由 A 区、B 区和 C 区三大部分组成。

图 4.118　QQ 主面板（主界面）

（1）A 区：可以显示本人 QQ 的头像及信息资料、在线状态；可以编辑个性签名；可以实现"QQ 空间信息中心"、"腾讯微博"、"QQ 邮箱"、"腾讯朋友"、"拍拍购物信息中心"、"QQ 钱包"、"搜搜个人中心"、"腾讯网我的资讯"、"天气预报"、"消息盒子"及"换肤"等功能项目。

（2）B 区：包括快速搜索栏、联系人、群/讨论组、微博、最近联系人四大功能项目。其中，快速搜索栏可以搜索联系人、网页信息和各类答案等。

（3）C 区：包括 QQ 主菜单、手机生活、QQ 游戏、QQ 宠物、QQ 音乐、QQLive 网络电视、QQ 浏览器、QQ 电脑管家、拍拍购物、WebQQ、打开系统设置、打开消息管理器、打开安全沟通、查找联系人、打开应用盒子等功能项目。

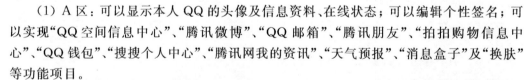

2. 腾讯 QQ 头像介绍

将光标移至本人 QQ 的头像按钮时,弹出图 4.119 所示的"本人 QQ 头像信息"界面,提供了开通会员、QQ 活跃天数、天气预报、QQ 空间、腾讯微博等功能。在本例中,本人 QQ 号:1529365181;昵称:步。若单击 QQ 号码链接,会进入图 4.120 所示的"我的资料"对话框。

图 4.119 "本人 QQ 头像信息"界面   图 4.120 "我的资料"对话框

单击头像按钮,也可打开图 4.120 所示的"我的资料"对话框,可以更换头像;进行"基本资料"、"更多资料"、"我的等级"、"QQ 空间"、"QQ 秀"、"腾讯游戏"、"好友印象"等设置。

右击头像按钮,会弹出图 4.121 所示的 A 区 QQ 头像快捷菜单,可以进行"修改个人资料"、"更换头像"、"系统设置"等设置。

3. 腾讯 QQ 在线状态介绍

在图 4.118 所示的主界面中,选择 A 区的在线状态菜单按钮 ,打开图 4.122 所示的 QQ 在线状态菜单,共有"我在线上"、"Q 我吧"、"离开"、"忙碌"、"请勿打扰"、"隐身"、"离线"7 种在线状态,并且对应不同状态图标。

图 4.121 A 区 QQ 头像快捷菜单   图 4.122 QQ 在线状态菜单

4. 腾讯 QQ 联系人列表介绍

在图 4.118 所示的主界面中,单击 B 区的"联系人"按钮 ,再单击右三角按钮,可以展开好友列表。若头像是彩色的好友,即为在线好友;若头像呈暗灰色的,则表示该好友不在线。在线好友中，若是会员的在线好友，其昵称颜色默认为红色；若是非会员好友默认为黑色。

（1）网友分组

QQ能够对用户的网友进行分组。默认情况下，分为 3 组："我的好友"、"陌生人"、"黑名单"。

① 我的好友：可以添加好友进入这个组。

② 陌生人：当不认识的人发来消息时，其图标就会出现在这个组。

③ 黑名单：在用户不想让某个人打扰的时候，可以选择该
网友图标，直接拖到黑名单组，这样可以避免看到其消息。

（2）好友列表快捷菜单

右击好友列表中本人的 QQ 图标，会弹出图 4.123 所示的
联系人列表本人 QQ 快捷菜单，可以进行 QQ 空间编辑器、QQ
空间、个人资料、更改我的头像、显示我的头像、网络备忘录、空
间礼物等设置。

图 4.123　联系人列表
本人 QQ 快
捷菜单

右击好友列表中好友的 QQ 图标，会弹出图 4.124 所示的
联系人列表好友 QQ 快捷菜单，可以进行发送即时消息、发送手
机信息、发送电子邮件、影音交谈、发送文件、进入 QQ 空间、邀请好友开通微博、会员快捷
功能、财付通收付款、给好友赠送礼品、关注此好友、充值/支付快捷功能、移动联系人至、
移至黑名单、删除好友、举报此用户、修改备注姓名、好友批量管理、设置权限、消息记录、
查看资料等设置。

（3）联系人列表空白处快捷菜单

若好友过多，还可以添加新组，以便管理。右击列表的空白处，弹出图 4.125 所示的
联系人列表空白处快捷菜单，选择"添加分组"选项，然后输入组的名字，如"我的同事"、
"我的同学"等，这样可以把"我的好友"里的好友拖放到相应的组里。

图 4.124　联系人列表好友 QQ 快捷菜单　　　　图 4.125　联系人列表空白处快捷菜单

　　选择某个组名,可打开该组,窗口内显示联系人列表,里面有组内人员名单的头像。组内成员也可以转移到其他组。

　　QQ 会员用户在每次对好友分组、备注信息和增减好友等相关信息进行修改操作后,QQ 会实时自动上传相关信息,每次启动 QQ 后会自动下载好友分组。

5. 网上申请免费 QQ 号

　　登录 QQ 网站(http://www.qq.com),进入图 4.126 所示的申请号码网站页面,依次单击"号码"链接|"立即申请"按钮|"QQ 号码"按钮,进入图 4.127 所示的申请表单页面。用户填写个人注册信息后,选择"确定并同意以下条款"按钮,注册成功后,屏幕上将显示申请到的 QQ 号码。

图 4.126　申请号码网站页面

6. 查找添加好友

　　新号码首次登录时,好友名单是空的,要和其他人联系,必须先要添加好友。成功查找添加好友后,就可以体验 QQ 的各种特色功能了。

　　(1) 查找联系人(查找好友)

　　单击 QQ 面板中 C 区的"查找"按钮,打开图 4.128 所示的"查找联系人/群/企业"之精确查找界面,包括"查找联系人"、"查找群"、"查找企业"3 个项目,每项目分为精确查找和按条件查找两种查找在线用户的方式。

图 4.127　申请表单页面　　　　图 4.128　"查找联系人/群/企业"之精确查找界面

　　① 精确查找。精确查找是根据一个已知 QQ 用户的账号或者昵称进行查找的方式。如图 4.128 所示,输入对方的账号或昵称后,单击"查找"按钮即可。

　　② 按条件查找。按条件查找是大范围的查找在线用户的方式,可设置一个或多个查询条件来查询用户。用户可以自由选择组合"国家"、"省份"、"城市"、"年龄"、"性别"、"语言"、"在线"、"有摄像头的"等多个查询条件,如图 4.129 所示。

　　另外,QQ 查找群和查找企业的方法类似,如图 4.130~图 4.132 所示。

图 4.129　"查找联系人"之按条件查找

图 4.130　"查找群"之精确查找

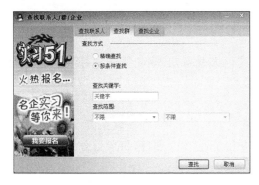

图 4.131　"查找群"之按条件查找

图 4.132　"查找企业"界面

（2）添加好友

在图 4.133 所示的查找联系人界面中，选择列表框中欲加入的好友 QQ 号码，单击"添加好友"按钮，对设置了身份验证的好友，会进入图 4.134 所示的"身份验证"对话框。输入验证码，再单击"确定"按钮。若对方通过验证，会进入图 4.135 所示的添加好友之验证问题界面，输入对方认可的信息，再单击"确定"按钮，进入图 4.136 所示的添加好友之分组界面，默认选择"我的好友"分组。根据需要，用户也可新建分组，或者选择其他分组。

图 4.133　查找联系人界面

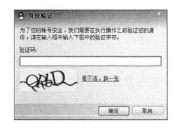

图 4.134　"身份验证"对话框

图 4.135　添加好友之验证问题界面　　　　　图 4.136　添加好友之分组界面

接着进入图 4.137 所示的添加好友成功界面,单击"完成"按钮,进入图 4.138 所示的主面板添加好友成功界面。在好友列表中可以看到框线内的好友 QQ 号码、昵称、个性签名、在线状态等信息。

图 4.137　添加好友成功界面　　　　　图 4.138　主面板添加好友成功界面

7. 收发即时信息

收发即时消息是 QQ 最常用和最重要的功能,收发即时消息是一种使用键盘通过文字进行交流的方式。实现消息的收发前提是本人要有一个 QQ 号码和至少一个 QQ 好友。

(1) 发即时消息

操作方法:首先,本人 QQ 要处于在线状态,然后打开图 4.118 所示的 QQ 主面板,双击好友的头像或者右击好友的头像,在弹出的快捷菜单中,选择"发送即时消息"选项,进入图 4.139 所示的聊天窗口。

① 聊天窗口

聊天窗口由 A 区、B 区、C 区、D 区、E 区和 F 区组成。

A 区:在聊天窗口下部,提供多功能编辑工具栏,可以选择"字体选择工具栏"、"选择表情"、"会员魔法表情/超级表情/涂鸦表情/宠物炫"、"向好友发送窗口抖动"、"选择动一下表情"、"发送图片"、"音乐分享"、"给好友送份礼物,送份惊喜"、"屏幕截图"、"划词搜索"等功能选项,可以输入文字,选择表情等,再选择"发送"按钮,将消息发送出去,结果显示在上方的 B 区。

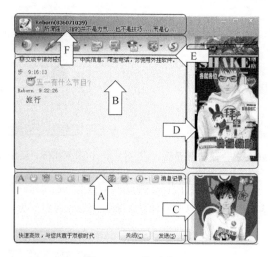

图 4.139　聊天窗口

B 区：显示即时聊天消息。

C 区：显示右下部的 QQ 形象（QQ 秀），代表本人。

D 区：显示右上部的 QQ 形象（QQ 秀），代表对方。

E 区：提供"开始视频会话"、"开始语音会话"、"传送文件"、"发送短信"、"创建讨论组"、"举报"、"应用"、"搜索"等功能。

F 区：提供好友的"昵称"、"QQ 号码"、"个性签名"等信息。

② 聊天窗口的消息记录界面

在图 4.139 所示的聊天窗口 A 区中，选择"消息记录"按钮，进入图 4.140 所示的聊天窗口的消息记录界面，可以查阅以往的聊天记录。

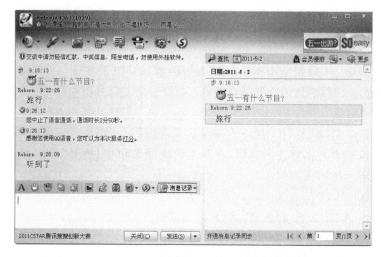

图 4.140　聊天窗口的消息记录界面

（2）接受和回复消息

好友发来消息后，如果用户的 QQ 是在线的，可即时收到，如果当时不在线，那么以后

QQ 上线会马上收到消息。

选择对话框中头像可查看对方资料,回复时输入文字,然后单击"发送"按钮。

8. QQ 主菜单及系统设置

在图 4.118 所示的主界面中,选择 C 区的 按钮,进入图 4.141 所示的 QQ 主菜单,再依次选择"系统设置"|"基本设置"选项,进入如图 4.142 所示的系统设置界面,可以进行基本设置、状态和提醒、好友和聊天、安全设置、隐私设置等个性化设置。

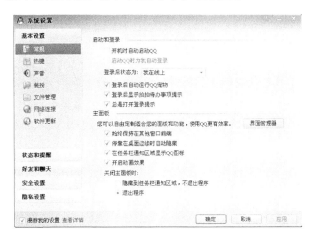

图 4.141　QQ 主菜单　　　　　　　图 4.142　系统设置界面

(1) 基本设置:可以进行常规、热键、声音、装扮、文件管理、网络连接、软件更新等项目设置。

(2) 状态和提醒:可以进行在线状态、自动回复、共享与资讯、消息提醒等项目设置。

(3) 好友和聊天:可以进行常规、文件传输、语音视频、联系人管理等项目设置。

(4) 安全设置:可以进行消息记录安全、防骚扰、QQ 锁、身份验证等项目设置。

(5) 隐私设置:可以进行隐私设置、QQ 空间访问等项目设置。

4.6.5　应用案例

任务 1:利用 QQ 软件与好友进行语音聊天。

操作步骤:

(1) 登录 QQ,进入图 4.118 所示的 QQ 主面板。在好友列表中,若好友 QQ 在线的,可以进行语音聊天。双击好友头像,进入图 4.139 所示的聊天窗口,依次选择 F 区的开始语音会话的下三角按钮 |"开始语音会话"选项,等待对方接受邀请后,即可进行语音聊天。

(2) 若语音会话有问题,可以选择 F 区的开始语音会话的下三角按钮 ,再选择"语音设置"选项,或者"语音测试向导"选项,进行语音调节。

任务 2:利用 QQ 软件与好友进行视频聊天。

操作步骤:

(1) 登录 QQ,进入图 4.118 所示的 QQ 主面板。在好友列表中,若好友 QQ 在线的,

可以进行视频聊天。双击好友头像,进入图 4.139 所示的聊天窗口。依次选择 F 区的开始视频会话的下三角按钮 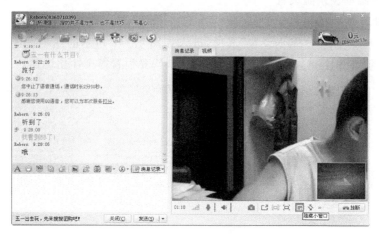 |"开始视频会话"选项,等待对方接受邀请后,即可进行视频聊天,如图 4.143 所示。

图 4.143　视频聊天界面

（2）若视频会话中,视频和声音有问题,可以选择图 4.139 的 F 区的开始视频会话的下三角按钮 ,再选择"视频设置"选项,或者选择"语音测试向导"选项,进行语音调节。

任务 3：利用 QQ 软件与好友进行远程协助教学。

操作步骤：

（1）登录 QQ,进入图 4.118 所示的 QQ 主面板中,在好友列表中,若好友 QQ 在线的,可以进行视频聊天。双击好友头像,进入图 4.139 所示的聊天窗口,依次选择 F 区的应用的下三角按钮 |"远程协助"选项。

（2）进入图 4.144 所示的对方（学生）邀请远程协助界面,此时本人（教师）单击"接受"按钮,进入图 4.145 所示的尝试连接界面,接着进入图 4.146 所示的对方邀请控制其计算机界面,此时本人单击"是"按钮,进入图 4.147 所示的控制对方计算机界面,即可进行远程协助。

图 4.144　对方（学生）邀请远程协助界面

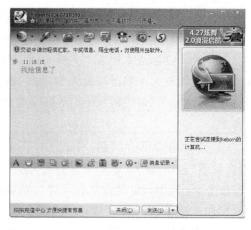

图 4.145　尝试连接界面

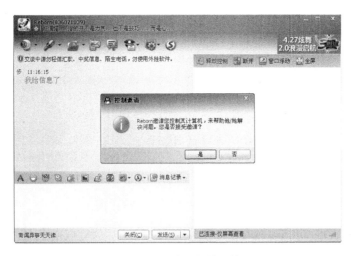

图 4.146　对方邀请控制其计算机界面

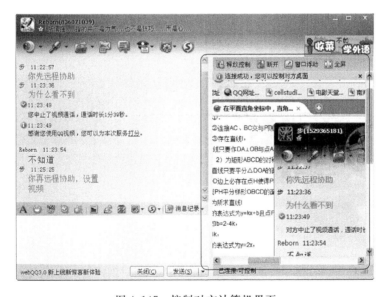

图 4.147　控制对方计算机界面

4.6.6　技能训练

任务 1：利用 QQ 软件给好友发送文件或文件夹。

操作步骤：

（1）登录 QQ，进入图 4.118 所示的 QQ 主面板。在好友列表中，若好友 QQ 在线的，可以发送文件或文件夹。双击好友头像，进入图 4.139 所示的"聊天窗口"界面，选择 F 区的应用的下三角按钮 。

（2）若选择"发送文件"选项，则进入"打开"对话框。选择要发送的文件，单击"打开"按钮。若选择"发送文件夹"选项，则打开"浏览文件夹"对话框，选择要发送的文件夹，再单击"确定"按钮。

任务 2：利用 QQ 软件给好友发送图文并茂的信息。

操作步骤：

登录 QQ，进入图 4.118 所示的 QQ 主面板。在好友列表中，若好友 QQ 在线，可以发送文件或文件夹。双击好友头像，进入图 4.139 所示的聊天窗口。在 A 区输入文字，并且插入图片、设置表情，最后单击"发送"按钮。

任务 3：利用 QQ 软件访问好友的空间信息。

访问好友空间，好友在不在线均可以访问。

操作步骤：

图 4.148　对方 QQ 头像
信息界面

登录 QQ，进入图 4.118 所示的 QQ 主面板。在好友列表中，将光标靠近好友头像，会弹出图 4.148 所示的对方 QQ 头像信息界面，单击 QQ 空间按钮 ，进入图 4.149 所示的对方 QQ 空间界面。

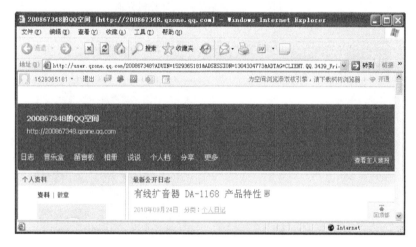

图 4.149　对方 QQ 空间界面

4.6.7　技能达标

1. 填空题

腾讯 QQ 是（　　　）工具。

2. 判断题

腾讯 QQ 支持锁定 QQ 功能。　　　　　　　　　　　　　　　　　　　（　　　）

3. 问答题

什么是腾讯 QQ 群？

4. 上机操作题

利用腾讯 QQ 发表微博。

微博，即微博客的简称，是一个基于用户关系的信息分享、传播以及获取平台，用户可以通过 Web、Wap 以及各种客户端组建个人社区，以 140 字左右的文字更新信息，并实现即时分享。

腾讯微博为用户打造全新的沟通体验,腾讯微博 140 字的人生感悟,记录生活的点点滴滴、传递温暖、分享喜悦;用户也可以收听别人,来了解别人的思想和生活。

操作步骤:

(1)登录 QQ,进入图 4.118 所示的 QQ 主面板。单击 B 区的 ▧ 按钮,进入图 4.150 所示的腾讯微博文本输入界面,可在框线内的文本框中输入文字,限 140 字,最后单击"发表"按钮。

(2)以"话题"方式发表微博。在文本框内,可以输入"♯"按钮,软件自动以"♯"号作为话题的开始和结束标志,在中间可以输入话题。例如,输入"最新的教育理念",表示以"最新的教育理念"作为话题来发表微博。

(3)进入图 4.151 所示的腾讯微博发表结果界面,单击"我的微博"按钮 ▤,进入图 4.152 所示的我的微博界面。可以查阅微博个人信息、收听、听众、广播、收藏、我的话题、我的私信、黑名单、个人设置、官方微博、邀请好友、意见反馈、网页微博、手机微博等情况。

图 4.150　腾讯微博文本
　　　　　输入界面

图 4.151　腾讯微博发表结果界面

图 4.152　我的微博界面

4.6.8　课后习题

上网下载"腾讯 QQ"的安装文件,解压到硬盘,练习使用腾讯 QQ 软件。

第 5 章

安 全 工 具

计算机及网络的安全一直是备受关注的重要问题。人们在使用网络提供的各种高效工作方式的同时,不得不时刻提防来自计算机病毒、黑客等诸多方面的潜在威胁。本章介绍的各种用于网络安全防范的工具软件,可以大大增强计算机抵抗外来侵害的能力。

5.1　360 安全卫士

360 安全卫士是功能较强、效果较好、最受用户欢迎的上网必备安全软件。

360 安全卫士拥有查杀木马、清理插件、修复漏洞、电脑体检等多种功能,并独创了"木马防火墙"功能,依靠抢先侦测和云端鉴别,可全面、智能地拦截各类木马,保护用户的账号、隐私等重要信息。360 安全卫士运用云安全技术,在拦截和查杀木马的效果、速度以及专业性上表现出色,能有效防止个人数据和隐私被木马窃取。

360 安全卫士自身非常轻巧,同时还具备开机加速、垃圾清理等多种系统优化功能,可大大加快电脑运行速度,内含的 360 软件管家还可帮助用户轻松下载、升级和强力卸载各种应用软件。

5.1.1　技能目标

(1) 了解和掌握 360 安全卫士的基础知识。

(2) 掌握 360 安全卫士的使用方法及基本操作。

5.1.2　相关知识点介绍

1. LSP

LSP 的中文名为分层服务提供程序。LSP 就是 TCP/IP 协议等的接口。LSP 可以方便程序员们编写监视系统网络通信情况的 Sniffer,可是现在常见的 LSP 都被用于浏览器劫持。

"浏览器劫持"后出现的症状:被重定向到恶意网页、当输入错误的网址时被重定向、输入字符时 IE 速度严重减慢、重启后 IE 主页/搜索页被更改、不请自来的受信任站点、收藏夹里自动反复添加恶意网站、在使用 Google 和 Yahoo 等著名搜索引擎搜索时出现某些弹出窗口、IE 选项卡中出现不能更改或被隐藏的项目等。

2. 肉鸡

"肉鸡"是指被黑客攻破，种植了木马病毒的电脑。黑客可以随意操纵它，并利用它做任何事情，它就像傀儡。"肉鸡"可以是各种系统，如 Windows、Linux、UNIX 等，更可以是一家公司、企业、学校甚至是政府军队的服务器。

3. 系统漏洞

系统漏洞是系统本身存在的技术缺陷，往往会被木马、病毒利用来入侵计算机。

4. ARP

ARP 即地址解析协议，实现将 IP 地址转换为物理地址的功能。

5.1.3　下载、安装与启动 360 安全卫士

从许多网站都可以下载这个软件，本文采用的版本是 360 安全卫士 7.7.0.2001 正式版，支持操作系统 Windows 7/Windows Vista/Windows 2003/Windows XP/Windows 2000/Windows NT，软件大小 40.91MB，是一个免费软件。

1. 安装

双击下载的"360 安全卫士"安装程序，进入图 5.1 所示的安装向导界面。单击"下一步"按钮，进入图 5.2 所示的最终用户授权协议界面。单击"我接受"按钮，进入图 5.3 所示的选择安装位置界面。单击"安装"按钮，进入图 5.4 所示的正在安装界面。接着

图 5.1　安装向导界面

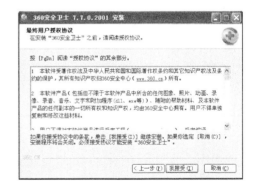

图 5.2　最终用户授权协议界面

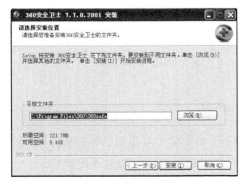

图 5.3　选择安装位置界面

图 5.4　正在安装界面

进入图 5.5 所示的推荐安装 360 杀毒界面。单击"下一步"按钮，进入图 5.6 所示的通过新的托盘图标打开卫士界面。单击"下一步"按钮，进入图 5.7 所示的完成安装界面。单击"完成"按钮，进入图 5.8 所示的重启对话框。单击"是"按钮，重启计算机，至此完成安装过程。

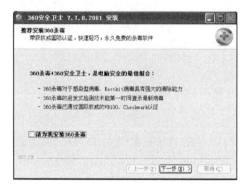

图 5.5   推荐安装 360 杀毒界面

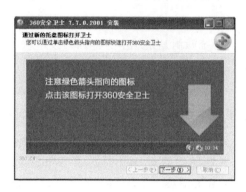

图 5.6   通过新的托盘图标打开卫士界面

图 5.7   完成安装界面

图 5.8   重启对话框

2. 启动

启动"360 安全卫士"软件的方法如下。

方法一：依次选择"开始"|"程序"|"360 安全卫士"|"360 安全卫士"程序，进入图 5.9 所示的 360 安全卫士主界面，同时任务栏会出现 360 安全卫士的程序图标 。每次启动时，默认进行系统体检，可以单击"取消"按钮中断体验。

方法二：双击桌面的"360 安全卫士"快捷方式，其余具体操作同方法一。

5.1.4   使用 360 安全卫士

1. 360 安全卫士主界面介绍

图 5.9 所示的 360 安全卫士主界面由常用界面、木马防火墙界面、杀毒界面、网盾界面、防盗号界面、软件管家界面、硬件检测界面和网购保镖界面八大功能界面组成。

图 5.9　360 安全卫士主界面

2. 360 安全卫士"常用"功能介绍

图 5.9 所示为 360 安全卫士主界面,每次启动时,即进入"常用"状态,默认选择"电脑体检"选项。"常用"功能包括"电脑体检"、"查杀木马"、"清理插件"、"修复漏洞"、"清理垃圾"、"清理痕迹"、"系统修复"和"功能大全"等。

(1)电脑体检:单击"电脑体检"选项,再单击"立即体检"按钮,将对电脑系统进行快速一键扫描,对木马病毒、系统漏洞、恶评插件等问题进行清理与修复,并全面解决潜在的安全风险,提高用户的电脑运行速度。

(2)查杀木马:单击"查杀木马"选项,提供全新的双引擎技术,先进的启发式引擎,智能查杀未知木马和云安全引擎双剑合一,查杀能力倍增,可以分快速扫描、全盘扫描和自定义扫描 3 种扫描方式进行木马扫描。

单击"快速扫描"按钮:将扫描系统内存、启动对象等关键位置,速度较快。

单击"全盘扫描"按钮:将扫描系统内存、启动对象及全部磁盘,速度较慢。

单击"自定义扫描"按钮:可以由用户自己指定需要扫描的范围。

(3)清理插件:选择"清理插件"选项,再单击"开始扫描"按钮,将扫描出恶评插件,用户可以单击"立即清理"或者"信任插件"按钮。

(4)修复漏洞:选择"修复漏洞"选项,将扫描出高危漏洞,用户可以单击"立即修复"或者"忽略"按钮。

(5)清理垃圾:选择"清理垃圾"选项,再单击"开始扫描"按钮,可定期清理系统中的无用文件,可以释放被占用的磁盘空间,让系统运行更流畅,用户可以单击"立即清除"按钮。

(6)清理痕迹:选择"清理痕迹"选项,再单击"开始扫描"按钮,可清理软件在使用后留下的个人信息的使用痕迹(如上网历史痕迹、保存的网页表单和密码、系统历史痕迹和临时文件、应用程序历史记录、注册表),经常清理可以保护用户的隐私,用户可以单击"立即清理"按钮。

（7）系统修复：选择"系统修复"选项，再单击"开始扫描"按钮，可根据安全等级进行选中。最后单击"一键修复"按钮，对某些项目可设为信任。还可单击"IE 常用设置"按钮，进行 IE 浏览器的修复设置。

（8）功能大全：选择"高级工具"选项提供多种实用工具，有针对性地帮助用户解决电脑问题，提高电脑速度。

实用工具包括"热度推荐"、"电脑优化"、"网络优化"和"360 安全产品"四大类。

"热度推荐"选项提供开机加速、进程管理器、360 网购保镖、强力卸载软件和 360 硬件检测等工具。

"电脑优化"选项提供系统服务状态、全面诊断、360 桌面管理、360 右键菜单管理、游戏优化器、默认软件设置、一键装机、隐私保护器等工具。

"网络优化"选项提供修复网络(LSP)、流量监控器、网速保护、网络连接查看器和网速测试器等工具。

"360 安全产品"选项提供 360 杀毒、360 安全浏览器和 360 手机卫士等工具。

3. 360 安全卫士"木马防火墙"功能介绍

在图 5.9 所示的主界面中，选择"木马防火墙"选项提供"系统防护"、"设置"、"信任列表"、"阻止列表"和"查看历史"等功能。木马防火墙由 8 层系统防护和多层应用防护组成，应用 360 独创的"亿级云防御"，结合"智能主动防御"，针对病毒木马的行为进行智能分析判断，最大限度地保证系统运行的安全和稳定。

（1）系统防护：可设置开启或关闭"网页防火墙"、"漏洞防火墙"、"U 盘防火墙"、"驱动防火墙"、"进程防火墙"、"文件防火墙"、"注册表防火墙"和"ARP 防火墙"等项目。

网页防火墙：可以防范网页木马导致的账号被盗、网购被欺诈等。

漏洞防火墙：提醒用户及时修复漏洞，免疫流行木马攻击。

U 盘防火墙：可以防范 U 盘木马感染电脑。

驱动防火墙：可以防范木马导致安全软件失效、电脑蓝屏。

进程防火墙：可以阻止木马激活、运行，防范账号、隐私被盗。

文件防火墙：可以阻止木马复制、再生，防范文件被感染。

注册表防火墙：可以阻止木马篡改系统，防范电脑变慢、上网异常。

ARP 防火墙：可以防范局域网木马攻击导致的断网现象。

（2）设置：提供"木马防火墙"、"网页防火墙"、"ARP 防火墙"和"360 主动防御服务"等相关功能设置。

（3）信任列表：可以管理用户信任的程序和操作，如果不希望再自动允许某程序或操作运行，可以从列表中移除。

（4）阻止列表：可以管理用户不信任的程序和操作，如果不希望再自动阻止某程序或操作运行，可以从列表中移除。

（5）查看历史：可以查看 360 木马防火墙的日志，包括"木马防火墙"、"网页防火墙"、"ARP 防火墙"和"防护日志"等项目。

4. 360 安全卫士"杀毒"功能介绍

在图 5.9 所示的"360 安全卫士"主界面中,单击"杀毒"选项,将提示安装"360 杀毒"软件进行木马病毒查杀。

5. 360 安全卫士"网盾"功能介绍

在图 5.9 所示的主界面中,网盾"选项提供"上网保护"、"浏览器修复"、"下载安全"、"聊天保护"、"广告过滤"、"清理网址"和"拦截历史"等功能。

(1)上网保护:可以开启"拦截欺诈网站,网购不受骗"、"拦截木马网站,上网不中毒"、"搜索引擎保护,搜索不受骗"、"下载安全,防木马入侵"和"聊天工具保护,聊天传文件不中毒"等功能。

(2)浏览器修复:可参考 360 安全卫士"常用"功能介绍中的"系统修复"操作。

(3)下载安全:可以监测用户下载的文件,过滤下载网站的广告,确保下载不中毒、不受骗。

(4)聊天保护:可以监测 QQ、阿里旺旺、MSN、TM 和 RTX 等常用聊天软件传输文件的安全性,确保用户聊天传文件不中毒。

(5)广告过滤:可以开启或关闭由网友分享的广告过滤规则,也可以自行设置过滤规则。

(6)清理网址:可以清理 IE 浏览器痕迹。

(7)拦截历史:可以查看拦截的网页日志。

6. 360 安全卫士"软件管家"功能介绍

在图 5.9 所示的主界面中,"软件管家"选项提供"装机必备"、"软件宝库"、"今日热门"、"海软件"、"软件升级"、"软件卸载"、"开机加速"、"手机必备"、"热门游戏"等功能。

7. 360 安全卫士"硬件检测"功能介绍

在图 5.9 所示的主界面中,选择"硬件检测"选项,将提示安装"360 硬件检测"软件。

8. 360 安全卫士"网购保镖"功能介绍

在图 5.9 所示的主界面中,"网购保镖"功能在进行网络购物、网银充值等重要操作时,会自动帮助用户清理、拦截电脑中所有危险、可疑的程序运行;自动拦截虚假购物、充值网站,最大限度保证用户的财产安全。可以设置开启或关闭"自动扫描已运行的可疑程序"、"自动禁止危险、可疑程序运行"、"聊天传文件、下载保护高强模式"和"拦截虚假网银、交易网站"等功能。

9. 360 安全卫士"设置"功能

在图 5.9 所示的主界面中,依次选择程序菜单 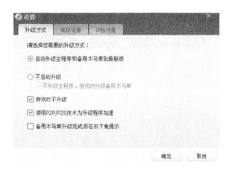 |"设置"选项,进入图 5.10 所示的"设置"对话框,其中包括"升级方式"、"高级设置"、"体检设置"等项目。

(1)升级方式:可以设置用户个性化升级

图 5.10 "设置"对话框

方式。

（2）高级设置：可以设置开启木马防火墙、添加右键菜单等选项。

（3）体检设置：可以进行体检扫描频度的设置。

5.1.5　应用案例

任务 1：利用 360 安全卫士加快开机启动速度。

不是所有软件都需要在计算机开机时立即运行，过多软件在开机时运行不仅拖慢启动速度，占用系统资源，还可能被木马利用，留下安全隐患。禁止不必要的软件启动项目，能加快开机速度，让计算机更安全更绿色。

操作步骤：

（1）启动 360 安全卫士，在图 5.9 所示的主界面中，依次选择"常用"|"功能大全"|"开机加速"选项。

（2）根据需要选择相应的禁止或开启项目，如果不熟悉，依次选择"一键优化"|"立即优化"|"重新启动计算机"选项即可。

任务 2：利用"360 安全卫士"进行系统全面诊断。

系统全面诊断，将扫描系统 191 个容易被恶意程序和木马感染的位置，将这些位置的内容一一列举，并依托庞大的知识库对各项给予解释。

操作步骤：

（1）启动 360 安全卫士，在图 5.9 所示的主界面中，依次选择"常用"|"功能大全"|"全面诊断"选项。

（2）根据屏幕提示，选中需要修复的项目（红色），再单击"修复选中项"按钮。

5.1.6　技能训练

任务 1：利用"360 安全卫士"进行系统修复。

操作步骤：

（1）启动 360 安全卫士，在图 5.9 所示的主界面中，依次选择"常用"|"系统修复"选项。

（2）依次单击"一键修复"|"立即应用"按钮。

任务 2：利用"360 安全卫士"清理插件。

操作步骤：

（1）启动 360 安全卫士，在图 5.9 所示的主界面中，依次选择"常用"|"清理痕迹"选项。

（2）依次选择"开始扫描"|"立即清理"|"确定"选项。

任务 3：利用"360 安全卫士"进行系统修复。

操作步骤：

（1）启动 360 安全卫士，在图 5.9 所示的主界面中，依次选择"常用"|"系统修复"|"开始扫描"选项。

（2）依次选择"一键修复"|"立即应用"选项。

5.1.7　技能达标

1. 填空题

360 安全卫士是(　　　)工具。

2. 判断题

360 安全卫士不支持软件检测。　　　　　　　　　　　　　　　　　　(　　　)

3. 问答题

什么是 LSP？

4. 上机操作题

利用"360 安全卫士"进行 D 盘的自定义扫描。

操作步骤：启动 360 安全卫士，在图 5.9 所示的主界面中，依次选择"常用"|"查杀木马"|"自定义扫描"选项，打开"360 木马云查杀"对话框，选中"D:"复选框，依次选择"开始扫描"|"立即处理"选项。

5.1.8　课后习题

上网下载"360 安全卫士"的安装文件，解压到硬盘，练习使用 360 安全卫士软件。

5.2　超级网络邻居——IPBook

IPBook(超级网络邻居)是一款小巧的搜索共享资源及 FTP 共享的工具，具有许多辅助功能，如发送短信等。具体功能如下。

(1) 搜索 Internet 上任意网段机器的共享资源，并且可以打开共享资源，类似于 Windows 的网络邻居。

(2) 搜索 HTTP 服务、FTP 服务及隐藏共享。

(3) 给指定的计算机发送弹出式短消息。

(4) 查出本机的 IP 地址和计算机名、MAC 地址等。

(5) 查出任意 IP 地址的计算机名、工作组、MAC 地址等。

(6) 可以自动将查出的主要信息输出到文本文件中去，以便于编辑。

(7) 对指定的 IP 地址进行 Ping、Nbtstat 检测，可检测端口是否开放等操作。

5.2.1　技能目标

(1) 了解和掌握 IPBook 的基础知识。

(2) 掌握 IPBook 的使用方法及基本操作。

5.2.2　相关知识点介绍

Internet 上的每台主机(Host)都有一个唯一的 IP 地址，IP 地址的长度为 32 位，分为 4 段，每段 8 位，用十进制数字表示，每段数字范围为 0～255，段与段之间用句点隔开。如 159.226.1.1。

IP 地址由两部分组成，一部分为网络地址，另一部分为主机地址。IP 地址分为 A、

B、C、D、E 共 5 类。常用的是 B 和 C 两类。

5.2.3　下载、安装与启动 IPBook

从许多网站都可以下载这个软件,本文采用的版本是超级网络邻居(IPBook)V0.49 简体中文版,支持操作系统 Windows 2003/Windows XP/Windows 2000/Windows NT/Windows 9x,软件大小 418KB,是一个免费软件。若不注册,不能使用"大范围搜捕"的功能。

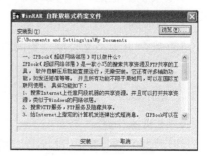

图 5.11　自解压向导界面

1. 安装

双击下载的 IPBook 安装程序,进入图 5.11 所示的自解压向导界面,单击"浏览"按钮,确定自解压目标位置。单击"安装"按钮,进入图 5.12 所示的 IPBook 主界面,至此完成安装过程。

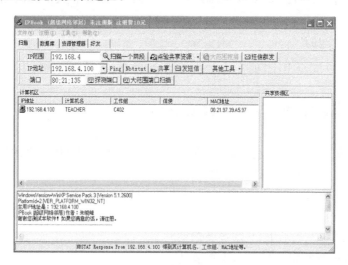

图 5.12　IPBook 主界面

2. 启动

在自解压目标位置中,双击 IPBook 程序,进入图 5.12 所示的主界面。

5.2.4　使用 IPBook

1. IPBook 界面介绍

图 5.12 所示的 IPBook 主界面由扫描界面、数据库界面、资源管理器界面和好友界面四大功能界面组成。

2. 扫描功能介绍

扫描功能包括自动测出本机的 IP 地址、计算机名;扫描本网段所有机器的计算机名、共享资源;扫描任意网段的所有机器的计算机名与共享资源;搜索 HTTP 服务、FTP 服务及隐藏共享。

（1）自动测出本机的 IP 地址、计算机名

启动 IPBook 后，进入图 5.12 所示的 IPBook 主界面，自动测出本机的 IP 地址、计算机名、工作组、网卡的 MAC 地址。

在本例中，IP 地址为 192.168.4.100；计算机名为 teacher；工作组为 c402；MAC 地址为 00.21.97.39.A5.97。

（2）扫描本网段所有机器的计算机名与共享资源

操作步骤：

① 启动 IPBook 后，进入图 5.12 所示的 IPBook 主界面，自动检测出 IP 网段范围。

在本例中，IP 范围：192.168.4，单击"扫描一个网段"按钮，几秒钟之后，在左中部的计算机区列表框中显示的就是本网段所有在位机器的详细情况，其中有 IP 地址、计算机名、工作组和信使名等。

② 待所有机器情况检查完毕，单击"点验共享资源"按钮，就会查出本网段机器的共享资源，结果会在右中部的共享资源区的树状显示框中显示。单击"点验共享资源"右边的下三角按钮，会出现"HTTP 服务"、"FTP 服务"及"隐藏共享"3 个复选框，选中"可搜索共享资源"复选框，同时进行对应的搜索工作。

结果如图 5.13 所示。

图 5.13　扫描本网段所有机器的计算机名与共享资源的结果

（3）扫描任意网段的所有机器的计算机名与共享资源

将本网段 IP 范围改成想要扫描的地址范围，单击"点验共享资源"右边的下三角按钮，再依次选择"所有已知在位的机器"|"搜索 HTTP 服务"|"搜索 FTP 服务"|"搜索隐藏共享"选项，并选中"搜索 HTTP 服务"、"搜索 FTP 服务"、"搜索隐藏共享"3 个复选框。若注册后，"大范围搜索"的功能就被激活了，可以同时搜索很多个邻近网段的计算机名、工作组等。

（4）管理历史搜索结果

在图 5.12 所示的主界面中，单击"数据库"按钮，进入图 5.14 所示的数据库界面。左

边的列表框显示了该网段中所有已开启机器的详细情况,其中包括 IP 地址、计算机名、工作组等信息,可以进行排序、删除、输出、清空、刷新、加入好友等操作;若单击"输出"按钮,可以把扫描结果保存至文本文件中,便于以后查看。

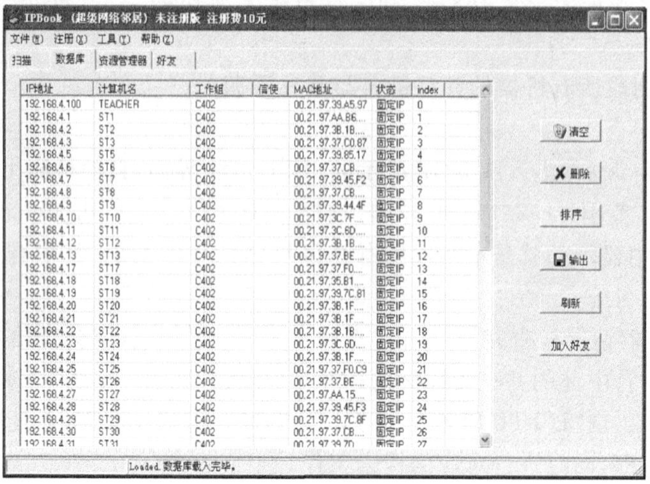

图 5.14   数据库界面

（5）其他功能

IPBook 除了能够扫描网络中的计算机的有关信息之外,还具有一些其他功能。

① 加入好友。可将 IP 网段中的某台机器设置为好友。

操作步骤:在图 5.12 所示的主界面中,先单击"扫描一个网段"按钮,再单击"数据库"按钮,选择列表框中要加入的 IP 地址,单击"加入好友"按钮,进入"好友"界面,可以看到加入的 IP 地址,可以对好友进行分类、设置、删除等操作。

② 资源管理器。在资源管理器中,可下载网段的共享文件夹,并且下载支持断点续传。在图 5.12 所示的主界面中,单击"资源管理器"按钮;先单击"扫描"按钮,扫描该网段,再选择共享文件夹,然后单击"断点续传目的地址"选项,最后单击"下载"按钮。

③ 发短信。软件提供了给指定的计算机发送短消息的功能。首先选择或者输入要发送消息的 IP 地址,再单击"发短信"按钮,进入"短信"对话框,在"内容"框中,输入需要的内容。例如,"为了安全,请您关闭电脑中的共享文件!",然后单击"发送"按钮,消息片刻之间就会发送到对方了。

注意:要求对方要开启"信使服务"。

④ 网络管理功能。IPBook 提供 Ping、NbtStat、域名转 IP 地址、IP 地址转计算机名、短信群发等网络管理功能。

a. Ping 按钮:可以向目标计算机发送一个测试数据包,对方主机的回应显示在主界面下方的信息窗格中。如果显示"没有回应×××.×××.×××.×××——no echo",表示对方计算机没有回应,但并不能说明对方计算机没有开机。若计算机禁用了 ICMP,则不会对任何检测信息做出回应。

b. NbtStat 按钮:可以得到一台计算机的名称、工作组等信息。

c."域名－＞IP"按钮：可以将当前地址栏中填写的域名信息转换成对应的 IP 地址信息。

d. IP－＞Name 按钮：可根据输入的 IP 地址得到计算机的名称。

e."共享"按钮：可扫描地址栏中指定计算机的共享资源（如 HTTP、FTP、共享文件夹、隐藏共享）。

f."探测端口"按钮：可以了解远程主机的某个端口是否开放,可在地址栏中输入该主机的 IP 或域名,在"端口"栏左边的文本框中,输入需要探测的端口号,单击"探测端口"按钮,在图 5.12 所示的主界面下方的信息窗格中,会显示检测信息。

5.2.5　应用案例

任务：利用 IPBook 将打印机找出来。

前一段时间某公司对电脑进行了调整,部分机器的操作系统和 IP 地址发生了变更。发现办公室里的一台共享 Canon i320 打印机看不到了,这台 i320 在系统变动前,一直用得很好,变动期间,这台机器的系统没有变动,IP 也没有变动过。电脑重装后,在添加网络打印机时,就找不到这台打印机,利用微软自带的网络邻居也看不到。

操作步骤：

(1) 在图 5.12 所示的主界面中,单击"扫描一个网段"按钮。

(2) Canon i320 安装在 IP 地址为 192.168.4.12 的电脑上,单击"192.168.4.12",再单击"共享"按钮,i320 就现形了。

(3) 双击"共享资源区"的 IP 地址 192.168.4.12,就会打开一个"192.168.4.12"的窗口。右击该打印机,在弹出的快捷菜单中,选择"连接"选项即可。

5.2.6　技能训练

任务 1：利用 IPBook 查询本网段的计算机共享资源。

操作步骤：

参考 5.2.4 小节的第 2 部分中的操作步骤(2)。

任务 2：利用 IPBook 将本网段的计算机信息资料(IP 地址、计算机名、MAC 地址等)输出到一个新的文本文件中,文件名：学号.txt。

操作步骤：

(1) 在图 5.12 所示的主界面中,依次选择"扫描一个网段"|"数据库"选项,列表框会显示搜索的结果。

(2) 单击"输出"按钮,打开"输出"对话框,选择保存的位置,输入文本文件名即可。

任务 3：利用 IPBook 探测某机器端口 80 及 21 的共享资源。

操作步骤：

(1) 在图 5.12 所示的主界面中,在"IP 地址"文本框中输入要探测的 IP 地址。

(2) 继续在"端口"文本框中,输入"80；21",中间用"；"隔开,选择"探测端口"按钮,可在"共享资源区"中寻找相应端口的共享资源。

5.2.7　技能达标

1. 填空题

IPBook 是（　　　）工具。

2. 判断题

IPBook 不支持断点续传下载。　　　　　　　　　　　　　　　　　　　　（　　）

3. 问答题

什么 IP 地址？

4. 上机操作题

利用 IPBook 进行 IP 地址和域名的解析。

操作步骤：在图 5.12 所示的主界面中，在"IP 地址"栏的文本框中，输入需要解析的域名，再单击"域名－＞IP"按钮。

5.2.8　课后习题

上网下载 IPBook 的安装文件，解压到硬盘，练习使用 IPBook 软件。

第6章

系统检测及优化工具

系统检测及优化工具主要用于测试计算机硬件、进行磁盘整理、对操作系统进行优化等。本章将介绍常用的系统检测及优化工具，包括 Windows 优化大师和 VoptXP。

6.1 Windows 优化大师

Windows 优化大师是一款功能强大的系统工具软件。它提供了系统检测、系统优化、系统清理、系统维护四大功能模块及数个附加工具。使用 Windows 优化大师，能够有效帮助用户了解计算机软硬件信息；简化操作系统设置步骤；提升计算机运行效率；清理系统运行时产生的垃圾；修复系统故障及安全漏洞；维护系统的正常运转。

6.1.1 技能目标

（1）了解和掌握 Windows 优化大师的基础知识。
（2）掌握 Windows 优化大师的使用方法及基本操作。

6.1.2 相关知识点介绍

1. 虚拟内存

虚拟内存是计算机系统内存管理的一种技术。它使得应用程序感觉拥有连续的可用的内存（一个连续完整的地址空间），而实际上，它通常是被分隔成多个物理内存碎片，还有部分暂时存储在外部磁盘存储器上，在需要时进行数据交换。

2. ActiveX

ActiveX 插件以前也叫做 OLE 控件或 OCX 控件，它是一些软件组件或对象，可以将其插入到 Web 网页或其他应用程序中。

6.1.3 下载、安装与启动 Windows 优化大师

从许多网站都可以下载这个软件，本文采用的版本是 Windows 优化大师 7.99 Build 10.1221，支持操作系统 Windows 7/Windows 2003/Windows XP/Windows 2000/Windows NT/Windows 9x，软件大小 9.58MB，是一个免费软件。

1. 安装

双击下载的 Windows 优化大师安装程序，进入图 6.1 所示的安装向导界面，单击"下一步"按钮，进入图 6.2 所示的许可协议界面。建议选择默认设置，单击"下一步"按钮，进入图 6.3 所示的选择组件界面。选中"Wopti 进程管理"及"Wopti 内存管理"复选框，选择"下一步"按钮，进入图 6.4 所示的选择目标位置界面。建议选择默认设置，单击"下一步"按钮，进入图 6.5 所示的选择附加任务界面。建议选择默认设置，单击"下一步"按钮，进入图 6.6 所示的正在安装界面。接着进入图 6.7 所示的完成安装界面，取消选中"运行 Windows 优化大师"复选框，单击"完成"按钮，至此完成安装过程。

图 6.1　安装向导界面

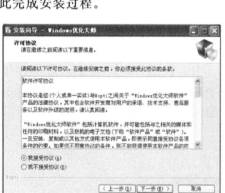

图 6.2　许可协议界面

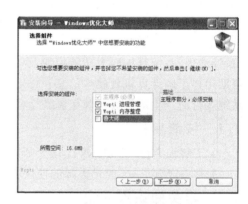

图 6.3　选择组件界面

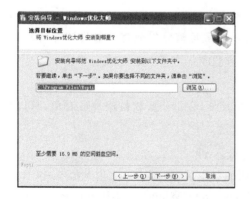

图 6.4　选择目标位置界面

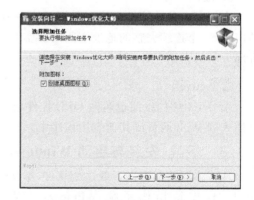

图 6.5　选择附加任务界面

图 6.6　正在安装界面　　　　　　　　　　图 6.7　完成安装界面

2. 启动

启动"Windows 优化大师"软件的方法如下。

方法一：依次选择"开始"|"程序"|"Windows 优化大师"|"Windows 优化大师"程序，进入图 6.8 所示的主界面。

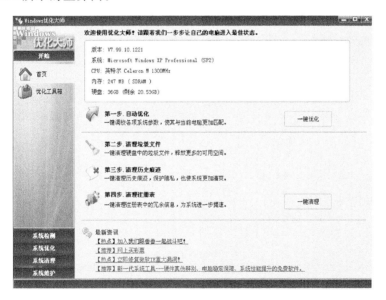

图 6.8　Windows 优化大师主界面

方法二：直接双击桌面的"Windows 优化大师"快捷方式，其余具体操作同方法一。

6.1.4　使用 Windows 优化大师

1. Windows 优化大师主界面介绍

图 6.8 所示的 Windows 优化大师主界面由开始界面、系统检测界面、系统优化界面、系统清理界面和系统维护界面五大功能界面组成。

2. Windows 优化大师开始功能界面介绍

在图 6.8 所示的主界面中,默认显示开始功能界面。它包含"首页"以及"优化工具箱"两大选项。

(1)"首页"功能

"首页"有两项子功能:①一键优化(即自动优化)功能可以实现一键调校各项系统参数,使其与当前电脑更加匹配。②一键清理功能可以实现一键清理垃圾文件、一键清理历史痕迹、一键清理注册表中的冗余信息等。

(2)"优化工具箱"功能

"优化工具箱"包含优化大师、鲁大师、360 安全产品等。其中,优化大师工具箱包括优化大师、进程管理、文件加密/解密、内存整理、文件粉碎等项目;360 安全产品工具箱包括 360 安全卫士、360 浏览器、360 杀毒等项目。

3. Windows 优化大师系统检测功能界面介绍

图 6.9 所示的系统检测功能界面包括系统信息总览、软件信息列表、更多硬件信息项目,默认选择"系统信息总览"选项。

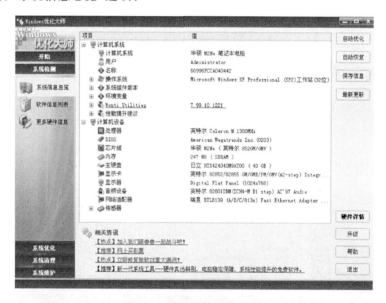

图 6.9　系统检测功能界面

(1)系统信息总览:检测 Windows 操作系统的一些情况,同时显示系统的主要硬件设备列表。

(2)软件信息列表:检测电脑中已安装的软件。

用户可展开列表中的项目,可浏览详细说明。例如,软件名称、版本、发布商、发布商的网址、安装日期、卸载命令及参数等。

若单击"卸载"按钮,用户可以卸载选择的软件。如果部分软件用户已经卸载或已经安装了更好的版本,而其软件信息依然存在,此时单击"删除"按钮,可删除旧软件的相关信息。

（3）更多硬件信息：必须安装硬件检测工具"鲁大师"，才可浏览更多硬件详情。

4. Windows 优化大师系统优化功能界面介绍

图 6.10 所示的系统优化功能界面包括磁盘缓存优化、桌面菜单优化、文件系统优化、网络系统优化、开机速度优化、系统安全优化、系统个性设置、后台服务优化、自定义设置项等项目，默认选择"磁盘缓存优化"选项。

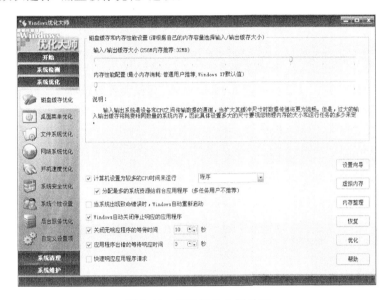

图 6.10　系统优化功能界面

（1）磁盘缓存优化：磁盘缓存对系统的运行起着至关重要的作用。一般情况下，Windows 会自动设定使用最大量的内存来作为磁盘缓存。但有时会耗尽所有的内存来作为磁盘缓存，当其他程序向 Windows 申请内存空间时，它才会释放部分内存给其他程序来运行，所以有必要对磁盘缓存空间进行设定，这样不仅可节省系统计算磁盘缓存的时间，而且可以保证其他程序对内存的要求。

可以拖动调节棒，对磁盘缓存最小值、最大值以及缓冲区读写单元进行调节。针对不同的内存大小，Windows 优化大师会做出合适的推荐提示。

单击"设置向导"按钮，可进行个性化设置。

单击"虚拟内存"按钮，可指定虚拟内存的容量，建议选择"推荐"按钮。

单击"内存整理"按钮，可快速释放物理内存，加快机器运行速度。

单击"恢复"按钮，可将磁盘缓存优化的各项属性恢复为 Windows 默认设置。

单击"优化"按钮，可自动优化磁盘缓存的各项属性。

（2）桌面菜单优化：可针对开始菜单速度、菜单运行速度、桌面磁盘缓存等项目进行优化设置。

单击"设置向导"按钮，可进行个性化设置。

单击"重建图标"按钮，可以帮助用户减少图标缓存文件的大小，建议在图标显示变慢和图标显示混乱时使用该功能。

单击"恢复"按钮,可把桌面菜单优化的各项属性恢复为 Windows 默认设置。

单击"优化"按钮,可自动优化桌面菜单的各项属性。

(3) 文件系统优化:可针对二级数据高级缓存及 CD/DVD-ROM 进行优化设置。建议选择"自动匹配"选项,或者单击"设置向导"按钮进行优化设置。

(4) 网络系统优化:能根据用户的上网方式自动设置最大传输单元大小、传输单元内的最大数据段大小、传输单元缓冲区大小等设置,建议单击"设置向导"按钮进行优化设置。

(5) 开机速度优化:主要通过减少引导信息停留时间和取消不必要的开机自运行程序来提高电脑的启动速度。

(6) 系统安全优化:可提供增强系统安全的一些措施。

(7) 系统个性设置:包括右键设置、桌面设置、其他设置等选项。

(8) 后台服务优化:单击"设置向导"按钮,可以方便地优化或恢复服务。

(9) 自定义设置项:可提供自定义注册表设置项目。

5. Windows 优化大师系统清理功能界面介绍

图 6.11 所示的系统清理功能界面包括注册信息清理、磁盘文件管理、冗余 DLL 清理、ActiveX 清理、软件智能卸载、历史痕迹清理、安装补丁清理等项目。

图 6.11　系统清理功能界面

6. Windows 优化大师系统维护功能界面介绍

图 6.12 所示的系统维护功能界面包括系统磁盘医生、磁盘碎片整理、驱动智能备份、其他设置选项、系统维护日志、360 杀毒等项目。

6.1.5　应用案例

任务 1:利用 Windows 优化大师检测本机的声卡型号。

操作步骤:

启动 Windows 优化大师,在图 6.8 所示的主界面中,单击"系统检测"按钮,可以查看

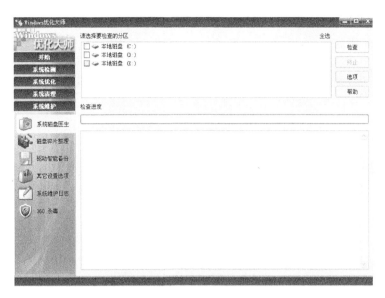

图 6.12　系统维护功能界面

音频设备信息。例如,音频设备信息为英特尔 82801DBM(ICH4-M B1 step)AC'97 Audio。

任务 2:上网时经常会遇到默认主页被篡改现象,利用 Windows 优化大师修复 IE 属性。

操作步骤:

启动 Windows 优化大师,在图 6.8 所示的主界面中,依次单击"系统优化"|"网络系统优化"|"IE 及其他"按钮,选中"禁止更改 IE 属性的默认主页"复选框,单击"确定"按钮,重启 IE 即可。

6.1.6　技能训练

任务 1:利用 Windows 优化大师检测本机的硬件信息,要求保存文件名:学号. txt。

操作步骤:

启动 Windows 优化大师,在图 6.8 所示的主界面中,依次单击"系统检测"|"保存信息"按钮,保存文件名,如 12. txt。

任务 2:利用 Windows 优化大师优化本机,让其进入最佳状态。

操作步骤:

启动 Windows 优化大师,在图 6.8 所示的主界面中,依次单击工具栏中的"开始"|"一键优化"|"一键清理"按钮,然后重新启动计算机。

任务 3:本机出现了死机现象,利用 Windows 优化大师对本机 C 盘进行检查。

Windows 优化大师不仅能帮助用户检查和修复由于系统死机、非正常关机等原因引起的文件分配表、目录结构、文件系统等系统故障,更能自动快速检测系统是否需要做以上的检查工作,以帮助用户节约大量的时间。

操作步骤:

启动 Windows 优化大师,在图 6.8 所示的主界面中,依次单击"系统维护"|"系统磁

盘医生"按钮,选中"C:"复选框,单击"检查"按钮。

6.1.7　技能达标

1. 填空题

Windows 优化大师是(　　　)工具。

2. 判断题

Windows 优化大师不支持软件检测。　　　　　　　　　　　　　　　　(　　)

3. 问答题

什么是虚拟内存?

4. 上机操作题

利用 Windows 优化大师进行本机的网络系统优化,要求选择 ADSL 的上网方式。

操作步骤:

启动 Windows 优化大师,在图 6.8 所示的主界面中,依次单击"系统优化"|"网络系统优化"按钮,选择"xDSL(HDSL、ADSL、DSL 等专线接入)"单选按钮,单击"优化"按钮,重新启动计算机。或者依次选择"系统优化"|"设置向导"按钮,选择"xDSL"单选按钮,根据提示步骤一步步设置。

6.1.8　课后习题

上网下载"Windows 优化大师"的安装文件,解压到硬盘,练习使用 Windows 优化大师软件。

6.2　磁盘碎片整理工具——VoptXP

VoptXP 是一款磁盘碎片清理软件,其最主要的特点是比 Windows 自带的磁盘碎片清理程序速度快。

6.2.1　技能目标

(1) 了解和掌握 VoptXP 的基础知识。

(2) 掌握 VoptXP 的使用方法及基本操作。

6.2.2　相关知识点介绍

1. 磁盘碎片

磁盘碎片即文件碎片,是由于文件被分散保存到整个磁盘的不同地方,而不是连续地保存在磁盘连续的簇中而形成的。硬盘在使用一段时间后,由于反复写入和删除文件,磁盘中的空闲扇区会分散到整个磁盘中不连续的物理位置上,从而使文件不能存在于连续的扇区中。这样,在读写文件时,就需要到不同地方去读取,增加了磁头的来回移动,降低了磁盘的访问速度。

2. 磁盘碎片整理

磁盘碎片整理是指通过系统软件或者专业的磁盘碎片整理软件,对电脑磁盘在长期使用过程中产生的碎片和凌乱文件重新整理,释放出更多的磁盘空间,从而提高电脑的整体性能和运行速度。

3. 紧密压实

紧密压实能非常有效地减少磁盘整理后残留磁盘间隙,是极佳的整理方式,但运行时间较长。

6.2.3 下载、安装与启动 VoptXP

从许多网站都可以下载这个软件,本文采用的版本是 VoptXP v9.21 多国语言版,支持操作系统 Windows XP/Windows 2003/Windows Vista/Windows 2000/Windows 9x,软件大小 3.52MB,是一个共享软件,使用期限 30 天。

1. 安装

双击下载 VoptXP 的安装程序,进入图 6.13 所示的安装向导界面。单击 Next 按钮,进入图 6.14 所示的许可协议界面。选择 I accept the terms in the license agreement 单选按钮,再单击 Next 按钮,进入图 6.15 所示的安装附件界面。建议选择默认设置,单击 Next 按钮,进入图 6.16 所示的安装位置界面。单击 Next 按钮,进入图 6.17 所示的准备安装界面。单击 Next 按钮,进入图 6.18 所示的正在安装界面。接着进入图 6.19 所示的安装完成界面,单击 Finish 按钮,至此完成安装过程。

图 6.13 安装向导界面

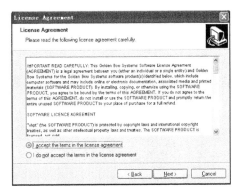

图 6.14 许可协议界面

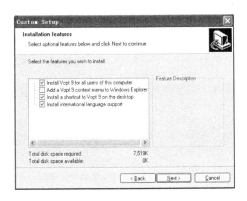

图 6.15 安装附件界面

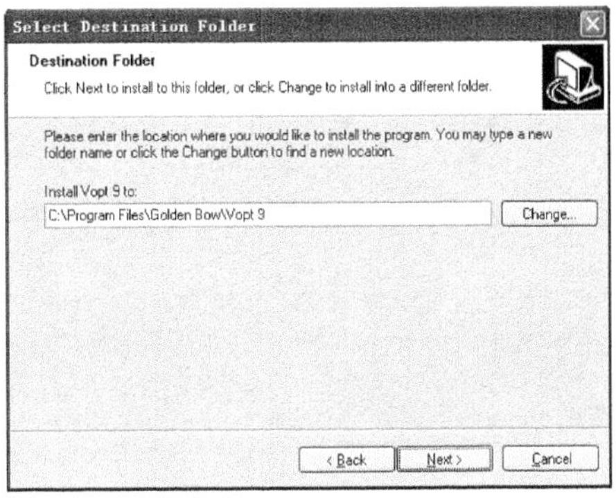

图 6.16 安装位置界面

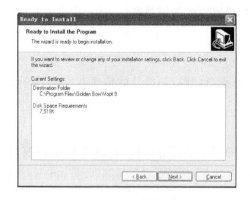

图 6.17　准备安装界面

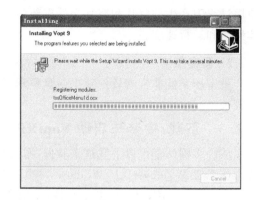

图 6.18　正在安装界面

图 6.19　安装完成界面

2. 启动

启动 VoptXP 软件的方法如下。

方法一：依次选择"开始"|"程序"|Vopt 9|Vopt 程序，进入图 6.20 所示的 Vopt 9 英文主界面。依次选择 Display|Language|SimpChinese|Apply 选项，进入图 6.21 所示的 Vopt 9 中文主界面。

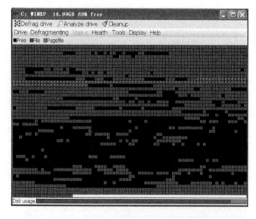

图 6.20　Vopt 9 英文主界面

图 6.21　Vopt 9 中文主界面

方法二：双击桌面的 Vopt 9 快捷方式,其余具体操作同方法一。

6.2.4 使用 VoptXP

1. VoptXP 主界面介绍

图 6.21 所示的 Vopt 9 中文主界面由十大功能界面及操作按钮、选择的当前逻辑盘的碎片程度的磁盘文件状态图组成。其中,十大功能界面包括整理界面、分析界面、清理界面、分卷界面、选项界面、状态界面、健康状况界面、工具界面、显示界面、帮助界面。

操作按钮功能如下。

(1) 整理:提供对某个硬盘的碎片整理或对系统所有硬盘进行碎片整理。默认选择整理 C 盘,可以选择"分卷"按钮,修改磁盘整理的当前逻辑盘。

(2) 分析:可以统计磁盘文件及文件夹、待整理文件、Cookies 文件、临时文件、临时互联网文件。

(3) 清理:可以清理 Cookies、Google 历史记录、IE 记录、IE 历史缓存、记忆垃圾堆数据、回收站、临时文件、临时互联网文件、运行中命令列表、已输入网站缓存、USN 日志。

(4) 分卷:可以修改磁盘整理的当前逻辑盘。

(5) 选项:提供整理(紧密压实)、快整理(VSS 兼容整理)、批量整理、整理分页文件、排除内容、任务计划、创建快捷方式、高级设置等功能。

(6) 状态:当单击"分析"或"整理"按钮后,"状态"按钮由灰色变为激活状态,单击"状态"按钮,可以查看磁盘分析概况。

(7) 健康状况:提供检查磁盘错误、驱动器故障预警、驱动器性能、恶意软件删除等功能。

(8) 工具:提供 Vopt 记录、释放空闲空间、网络工具、系统工具等功能。

(9) 显示:提供磁盘映射图例、菜单栏颜色、语言的设置。

(10) 帮助:提供帮助主题、提示、新特性、检查更新等功能。

当前逻辑盘的文件状态图由不同的色块构成,当光标靠近色块时,系统会提示相应的文件信息。各色块表示的意义如下。

深蓝色块:表示固定的不能移动的数据。

蓝色块:表示空间已被文件使用而且空间已被占满。

浅蓝色块:表示该空间虽有文件使用但并未磁盘占满。

白色块:表示可用空间,即空闲空间。

红色块:表示磁盘碎片占据的空间,这是程序要清理的对象。

灰蓝色块:表示备份的文件。

绿色块:表示被系统交换文件使用的空间,即正在移动的文件。

黄色块:表示文件将要移动到的位置。

2. 清理单个磁盘

在图 6.21 所示的中文主界面中,单击"分卷"按钮,选择需要清理的磁盘,再单击"分析"按钮,程序将对选择的磁盘进行分析,以避免因磁盘错误而影响碎片清理工作的顺利进行。完成磁盘分析后,单击"状态"按钮,可以查阅分析的信息,最后单击"整理"按钮,开始进行磁盘碎片清理。

3. 批整理

在图 6.21 所示的中文主界面中,依次选择"分卷×的选项"|"批量整理"选项,打开"批量整理"对话框,选中需要整理的磁盘,单击"整理"按钮,程序将自动对选定的磁盘进行分析,然后进行碎片清理。

4. 定时整理

在图 6.21 所示的中文主界面中,依次选择"选项"|"任务计划"选项,打开"整理计划"对话框。默认选择为"尚无",表示不进行定期清理。可以选中"任务计划"复选框,单击"设置"按钮,打开"日程安排"对话框,根据需要选择"计划任务"下拉列表框中的"每天"、"每周"、"每月"、"一次性"、"在系统启动时"、"在登录时"、"空闲时"中的某个选项,再选择需要整理的磁盘,单击"确定"按钮,最后再单击"确定"按钮。

5. 其他功能

除了进行碎片清理外,VoptXP 还提供了系统检测、文件查找、上网记录的清理、Windows 工具调用等功能。

注意:虽然 FAT32 格式的文件夹可以被整理,但无法进行移动。推荐将 FAT32 格式转换为 NTFS 格式以便提升整理的性能。

6.2.5　应用案例

任务 1:利用 VoptXP 软件对 D 盘碎片进行快速整理。

"快速整理"是当前最佳选择,不过在整理后可能仍会有少许的磁盘间隙。

操作步骤:

(1) 启动 VoptXP,在图 6.21 所示的中文主界面中,单击"分卷"按钮,再选择"D:"选项。

(2) 依次选择"选项"|"快整理"选项。

任务 2:利用 VoptXP 建立任务计划,在每月 1 日下午 16:00 对 C 盘、D 盘进行碎片整理。

操作步骤:

(1) 启动 VoptXP,在图 6.21 所示的中文主界面中,依次选择"选项"|"任务计划"选项,选中"任务计划"复选框,单击"设置"按钮。

(2) 在"日程安排"对话框中,选择"任务计划"下拉列表框中的"每月"选项,输入"开始时间"为"16:00"、"每月计划任务"为"这个月的""1"号,单击"确定"按钮。

(3) 在"整理计划"对话框中,选中"C:"复选框和"D:"复选框,单击"确定"按钮。

6.2.6　技能训练

任务 1:利用 VoptXP 软件清理临时文件及上网记录等痕迹。

操作步骤:

启动 VoptXP,在图 6.21 所示的中文主界面中,单击"清理"按钮,选中所有复选框,单击"应用"按钮。

任务 2:利用 VoptXP 软件检查 D 盘的磁盘错误。

　　在进行磁盘碎片整理之前,建议先检查磁盘有无错误,在无错误的情况下进行磁盘碎片整理。

　　操作步骤:

　　启动 VoptXP,在图 6.21 所示的中文主界面中,依次选择"分卷"|"D:"选项,再依次选择"健康状况"|"检查磁盘错误"选项。

　　任务 3:利用 VoptXP 软件对 D 盘进行磁盘碎片整理,排除 MP3 文件的移动。

　　操作步骤:

　　(1) 启动 VoptXP,在图 6.21 所示的中文主界面中,依次选择"分卷"|"D:"选项。

　　(2) 依次选择"选项"|"排除内容"选项,在"按类型排除"文本框中,输入".mp3",依次单击"添加"|"浏览"|"确定"按钮,最后单击"整理"按钮。

6.2.7　技能达标

1. 填空题

VoptXP 是(　　　)工具。

2. 判断题

VoptXP 支持 NTFS 格式的磁盘碎片整理。　　　　　　　　　　　　　　　(　　)

3. 问答题

什么是磁盘碎片整理?

4. 上机操作题

利用 VoptXP 软件对 D 盘进行紧密压实整理。

　　操作步骤:

　　启动 VoptXP,在图 6.21 所示的中文主界面中,依次选择"分卷"|"D:"选项,再依次选择"选项"|"整理(紧密压实)"选项。

6.2.8　课后习题

　　上网下载 VoptXP 的安装文件,解压到硬盘,练习使用 VoptXP 软件。

第 7 章

磁盘管理工具

硬盘是计算机中的信息存储介质,随着计算机技术的飞速发展,硬盘的容量越来越大,如何有效地使用和管理硬盘存储空间,已成为一个非常重要的问题。本章介绍了有关硬盘的一些常用管理工具和操作技巧。

7.1 分区魔术师——PartitionMagic

PartitionMagic 是一个优秀硬盘分区管理工具。其最大特点是允许在不损失硬盘中原有数据的前提下对硬盘进行重新设置分区、分区格式化以及复制、移动、格式转换和更改硬盘分区大小、隐藏硬盘分区以及多操作系统启动设置等操作。其功能强大,可以说是目前在磁盘管理方面表现最为出色的工具。

7.1.1 技能目标

(1) 了解和掌握 PartitionMagic 的基础知识。

(2) 掌握 PartitionMagic 的使用方法及基本操作。

7.1.2 相关知识点介绍

1. 硬盘分区

硬盘分区实质上是对硬盘的一种格式化。创建分区时,就已经设置好了硬盘的各项物理参数,指定了硬盘主引导记录(即 MBR)和引导记录备份的存放位置。分区的优点是可以更加合理地利用和管理好硬盘空间。

例如,经常会看到在"我的电脑"里有 C 盘、D 盘、E 盘等,而实际上自己的电脑只有一个硬盘,主要是对硬盘进行了分区。

硬盘分区就相当于房子里的布局,一般房子都分为卧室、书房、厨房、客房、客厅等,硬盘也是一样的,当分为多个盘之后,就可以将文件资源分类分到各个盘(C、D、E 盘等)中。

2. 分区的分类

硬盘分区有 3 种类型:主磁盘分区、扩展磁盘分区和逻辑分区。

一个硬盘可以有一个主分区,一个扩展分区,也可以只有一个主分区没有扩展分区。逻辑分区可以若干。

（1）主分区

主分区是硬盘的启动分区，必须设定为活动分区，才能够通过硬盘启动系统。主分区也是硬盘的第一个分区，一般是 C 盘。

（2）扩展分区

分出主分区后，其余的部分可以分成扩展分区。

扩展分区是不能直接用的，必须以逻辑分区的方式来使用，所以说扩展分区可分成若干逻辑分区，如 D 盘、E 盘等。所有的逻辑分区都是扩展分区的一部分。

（3）逻辑分区

逻辑分区，就是逻辑上、概念上的分区，因为整个硬盘才是一个真正的实际分区。

3. 常见的分区类型

（1）FAT16

FAT16 是采用 16 位的文件分配表，能支持的最大分区为 2GB，是目前应用最为广泛和获得操作系统支持最多的一种磁盘分区格式，几乎所有的操作系统都支持这一种格式。其最大的缺点是硬盘的实际利用效率低。

（2）FAT32

FAT32 是采用 32 位的文件分配表，突破了 FAT16 对每一个分区的容量只有 2GB 的限制，用户可以将一个大硬盘定义成一个分区，而不必分为几个分区使用，大大方便了对硬盘的管理工作。其最大的优点是在一个不超过 8GB 的分区中，FAT32 分区格式的每个簇容量都固定为 4KB，与 FAT16 相比，可以大大地减少硬盘空间的浪费，提高了硬盘利用效率。

（3）NTFS

NTFS 显著的优点是安全性和稳定性极其出色，在使用中不易产生文件碎片，对硬盘的空间利用及软件的运行速度都有好处。它能对用户的操作进行记录，通过对用户权限进行非常严格的限制，使每个用户只能按照系统赋予的权限进行操作，充分保护了网络系统与数据的安全。

7.1.3　下载、安装与启动 PartitionMagic

从非凡软件站可以下载该软件，本文采用的版本是 PartitionMagic V8.05 简装汉化版，支持操作系统 Windows XP/Windows 2003/Windows 2000/Windows 9x，软件大小 3.93MB，是一个免费软件。

1. 安装

双击下载的 PartitionMagic 安装程序，进入图 7.1 所示的安装向导界面。单击"下一步"按钮，进入图 7.2 所示的信息界面。单击"下一步"按钮，进入图 7.3 所示的选择目标位置界面。单击"下一步"按钮，进入图 7.4 所示的选择开始菜单文件夹界面。单击"下一步"按钮，进入图 7.5 所示的选择附加任务界面。选中"创建桌面快捷方式"复选框，单击"下一步"按钮，进入图 7.6 所示的准备安装界面。单击"安装"按钮，进入图 7.7 所示的正在安装界面，接着进入图 7.8 所示的安装完成界面。选中"运行 Norton PartitionMagic 8.05 (Build 1371)简装汉化版"复选框，单击"完成"按钮，至此完成安装过程。

图 7.1　安装向导界面

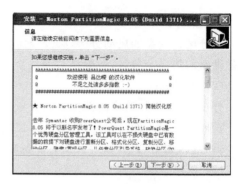

图 7.2　信息界面

图 7.3　选择目标位置界面

图 7.4　选择开始菜单文件夹界面

图 7.5　选择附加任务界面

图 7.6　准备安装界面

图 7.7　正在安装界面

图 7.8　安装完成界面

2. 启动

启动 PartitionMagic 软件的方法如下。

方法一：依次选择"开始"|"程序"|Norton PartitionMagic 8.0|Norton PartitionMagic 8.0
程序，进入图 7.9 所示的 PartitionMagic 8.0 主界面。

方法二：双击桌面的 PartitionMagic 快捷方式，具体操作同方法一。

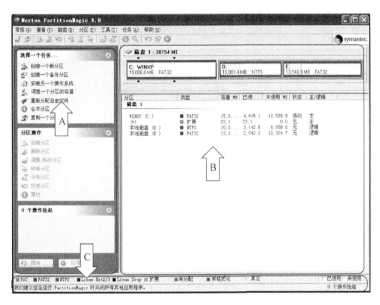

图 7.9　PartitionMagic 8.0 主界面

7.1.4　使用 PartitionMagic

1. PartitionMagic 主界面介绍

图 7.9 所示的 PartitionMagic 主界面由菜单栏、工具栏、左窗格（A 区）和右窗格（B
区）、状态栏（C 区）组成。

（1）A 区（左窗格）：列出了 PartitionMagic 支持的常规分区处理任务和分区操作命
令，自上而下，分别为选择一个任务、分区操作和操作挂起。

（2）B 区（右窗格）：上方显示了分区列表图示，各磁盘容量及对应的分区信息，硬盘
主分区、扩展分区及 FAT、FAT32、NTFS 等各种文件系统，分别用不同的颜色表示；下
方显示各磁盘的详细信息，如分区情况、磁盘卷标、类型、容量、已使用容量、未使用容量、
状态等。

例如，在图 7.9 所示的主界面中，"磁盘 1"表示一块硬盘，包含 3 个分区：C 区
（FAT32）、D 区（NTFS）和 E 区（FAT32）。

2. 调整分区大小

计算机硬盘在使用一段时间后，用户可能对已分配的磁盘分区大小不满意，此时可以
使用 PartitionMagic 进行分区的无损调整。

任务：减少 D 分区容量，并分配给前面的分区。

操作步骤：

（1）右击图7.9所示的主界面B区中的分区列表图示中的D盘分区，弹出图7.10所示的快捷菜单。选择"调整容量/移动"选项，进入图7.11所示的"调整容量/移动分区"对话框。若希望减少的容量分配给前面的分区，则拖动左边界；若希望减少的容量分配给后面的分区，则拖动右边界，此时注意图示下方的列表变化。也可以直接在"自由空间之前"、"新建容量"、"自由空间之后"文本框中，输入数据，指定分区的大小。

图7.10 "调整容量/移动"快捷菜单

① 自由空间之前：表示分配给前面分区的容量。

② 新建容量：表示调整后的分区容量。

③ 自由空间之后：表示分配给后面分区的容量。

在图7.11所示的"调整容量/移动分区"对话框中，拖动左边界，或者在"自由空间之前"文本框中，输入"1310"，再按Enter键，或者在"新建容量"文本框中，输入"8691.4"，再按Enter键。可以观察D盘"新建容量"由原来的10001.4MB减少到8691.4MB，"自由空间之前"由原来的0.0MB增加到1310.0MB，如图7.12所示，单击"确定"按钮。

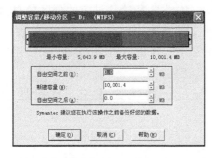

图7.11 "调整容量/移动分区"对话框

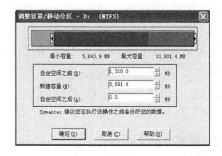

图7.12 调整容量给前面分区后的结果

（2）进入图 7.13 所示的减少 D 分区容量结果界面,框线处的灰色表示的是未分配的自由空间,当光标靠近时,会出现相应的提示。此时左窗格显示 1 个操作挂起,单击"应用"按钮,再单击"是"按钮。

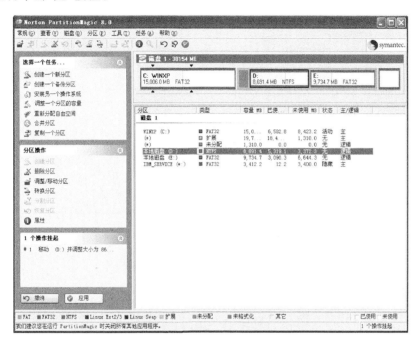

图 7.13　减少 D 分区容量结果界面

（3）系统将重新启动计算机,执行分区操作。在此过程中,建议不要中断,否则可能会造成数据丢失。耐心等待一段时间后,系统会提示再次重新启动计算机,此时重启计算机即可。

3. 创建分区

（1）使用未分配的磁盘空间创建分区

使用未分配的磁盘空间创建分区要求硬盘上要有未分配的磁盘空间。

操作步骤:

① 右击"未分配"的磁盘分区,弹出图 7.14 所示的快捷菜单。选择"创建"选项,进入图 7.15 所示的"创建分区"对话框。可以设置创建的分区分类,分区类型、卷标、驱动器盘符等。建议选择默认设置,再单击"确定"按钮。

② 进入图 7.16 所示的创建分区结果界面,在图 7.9 所示的主界面 B 区上方的分区列表图示显示新创建的 G 盘,下方显示 G 盘的详细信息,注意双向箭头的关联。

（2）使用自由空间创建分区

使用自由空间创建分区要求硬盘上要有已分配分区的自由空间（即未使用的空间,或剩余空间）,而无未分配的磁盘空间。

操作步骤:

① 在图 7.9 所示的主界面 A 区中,选择"创建一个新分区"选项,进入图 7.17 所示的创建新的分区界面,单击"下一步"按钮。

图 7.14　创建分区的快捷菜单

图 7.15　"创建分区"对话框

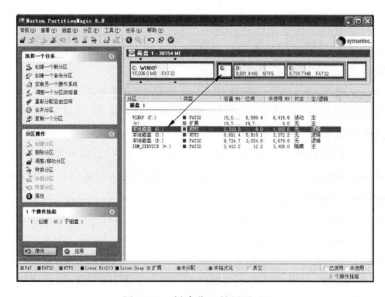

图 7.16　创建分区结果界面

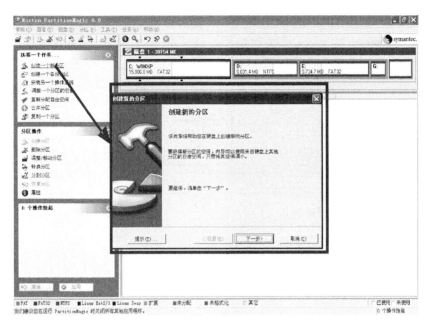

图 7.17 创建新的分区界面

② 进入图 7.18 所示的创建位置界面,可以自行设定新分区在磁盘中的位置,建议选择默认位置。单击"下一步"按钮,进入图 7.19 所示的减少哪一个分区的空间界面,本例中,选中"E:"复选框,再单击"下一步"按钮。

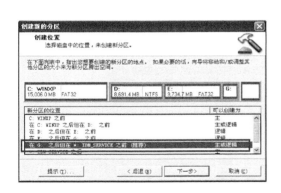

图 7.18 创建位置界面

图 7.19 减少哪一个分区的空间界面

③ 进入图 7.20 所示的分区属性界面,可以选择容量、卷标和新分区的其他属性,本例中,在"大小"栏中,输入"1000.0",再单击"下一步"按钮。

④ 进入图 7.21 所示的确认选择界面,可以观察图示分区前后的变化,并显示新分区的特性。单击"完成"按钮,最后在图 7.9 所示的主界面中,单击"应用"按钮。系统重新启动计算机,执行分区操作,在此过程中,建议不要中断,耐心等待一段时间后,系统会提示再次重新启动计算机,此时重启计算机即可。

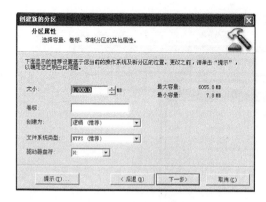

图 7.20　分区属性界面

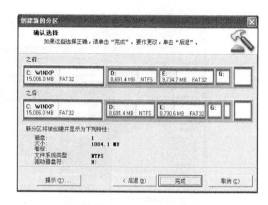

图 7.21　确认选择界面

4. 设置隐藏分区

如果计算机保存的某些备份文件不希望被他人访问,而且这些文件不经常使用,可以考虑将某个已存在的分区设置为隐藏,以达到保护文件的目的。

操作方法:

右击需要隐藏的分区,在弹出的快捷菜单中,依次选择"高级"|"隐藏"选项,进入图 7.22 所示的确认隐藏分区界面,系统提示"隐藏该分区可能会导致驱动器盘符的改变"。一般应当隐藏最后一个分区。

分区被隐藏之后,该分区不再显示盘符,并且在图 7.9 所示的主界面 B 区的分区信息列表中,其状态显示为"隐藏",如图 7.23 所示。

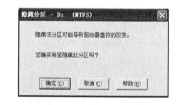

图 7.22　确认隐藏分区界面

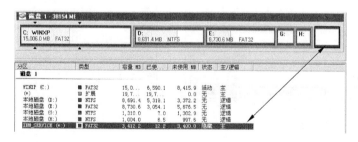

图 7.23　被隐藏的分区

7.1.5　应用案例

任务 1:合并分区。

可以将相邻的两个分区合并,但前提是这两个分区的格式必须相同。

操作步骤:

(1) 启动 PartitionMagic,在图 7.9 所示的主界面中,将 H 盘作为文件夹合并到 G 盘中。

首先必须要检查两个盘文件格式是否一致,簇的大小是否一致。分别右击"G:"和

"H:",再选择"高级"|"调整簇的大小"选项,分别进入图 7.24 所示的"调整簇大小-G:"对
话框和图 7.25 所示的"调整簇大小-H:"对话框发现文件系统类型均是 NTFS。在"新建
簇大小"栏中,统一输入"1K",单击"确定"按钮。

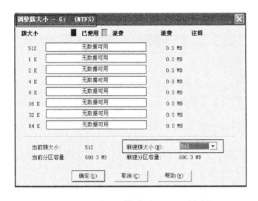 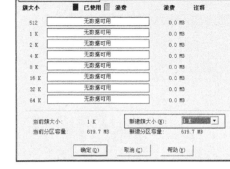

图 7.24　"调整簇大小-G:"对话框　　　　　　图 7.25　"调整簇的大小-H:"对话框

（2）右击"G:",弹出图 7.26 所示的快捷菜单,再选择"合并"选项,进入图 7.27 所示
的"合并邻近的分区"对话框。选择"H:（NTFS)"成为它的一个文件夹 G:（NTFS)"单选
按钮,在"文件夹名称"文本框中,如输入 Backup,单击"确定"按钮。

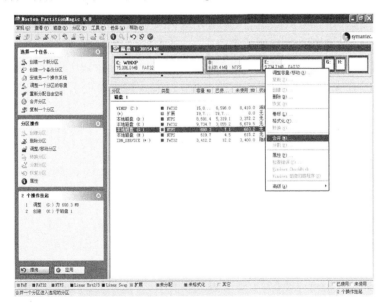

图 7.26　G 盘快捷菜单

（3）在图 7.9 所示的主界面中,单击"应用"按钮。系统重新启动计算机,执行分区操
作,在此过程中,建议不要中断,耐心等待一段时间后,系统会提示再次重新启动计算机,
此时重启计算机即可。

　　任务 2：分割分区。

　　分割分区只能在 FAT16 或 FAT32 格式的分区中进行。

操作步骤：

（1）启动 PartitionMagic，在图 7.9 所示的主界面中，右击要分割的分区，在弹出的快捷菜单中，选择"分割"选项，进入图 7.28 所示的"分割分区"对话框。单击"数据"按钮，可以设置原始分区和新建分区的各项数据。

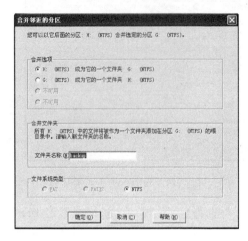

图 7.27　"合并邻近的分区"对话框　　　　　图 7.28　"分割分区"对话框

先设置好新建分区的卷标、盘符，双击左侧的文件夹，将其放在新建的分区中；再单击"容量"按钮，可以设置新建分区的容量大小，单击"确定"按钮。

（2）在图 7.9 所示的主界面中，单击"应用"按钮。系统重新启动计算机，执行分区操作，在此过程中，建议不要中断，耐心等待一段时间后，系统会提示再次重新启动计算机，此时重启计算机即可。

注意：

（1）具有双系统的分区不宜分割。

（2）原始分区与新建分区中至少要有一个根目录项，不能全部转移。

（3）分割分区的操作对 NTFS 分区无效。

7.1.6　技能训练

任务 1：查看分区属性。

操作步骤：

启动 PartitionMagic，在图 7.9 所示的主界面中，右击需要的分区，在弹出的快捷菜单中，选择"属性"选项，可以浏览"使用"、"分区信息"、"NTFS 信息"等项目。

任务 2：转换分区。

若是 Windows 98 之类的操作系统，只能把 FAT16 转换为 FAT32；若是 Windows NT/2000/XP 操作系统，可实现 FAT32 与 NTFS 格式之间的转换。

操作步骤：

（1）启动 PartitionMagic，在图 7.9 所示的主界面中，右击需要的分区，在弹出的快捷菜单中，选择"转换"选项，打开图 7.29 所示的"转换分区"对话框。选择需要转换分区的文件系统,再单击"确定"按钮。

（2）在图 7.9 所示的主界面中,单击"应用"按钮,系统重新启动计算机,执行分区操作,在此过程中,建议不要中断,耐心等待一段时间后,系统会提示再次重新启动计算机,此时重启计算机即可。

图 7.29　"转换分区"对话框

7.1.7　技能达标

1. 填空题

PartitionMagic 是（　　）工具。

2. 判断题

PartitionMagic 不支持 GHOST（克隆）技术。　　　　　　　　　　　　（　　）

3. 问答题

常见的分区类型有哪些?

4. 上机操作题

利用 PartitionMagic 软件来复制分区。

7.1.8　课后习题

上网下载 PartitionMagic 的安装文件,解压到硬盘,练习使用 PartitionMagic 软件。

7.2　一键还原精灵

一键还原精灵,是一款傻瓜式的系统备份和还原工具。它具有安全、快速、保密性强、压缩率高、兼容性好等特点,特别适合电脑新手和担心操作麻烦的人使用。

其具有以下特点。

（1）安装傻瓜,明了简约,实现一键安装,傻瓜化操作。

（2）操作简单,保密可靠,只须按 F11 键即可还原系统,并设置二级密码保护。

（3）安全高效,性能稳定,以 GHOST 为内核开发,具有安全、稳定、快速的特点。

（4）节约空间,维护方便,手动或自动选择备份分区大小,同时高压缩备份文件。

（5）独立运行,兼容性好,不占用系统资源,支持多分区格式及 Windows 系统。

（6）快速还原,昨日重现,若感染病毒或木马或系统崩溃,快速恢复到健康状态。

7.2.1　技能目标

（1）了解和掌握一键还原精灵的基础知识。

（2）掌握一键还原精灵的使用方法及基本操作。

7.2.2　相关知识点介绍

一键还原是在系统安装完毕并调试到最佳状态后,首先做一个映像文件,并把系统映像文件保存在一个特殊的分区里。平时在资源管理器是看不到这一特殊的分区的,因此能够确保用户日常的操作不会危及系统映像文件。当系统因意外因素崩溃后,用户只须通过特定功能键(一般是 F11 键)来激活恢复程序。恢复程序会自动将隐藏在特殊分区里的映像文件释放到系统分区里,从而迅速将损坏的操作系统恢复完好。

7.2.3 下载、安装与启动一键还原精灵

从许多网站都可以下载这个软件,本文采用的版本是一键还原精灵 8.20 装机版,支持操作系统 Windows 98/Windows Me/Windows XP/Windows 2000/Windows NT/Windows 2003/Windows Vista/Windows 7,软件大小14.93MB,是一个免费软件。

1. 安装

双击下载的"一键还原精灵"安装程序,进入图 7.30 所示的安装向导界面。单击"下一步"按钮,进入图 7.31 所示的许可协议界面。取消选中"我同意协议并设置一键还原为首页"复选框,再单击"下一步"按钮,进入图 7.32 所示的安装附件界面。建议取消选中"安装百度超级搜霸"复选框,单击"下一步"按钮,进入图 7.33 所示的选择开机引导热键界面。选择"F11 键"单选按钮,再单击"下一步"按钮,进入图 7.34 所示的选择附加任务安装方式界面。建议选择默认方式,进入图 7.35 所示的正在配置文件界面。接着进入图 7.36所示的自动安装提示界面,建议选择默认,计算机将自动热启动,并自动进行GHOST(克隆)过程。

图 7.30 安装向导界面

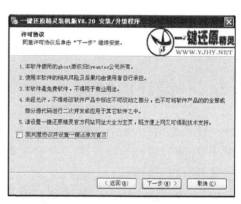

图 7.31 许可协议界面

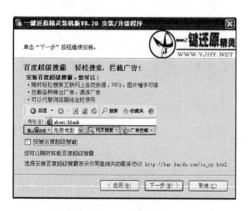

图 7.32 安装附件界面

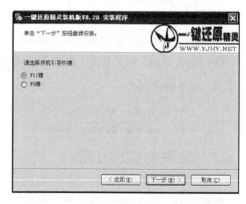

图 7.33 选择开机引导热键界面

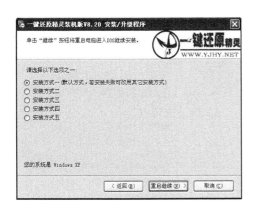

图 7.34　选择附加任务安装方式界面

图 7.35　正在配置文件界面

2. 启动

启动一键还原精灵软件的方法如下。

方法一：依次选择"开始"|"程序"|"一键还原精灵装机版"|"一键还原精灵装机版"程序，进入图 7.37 所示的一键还原精灵主界面。

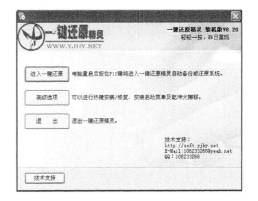

图 7.36　自动安装提示界面　　　　　图 7.37　一键还原精灵主界面

方法二：双击桌面的"一键还原精灵装机版"快捷方式，具体操作同方法一。

7.2.4　使用一键还原精灵

1. 一键还原精灵主界面介绍

图 7.37 所示的主界面由"进入一键还原"和"高级选项"两大功能模块组成。

2. 一键还原精灵的"进入一键还原"功能

进入一键还原功能是指电脑重启后，按 F11 键，将进入一键还原精灵自动备份或还原系统状态。

3. 一键还原精灵的"高级选项"功能

在图 7.37 所示的主界面中，单击"高级选项"按钮，进入图 7.38 所示的高级选项界面。可以实现热键安装/修复、安装启动菜单及乾坤大挪移功能。

（1）热键安装/修复：可以安装中文热键，或者修复开机时屏幕没有出现 F9/ F11 热键提示的故障。

（2）安装启动菜单：用于为 Windows XP/Windows 2000 等系统安装开机启动菜单，即在开机时由上、下箭头键选择进入一键还原精灵。

（3）乾坤大挪移：用于将系统盘内的我的文档、收藏夹、桌面等重要资料转移到非系统盘文件夹中，防止系统还原时重要数据被破坏。

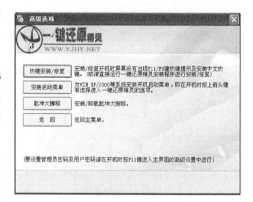

图 7.38　高级选项界面

在用户第一次使用一键还原精灵时，由于尚未对系统进行备份，因此，当用户在开机时，要按 F11 键，进入一键还原精灵，程序将自动进行 GHOST 过程。

如果用户使用一键还原精灵对系统做好备份后，在以后的使用过程中，当系统遇到故障时，用户可以随时在系统重启时，按 F11 键，进入一键还原精灵，程序将自动调用 GHOST 过程。

7.2.5　应用案例

任务 1：利用"一键还原精灵"对系统进行备份。

备份前要保证备份系统的干净和稳定性。

操作步骤：

计算机重启，在开机计算机自检后，屏幕出现" ＊＊＊ Press［F11］to start recovery system ＊＊＊ "时，按 F11 键，或者启动计算机后，在出现的开机选择菜单中，选择"一键还原精灵装机版"选项，系统将自动进行备份；若按 Esc 键，系统进入"一键还原精灵装机版 V8.20"界面，单击"备份"按钮即可。

任务 2：利用"一键还原精灵"安装启动菜单；再利用"一键还原精灵"卸载开机启动菜单。

操作步骤：

（1）启动一键还原精灵，在图 7.37 所示的主界面中，依次选择"高级选项"|"安装启动菜单"|"确定"选项，重新启动计算机，即可完成安装启动菜单。

（2）启动一键还原精灵，在图 7.37 所示的主界面中，依次选择"高级选项"|"卸载启动菜单"选项，重新启动计算机，即可卸载开机启动菜单。

7.2.6　技能训练

任务 1：利用"一键还原精灵"进行乾坤大挪移。

操作步骤：

启动一键还原精灵，在图 7.37 所示的主界面中，依次选择"高级选项"|"乾坤大挪移"|"确定"选项，重新启动计算机，软件会在选择保存的盘中，备份资料会产生在"个人重要资料（勿删）"文件夹中。

任务 2：利用"一键还原精灵"还原系统。

无论是备份系统还是还原系统都是全自动的。

操作步骤：

计算机重启，在开机计算机自检后，屏幕出现" ∗∗∗ Press［F11］to start recovery system ∗∗∗ "时，按 F11 键，或者启动计算机后，在出现的开机选择菜单中，选择"一键还原精灵装机版"选项，系统将自动进行还原；若按 Esc 键，系统将进入"一键还原精灵装机版 V8.20"界面，单击"还原"按钮即可。

任务 3：在一键还原精灵系统备份中加入新软件。

操作步骤：

（1）计算机重启，在开机计算机自检后，屏幕出现" ∗∗∗ Press［F11］to start recovery system ∗∗∗ "时，按 F11 键，或者启动计算机后，在出现的开机选择菜单中，选择"一键还原精灵装机版"选项，系统将自动进行还原。在出现"系统将在 10 秒后自动还原"的界面时，按 Esc 键，系统将进入"一键还原精灵装机版 V8.20"界面。

（2）此时按 F11 键，再选择"重新备份系统"选项，即可将新软件加入到备份中，以后每次还原后，新软件就恢复。

7.2.7 技能达标

1. 填空题

一键还原精灵是（　　　）工具。

2. 判断题

一键还原精灵支持 GHOST 技术。　　　　　　　　　　　　　　　　　（　　　）

3. 问答题

什么是一键还原精灵装机版？

4. 上机操作题

利用"一键还原精灵"修复开机屏幕上没有出现 F11 热键英文提示的问题。

操作步骤：启动一键还原精灵，在图 7.37 所示的主界面中，依次选择"高级选项"｜"热键安装/修复"选项，选择"F11 键"单选按钮，再单击"确定"按钮，重新启动计算机。

7.2.8 课后习题

上网下载"一键还原精灵"的安装文件，解压到硬盘，练习使用一键还原精灵软件。

第 8 章

图文处理工具

随着计算机的飞速发展,涌现出许多图文处理软件,使得普通用户通过简单的操作即可对图片和文字进行各种编辑和特效处理,从而轻松制作出丰富多彩的作品。

8.1 ACDSee

ACDSee 是目前最流行的数字图像处理软件,它广泛应用于图片的获取、管理、浏览、优化和分享。用户可以从数码相机和扫描仪中高效获取图片,并进行便捷的查找、组织和预览。它能快速、高质量显示图片;用户可以通过内置的音频播放器享用播放出来的幻灯片。ACDSee 还能处理如 MPEG 之类常用的视频文件。

ACDSee Pro 包含了多种图像处理工具,可以用来创建、编辑和润色数码图像,如去除红眼、剪切图像、锐化、浮雕特效、曝光调整、旋转、镜像、相片修复等,还能进行批量处理。它是一个快速、强大、易于使用的图像管理系统,从初学者到专业人士都可以使用和享受。

8.1.1 技能目标

(1) 了解和掌握 ACDSee 的基础知识。

(2) 掌握 ACDSee 的使用方法及基本操作。

8.1.2 相关知识点介绍

ACDSee 现在分为两个版本,即专业版本和普通版本。ACDSee 10 是普通版本,ACDSee Pro 是专业版本。

ACDSee Pro 是为专业摄影师量身打造的工作平台,以最佳的精确度为用户实现相片的查看、管理、编辑和发布。除了提供 ACDSee 10 所有的功能外,还具有以下功能。

(1) 提供强大的图片编辑功能。

(2) 提供对所有 RAW 格式图片的专业编辑功能。

(3) 可以通过批量处理器对任意多张图片同时处理。

(4) 专业的颜色管理功能,提供给用户专业摄影后期数码处理流程的完整支持。

8.1.3 下载、安装与启动 ACDSee

从许多网站都可以下载这个软件,本文采用的版本是 ACDSee Pro 3.0.387 简体中文版,支持操作系统 Windows 7/Windows XP/Windows 2000/Windows 2003/Windows

Vista,软件大小 53.72MB,是一个试用软件。

1. 安装

　　双击下载的 ACDSee 安装程序,进入图 8.1 所示的安装向导界面。单击"下一步"按钮,进入图 8.2 所示的许可协议界面。选择"我接受该许可协议中的条款"单选按钮,再单击"下一步"按钮,进入图 8.3 所示的用户信息界面。选择"试用版"单选按钮,单击"下一步"按钮,进入图 8.4 所示的安装类型界面。建议选择默认方式,单击"下一步"按钮,进入图 8.5 所示的外部程序集成安装界面。建议选择默认方式,单击"下一步"按钮,进入图 8.6 所示的已准备好安装程序界面。单击"安装"按钮,进入图 8.7 所示的安装 ACDSee Pro 3 界面。接着进入图 8.8 所示的安装完成界面。建议选择默认方式,单击"完成"按钮,至此安装过程完成。

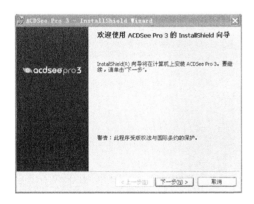

图 8.1　安装向导界面

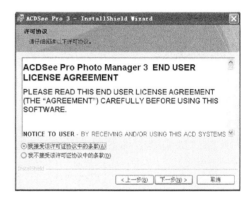

图 8.2　许可协议界面

图 8.3　用户信息界面

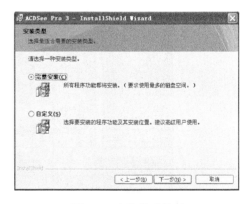

图 8.4　安装类型界面

2. 启动

　　启动 ACDSee 软件的方法如下。

　　方法一:依次选择"开始"|"程序"|ACD Systems|ACDSee Pro 3 程序,进入图 8.9 所示的 ACDSee 主界面。

　　方法二:双击桌面的 ACDSee Pro 3 快捷方式,其余具体操作同方法一。

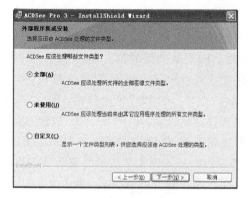

图 8.5　外部程序集成安装界面

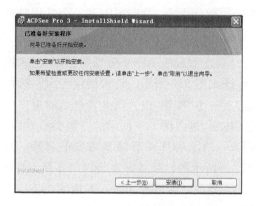

图 8.6　已准备好安装程序界面

图 8.7　安装 ACDSee Pro 3 界面

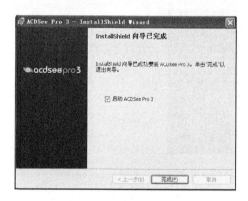

图 8.8　安装完成界面

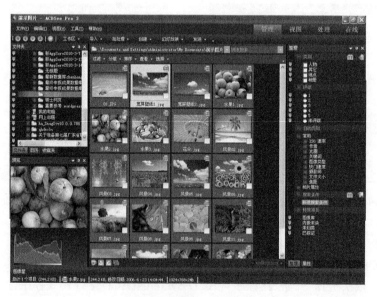

图 8.9　ACDSee 主界面

8.1.4　使用 ACDSee

1. ACDSee 主界面介绍

ACDSee 主界面主要由菜单栏、模式栏、工具栏、窗格组成,当选择不同的模式栏时,其窗格及工具栏会发生不同的变化。整个主界面简称为"浏览器"。

工具栏包含两个部分:一个是主工具栏,它提供常用命令的快捷方式;另一个是上下文相关工具栏,它根据当前文件列表中所选项目的不同,提供不同命令的快捷方式。

窗格是用户界面中主要的浏览与管理组件。它由 12 个不同子窗格组成,大多数窗格不用时处于隐藏或关闭状态,但处于主界面中间的文件列表窗格是始终可见的,它显示了当前目录中的内容及最新的搜索结果。用户可以根据自己的习惯将大多数窗格放在需要的位置或叠加到其他窗格上。大多数窗格还有一些附加的选项,用户可进行个性化设置。

模式栏由管理、视图、处理、在线 4 种模式组成,默认选择管理模式。

(1) 管理:单击"管理"按钮,即进入管理模式。可以导入、浏览、排序、组织、比较、查找操作、发布和共享文件和图像,可以结合不同的工具和窗格来执行复杂的搜索和过滤操作,可以查看图像和多媒体文件的缩略图预览。

管理模式包括以下窗格:文件列表、文件夹、日历、收藏夹、搜索、预览、选择性浏览、整理、任务、属性、图像框和刻录框等。

(2) 视图:单击"视图"按钮,即进入查看模式。可以查看选择的单个或者一组图片;查看模式包含工具栏、工作区、幻灯片和状态栏 4 个主要方面。

(3) 处理:单击"处理"按钮,即进入处理模式。使用基于像素的编辑工具可以调整、修复和加强图片。

(4) 在线:单击"在线"按钮,即进入共享图片的在线模式。可上传图片到网上 ACDSee,与联系人或公众分享。

2. ACDSee 的图片浏览功能

(1) 图片获取

ACDSee 提供了强大的获取功能。单击工具栏中的"导入"按钮,在出现的下拉列表框中,可以选择不同的获取类型。例如,从相机或读卡器、从 CD/DVD、从磁盘、从扫描仪、从手机文件夹等。若选择"从磁盘"选项,打开"浏览文件夹"对话框,选择需要的文件夹,再单击"确定"按钮,在打开的"导入"对话框中,选择要打开的文件,保存的目标位置,最后单击"获取图片"按钮,图像资料将被保存在指定的目录中。导入完成后,根据屏幕提示,可以选择是否浏览新图像。

若要自动获取与计算机连接的各种设备中的图像资料,依次选择"导入" | "ACDSee 设备检测器"选项,程序开始在后台运行,并在任务栏通知区域显示 图标。当照相机或其他存储设备连接计算机时,设备检测器检测到连接,打开"ACDSee 设备检测器"对话框。选择"使用 ACDSee 导入文件"单选按钮,程序开始自动获取图像,最后单击"获取图片"按钮,图像资料将被保存在指定的目录中。

（2）图片浏览

浏览图片是 ACDSee 最重要的功能之一。用户可以通过图 8.9 所示的主界面的左侧的文件夹窗格浏览文件。

文件夹窗格显示了计算机上全部文件夹的目录树，其基本形式类似于 Windows 资源管理器，在该窗格中可以选择一个或多个文件夹，处于图 8.9 所示的主界面中间的文件列表窗格中将对应显示它们的内容。用户也可通过时间、收藏夹、日历等不同窗格选择不同的浏览方式。

对于不易查找的文件，可以采用"快速搜索"栏及"搜索"方法。

① 快速搜索：使用"快速搜索"栏选择要搜索的文件属性或数据库字段。例如，在图 8.10 所示的快速搜索界面中，在搜索框中输入"风景"，再按 Enter 键，出现本机所有文件名具有"风景"的图片。

图 8.10　快速搜索界面

② 搜索：在图 8.9 所示的主界面中，依次选择"视图"|"搜索"选项，或者依次选择"编辑"|"搜索"选项，或者在图 8.9 所示的主界面的右侧整理窗格中，选择"新建搜索条件"选项，进入图 8.11 所示的"搜索"窗格。在搜索框输入所要搜索图片的名称、属性等信息，单击"开始"按钮，即可完成搜索。

除了正常的浏览模式外，ACDSee 还提供了过滤方式、组合方式、排序方式、查看方式、选择方式等浏览图片的模式。

3. ACDSee 的图片编辑功能

ACDSee 具有简单、易用的图片编辑功能，使用户在浏览图片的同时，可方便地对图像进行编辑。

在文件列表窗格中，选择图像文件，再单击"处理"按钮，可以进行制订或者编辑操作。可以对图像进行常规、白平衡、光线、进阶颜色、色调曲线等调整，也可对图片进行曝光、锐化、去噪点、去红眼、添加文本、照片修复等操作，图 8.12 所示为图片处理界面。

ACDSee 还能对图片进行批量处理格式转换，能支持多种图像格式。

4. ACDSee 的其他功能

ACDSee 可以创建独立的幻灯片放映、屏幕保护程序、Flash 放映项目。

图 8.11 "搜索"窗格

图 8.12 图片处理界面

操作步骤：

（1）在图 8.9 所示的主界面中，依次选择菜单栏的"工具"|"创建"|"幻灯放映文件"选项，打开图 8.13 的"创建幻灯放映向导"对话框，选择需要创建新的幻灯放映的格式（可保存为 .exe、.scr 或 .swf 格式）。

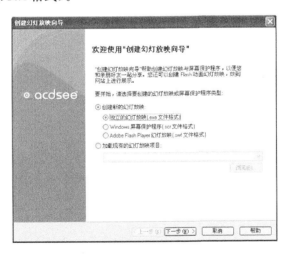

图 8.13 "创建幻灯放映向导"对话框

（2）单击"下一步"按钮，在打开的"选择图像"对话框中，选择需要添加的图片。

（3）单击"下一步"按钮，在打开的"设置文件特有选项"对话框中，选择转场效果。

（4）单击"下一步"按钮，在打开的"设置幻灯放映选项"对话框中，可以设置常规选项，包括幻灯片持续时间与背景音频，图像的页眉与页脚。

（5）单击"下一步"按钮，在打开的"设置文件选项"对话框中，可以对文件大小及保存位置进行设置。

（6）单击"下一步"按钮，在打开的"构建输出文件"对话框中，幻灯放映经过一段时间构建后，单击"完成"按钮，结束编辑过程。

ACDSee 还集成了创建 PDF、HTML 相册的功能。用户根据提示对话框，可以将多个图像合并到 PDF 或 HTML 相册中，并发布到互联网上。如果需要刻录到光盘上保存，可以依次选择菜单栏中的"工具"|"创建"|"CD 或 DVD"选项，或者"工具"|"创建"|"Video或 VCD"选项，利用刻录框功能创建 CD、VCD、DVD 等格式的文件，并刻录在光盘上。

5. ACDSee 的选项设置

在图 8.9 所示的主界面中，依次选择"工具"|"选项"选项，进入图 8.14 所示的"选项"对话框。用户可以设置显示属性、日期/时间输出格式等，并且可以在左侧的选项目录树中，对处理模式、文件列表、预览、文件夹、整理、日历、CD/DVD 管理、属性窗格、文件管理、颜色管理、数据库、查看模式、ACDSee 在线等各种属性进行个性化设置。

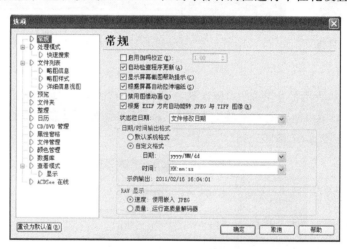

图 8.14 "选项"对话框

8.1.5 应用案例

任务 1：利用 ACDSee Pro 批量重命名一批数码照片。例如文件格式为"佛山祖庙 1.jpg"的照片。

操作步骤：

（1）启动 ACDSee Pro，在图 8.9 所示的主界面中，在文件夹窗格中打开文件夹，右击在文件列表中需要重命名的全部照片，在弹出的快捷菜单中，依次选择"批量处理"|"重命名"选项。

（2）打开"批量重命名"对话框，选中"使用模板重命名文件"复选框，在"模板"编辑框中，输入新的名称："佛山祖庙"。

（3）选择"使用数字替换♯"单选按钮，选择"开始于"栏中的"定值"单选按钮，并在其编辑框中，输入照片开始的第一个编号"1"。在"预览"栏中，列出了全部照片更改前后的文件名称对照表,单击"开始重命名"按钮,最后单击"完成"按钮。

任务 2:利用 ACDSee Pro 将一张彩色数码相片,调正,裁剪,调整大小为大一寸(4cm×5.5cm),并且调整其亮度及对比度。

操作步骤:

(1)启动 ACDSee Pro,在图 8.9 所示的主界面中,在文件夹窗格中打开文件夹,右击在文件列表中的大一寸相片,在弹出的快捷菜单中,依次选择"处理"|"编辑"选项,选择操作项目中"旋转"选项,在"调正"中调节三角形滑块,使照片正向。

(2)选择操作项目中的"裁剪"选项,可改变裁剪框的大小、位置,合适后,单击"完成"按钮,或者在裁剪框内双击,裁剪过程结束。

(3)选择操作项目中的"曝光/照明"|"曝光"选项,调节"对比度"及"填充光线"的三角形滑块,当三角形滑块向右滑动时,可以相应增强"对比度"及"亮度",最后单击"完成"按钮。

8.1.6 技能训练

任务 1:利用 ACDSee Pro 将一张图片转换为 GIF 和 JPG 格式的文件,并且比较它们的大小。

操作步骤:

(1)启动 ACDSee Pro,在图 8.9 所示的主界面中,在文件夹窗格中打开文件夹,在文件列表中选择图片,依次选择"工具"|"批量处理"|"转换文件格式"选项。

(2)打开"批量转换文件格式"对话框,选择 GIF 格式及相关设置,单击"下一步"按钮,设置输出目标位置及文件选项。单击"下一步"按钮,然后单击"开始转换"按钮。转换 JPG 格式的操作与此类似。

任务 2:利用 ACDSee Pro 给图像添加文字,如添加"教学楼"。

操作步骤:

启动 ACDSee Pro,在图 8.9 所示的主界面中,依次选择"文件"|"打开"选项,在"打开文件"对话框中,选择需要的图像;右击文件列表中的图像,在弹出的快捷菜单中,依次选择"处理"|"编辑"选项。选择操作项目中的"文本"选项,输入"教学楼",进行相应设置,单击"完成"按钮。

任务 3:利用 ACDSee Pro 打开多幅图像,用两种浏览方法查看图片属性。

操作步骤:

(1)启动 ACDSee Pro,在图 8.9 所示的主界面中,在文件夹窗格中打开文件夹,在文件列表工具栏中,选择"查看"|"详细信息"选项。

(2)在文件列表工具栏中,选择"查看"|"略图+详细信息"选项。

任务 4:利用 ACDSee Pro 将一图像文件制作成屏保。

操作步骤:

参考 8.1.4 小节中第 4 部分的操作。

任务 5:利用 ACDSee Pro 修补图像的残缺部分。

操作步骤:

启动 ACDSee Pro,在图 8.9 所示的主界面中,依次选择"文件"|"打开"选项,在"打开

文件"对话框中,选择需要的图像。右击文件列表中的该图像,在弹出的快捷菜单中,依次选择"处理"|"编辑"选项。选择操作项目中的"修复工具"选项,可以放大要修复的区域。右击图像以设置来源点,在目标位置按住鼠标左键不放来刷这些像素,从而起到修复作用,最后单击"完成"按钮。

任务 6:利用 ACDSee Pro 将"猫"图像中的猫眼睛区域进行锐化。

操作步骤:

(1) 启动 ACDSee Pro,在图 8.9 所示的主界面中,依次选择"文件"|"打开"选项。在"打开文件"对话框中,选择需要的图像。右击选择文件列表中的该图像,在弹出的快捷菜单中依次选择"处理"|"编辑"选项。选择操作项目中的"选择"选项,选择"自由套索"单选按钮,画出猫眼睛区域,单击"完成"按钮。

(2) 选择操作项目中的"锐化"选项,进行"数量"、"半径"、"阈值"的设置,预览前后图像的变化,单击"完成"按钮。

8.1.7　技能达标

1. 填空题

ACDSee Pro 是(　　)工具。

2. 判断题

ACDSee Pro 可以读取 ICO 图像文件。　　　　　　　　　　　　　　　(　　)

3. 问答题

什么是 ACDSee Pro 装机版?

4. 上机操作题

利用 ACDSee Pro 比较两个图像是否相同。

操作步骤:

启动 ACDSee Pro,在图 8.9 所示的主界面中,在文件夹窗格中打开文件夹,在文件列表中选择两个图像,选择▤按钮,打开比较图像窗口,可以进行直方图等多方面比较,并且可以标记。

8.1.8　课后习题

下载 ACDSee Pro 的安装文件,解压到硬盘,练习使用 ACDSee Pro 软件。

8.2　图片压缩工具——Image Optimizer

Image Optimizer 是现有图像压缩软件中最出色的软件之一。它的压缩率极高,利用独特的 Magic Compression(魔术压缩)技术,可以将 JPG、GIF、PNG、BMP、TIF 等图像文件在不影响图像品质的状况下最优化,文件大小最高可减少 50%,在互联网上可以节省网页空间和减少网页下载时间。该软件完全让用户自行控制图像文件的品质,可自行设定压缩率,并有即时预览功能,可以即时预览图像压缩后的品质,即时了解压缩前后图像文件容量的变化。

另外,利用内建的批次精灵功能(Batch Wizard)可一次将大量的图像文件最优化,从而节省大量存储空间。

8.2.1 技能目标

(1) 了解和掌握 Image Optimizer 的基础知识。

(2) 掌握 Image Optimizer 的使用方法及基本操作。

8.2.2 相关知识点介绍

1. 软件特色

(1) 支持 JPEG、GIF、PNG、TIFF 格式输出。

(2) 对 JPEG 采用 Magic Compression(魔术压缩)技术,使图片中的不同区域采用不同压缩率。

(3) 对 GIF、PNG 格式有效果出色的色彩减少功能。

(4) 支持隐形水印、叠加(透明)文字/图片、尺寸修改、色调/明暗调整、裁剪、旋转、锐化等操作,并可实时预览。

(5) 支持图片的批量压缩:压缩操作方便,并支持高级用户对指定图片区域特别处理。

2. 有损压缩与无损压缩

Image Optimizer 图像压缩与一般的压缩软件(如 WinRAR)的压缩不同。一般压缩软件可将文件放入所创建的压缩包中,而且不对原文件进行任何处理,属于无损压缩;而 Image Optimizer 对图像的压缩,是通过优化图像的方法实现的,压缩后仍然生成图像文件,并不放入压缩包中。压缩后的图像不能还原,属于有损压缩。

8.2.3 下载、安装与启动 Image Optimizer

从许多网站都可以下载这个软件,本文采用的版本是 Image Optimizer 5.10.6010 简繁中文版,支持操作系统 Windows XP/Windows Vista/Windows 7/Windows 2000/Windows 2003,软件大小 1.26MB,是一个免费软件。

1. 安装

双击下载的 Image Optimizer 安装程序,进入图 8.15 所示的安装向导界面。单击"下一步"按钮,进入图 8.16 所示的许可协议界面。选择"我同意此协议"单选按钮,再单击"下一步"按钮,进入图 8.17 所示的选择目标位置界面。单击"下一步"按钮,进入图 8.18 所示的选择开始菜单文件夹界面。单击"下一步"按钮,进入图 8.19 所示的选择附加任务界面,选中"创建桌面快捷方式"复选框。单击"下一步"按钮,进入图 8.20 所示的正在安装界面。接着进入图 8.21 所示的安装完成界面,建议选择默认设置,单击"完成"按钮,进入图 8.22 所示的 Image Optimizer 主界面。至此安装过程完成。

图 8.15 安装向导界面

图 8.16　许可协议界面

图 8.17　选择目标位置界面

图 8.18　选择开始菜单文件夹界面

图 8.19　选择附加任务界面

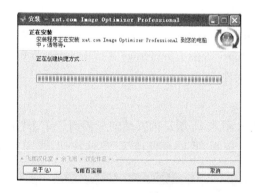

图 8.20　正在安装界面

图 8.21　安装完成界面

2. 启动

启动 Image Optimizer 软件的方法如下。

方法一：依次选择"开始"|"程序"|xat.com Image Optimizer|"打开程序"程序，进入图 8.22 所示的 Image Optimizer 主界面。

方法二：双击桌面的 Image Optimizer 快捷方式，其余具体操作同方法一。

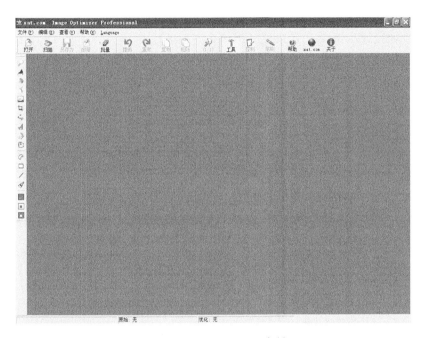

图 8.22　Image Optimizer 主界面

8.2.4　使用 Image Optimizer

1. Image Optimizer 主界面介绍

图 8.22 所示的主界面主要由菜单栏、工具栏和状态栏组成。默认选择"工具"选项，选择左边的调色板工具面板，提供多项功能按钮。

（1）缩放按钮 ：可以通过鼠标键放大、缩小图像。

（2）增强图像按钮 ：可以迅速改变因为扫描失真而偏色等问题。

（3）颜色校正按钮 ：可以使图片变得色彩更加丰富，层次感更强。

（4）清洁图像按钮 ：可以去除图像噪点。

（5）焦点按钮 ：可以使画面模糊的图片经过锐化处理，使图片的造型变得清晰一些。

（6）剪裁图像按钮 ：可以从完整图片上截取部分图片下来。

（7）转换图像按钮 ：可以对图像进行大小调整和变形。

（8）标题按钮 ：可以设置字幕以及图像合成。

（9）数字水印按钮 ：可以保护图片作者的版权。

（10）压缩图像按钮 ：可以进行图像压缩。

（11）手绘工具按钮 ：可以选择一个任何形状的区域。

（12）矩形工具按钮 ：可以选择一个矩形。

（13）线条工具按钮 ：可以绘制线条。

（14）笔刷工具按钮 ：可以设置笔刷的形状和大小，进行绘画。

（15）选择所有图片按钮 ▆ ：可以选择所有图片并且锁定它们。

（16）反向区域按钮 ▣ ：可以反转当前选择的区域。

（17）锁定区域按钮 ▢ ：当前选择的区域将被轮廓化，可以使用滑块来调节选择的区域的压缩及光滑强度。

2. Image Optimizer 的"优化图像"功能

（1）打开图像文件

在图 8.22 所示的主界面中，选择工具栏中的"打开"选项，或直接把图像文件从文件夹里拖放到 Image Optimizer 的编辑窗口中，如图 8.23 所示。默认打开"增强图像"对话框。

图 8.23　打开图像后的界面

（2）剪裁图像

单击"剪裁"按钮 ▭ ，选择所需部分，在弹出的"剪裁图像"对话框中，选择"剪裁图像"按钮，即可将所需部分剪裁下来。

（3）调整图像

单击"调整大小"按钮 ▦ ，即可打开"转换图像"对话框。可以使用预设的"/2"、"×2"等按钮，直接把图像缩小为原图的一半或放大一倍，也可以按照像素来调节。另外，使用这个对话框，还可以按 90°、180°、270°等角度旋转图像，如图 8.24 所示的调整图像界面。

（4）优化图像

单击"优化图像"按钮 ▦ ，如图 8.25 所示的优化图像界面。在打开的图像原窗口的标题栏上将显示"原始"，表示是未经压缩的图像，其标题栏会显示出原始图像的大小（字节），系统同时打开另一个标题栏是"优化"的新窗口，里面有经过优化处理的图像，在标题栏上会显示优化后图像的大小(字节),同时还会打开"压缩图像"工具栏。在"压缩图像"工具栏中,可以选择输出文件的格式。在"JPG 品质"栏中,可通过调节滑竿观察"优化后"窗口中图像的变化,来寻找一个图像质量和图像大小的最佳平衡点。一般来说,将JPEG 品质设定为"80",然后调节右侧的魔棒压缩滑竿,将对 JPEG 图像进行自动压缩。

图 8.24　调整图像界面

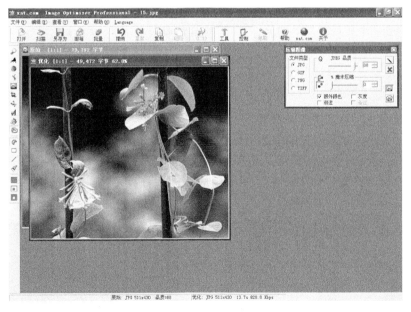

图 8.25　优化图像界面

此外,可以单击 ✎ 按钮进行自动压缩,或者单击 ✖ 按钮重置;还可以单击 ▥ 按钮处理整个图像,单击 ▨ 按钮处理图像的部分区域。

在"压缩图像"工具栏中还有几个复选框,它们的作用如下。

① 额外颜色:选中"额外颜色"复选框,使文件能包含一些额外的色彩信息,质量也会稍好一些,但图像体积稍大。

② 渐进:选中"渐进"复选框,生成一个渐进的 JPEG 图像。所谓渐进,就是在较慢的网络接入中,允许在浏览器上先显示一个质量很低的 JPEG 图像,然后逐渐由模糊到清晰,显示质量逐渐提高,这是一项十分实用的技术。

③ 灰度:选中"灰度"复选框,将图像转变为灰度图像。

④ 备注:选中"备注"复选框,可以在输出图像中保留注释信息。此时,在程序窗口的右下角状态栏中还可以看到目前的图像文件使用 28.8Kbps 解调器下载所需的时间,这对于网页设计人员来说很有帮助。

图 8.26　"压缩图像"对话框

若要压缩一个 GIF 或 PNG 文件,在图 8.26 所示的"压缩图像"对话框中,选择 GIF 单选按钮,调整"色彩数"滑竿值为 2～256,选择一个最佳平衡点。"抖动"是 GIF 压缩中一项十分有用的技术,由于 GIF 和 PNG 只有 256 种颜色,因此,在表现一些含有丰富色彩信息的照片图像或含有平缓过渡色的图像时,就会出现梯田状的条形色块,此时,需要用到"抖动"功能。该功能可以模仿一些在调色板无法找到的颜色,从而使得整个图像颜色与颜色之间的过渡更为自然,使用"抖动"功能后会使图像尺寸变大。选中"交错"复选框,可以生成一个交织的 GIF 图像,能够让图像在浏览器上看起来比非交织的 GIF 图像显示得更快一些。这项技术与 JPEG 的"渐进"十分相似,即允许在浏览器上生成一个质量较低的图像,并由模糊到清晰。

（5）保存图像

压缩优化完毕后,单击工具栏中的"另存为"按钮,进入图 8.27 所示的"优化图像另存为"对话框,选择文件名及保存位置,单击"保存"按钮。

3. Image Optimizer 的参数设置

Image Optimizer 为用户提供了个性化设置。依次选择"文件"|"参数设置"选项,进入图 8.28 所示的"生成程序参数设置"对话框,可进行"计算下载速度"、"GIF/PNG 颜色缩减"、"文件打开参数设置"、"JPEG 标记"等设置。其中,"计算下载速度"设置后,在状态栏可以显示出来。

图 8.27　"优化图像另存为"对话框

图 8.28　"生成程序参数设置"对话框

8.2.5　应用案例

任务 1：利用 Image Optimizer 批量优化图像。

操作步骤：

（1）启动 Image Optimizer，在图 8.22 所示的主界面中，依次选择"文件"|"批量处理向导"选项，或者选择工具栏中的"批量"选项，打开"Step 1 of 3-Select Multiple Files（选择多个文件）"对话框。单击"添加文件"按钮，打开"选择多个文件"对话框，选择所有需要优化的图片文件，然后单击"打开"按钮，或者直接拖放文件到列表框中。若单击"添加文件夹"按钮，可将一个目录下的图片都添加到列表框中。

（2）单击"下一步"按钮，打开"Step 2 of 3-Select Operation（选择操作）"对话框，选择输出文件的格式、相关参数，并指定输出文件保存的目录（默认为 C:\），最好使用和源文件不同的目录，以方便区分。暂时将源文件保留，待优化完成并确认无误后再决定是否删除源文件。

（3）单击"下一步"按钮，打开"Step 3 of 3-Optimizing Images（优化图像）"对话框，单击"优化"按钮，可看到优化进度，当进度达到 100% 时，表示优化完成。

任务 2：利用 Image Optimizer 给一图像加入水印。

操作步骤：

启动 Image Optimizer，在图 8.22 所示的主界面中，打开图像，单击"数字水印"按钮 ，打开"Digimare 水印"对话框。依次单击 OFF|ID 按钮，打开"设置标识符"对话框，进行"创建者"、"Digimare ID"、"网络注册"等相关信息的设置。

8.2.6　技能训练

任务 1：利用 Image Optimizer 给一图像加入文字标题。

操作步骤：

启动 Image Optimizer，在图 8.22 所示的主界面中打开图像。单击 按钮，打开"标题"对话框。单击"文本"按钮，在标题文本框中，输入文字，如"06 计算机应用班"，可选择文字位置。单击"前景"按钮，可以改变文字的颜色，同时还可以进行字体、阴影等设置。

任务 2：利用 Image Optimizer 将一图像缩小一半，并且旋转 45°。

操作步骤：

启动 Image Optimizer，在图 8.22 所示的主界面中打开图像。单击"转换图像"按钮 ，单击"/2"按钮，再在旋转编辑框中输入"45"，最后按 Enter 键。

任务 3：利用 Image Optimizer 对一图像进行局部压缩。

操作步骤：

（1）启动 Image Optimizer，在图 8.22 所示的主界面中打开图像。单击"压缩图像"按钮 ，再单击"处理区域"按钮，接着单击"手绘工具"按钮 ，可以选择一个任何形状的区域。

（2）调节"魔术压缩"滑竿。

任务 4：利用 Image Optimize 去除图像文件的噪点。

操作步骤：

启动 Image Optimizer,在图 8.22 所示的主界面中打开图像。单击"清洁图像"按钮，再单击 OFF 按钮,可以设置降噪的数量、半径、敏感度。

8.2.7 技能达标

1. 填空题

Image Optimizer 是( )工具。

2. 判断题

Image Optimizer 支持隐形水印。 ( )

3. 问答题

什么是魔术压缩技术?

4. 上机操作题

利用 Image Optimize 调节图像的亮度及对比度。

操作步骤:启动 Image Optimizer,在图 8.22 所示的主界面中,打开图像,单击"增强图像"按钮 ▲,单击 OFF 按钮,选择"色阶"的下拉列表,选择"亮度/对比/伽玛"选项,调节亮度及对比度设置。

8.2.8 课后习题

上网下载 Image Optimizer 的安装文件,解压到硬盘,练习使用 Image Optimizer 软件。

8.3 超星图书浏览器——SSReader

超星阅览器(SSReader)是超星公司拥有自主知识产权的图书阅览器,是专门针对数字图书、文献的阅览、下载、打印、版权保护和下载计费而研究开发的一款阅览器,可支持 PDG、PDF 等主流的电子图书格式,广泛应用于各大数字图书馆和网络出版系统。

8.3.1 技能目标

(1) 了解和掌握 SSReader 的基础知识。
(2) 掌握 SSReader 的使用方法及基本操作。

8.3.2 相关知识点介绍

PDG 文件是超星数字图书格式,需要用超星阅读器打开。

PDF 是 Portable Document Format(便携文件格式)的缩写,是一种电子文件格式,由 Adobe 公司开发而成。

8.3.3 下载、安装与启动 SSReader

从许多网站都可以下载这个软件,本文采用的版本是 SSReader 4.01 简体中文增强版,支持操作系统 Windows XP/Windows Vista/Windows 7/Windows 2000/Windows 2003,软件大小 10.3MB,是一个免费软件。

1. 安装

双击下载的 SSReader 安装程序,进入图 8.29 所示的安装向导界面。单击"下一步"

按钮,进入图 8.30 所示的许可证协议界面。单击"我接受"按钮,进入图 8.31 所示的选择安装位置界面。单击"安装"按钮,进入图 8.32 所示的正在安装界面,接着进入图 8.33 所示的完成安装界面。建议选择默认设置,单击"完成"按钮,进入图 8.34 所示的"用户登录"对话框。若单击"注册一个新用户"链接,可申请成为超星用户,享受阅读服务;若单击"取消"按钮,将关闭此对话框,并进入图 8.35 所示的超星数字图书网页面。单击底部的"资源列表"按钮,进入图 8.36 所示的 SSReader 主界面,至此完成安装过程。

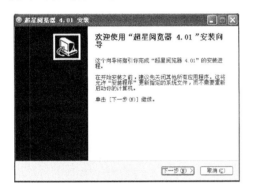

图 8.29 安装向导界面

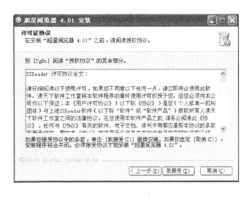

图 8.30 许可证协议界面

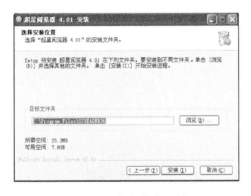

图 8.31 选择安装位置界面

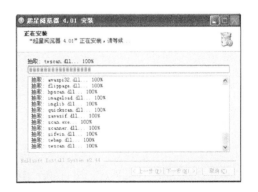

图 8.32 正在安装界面

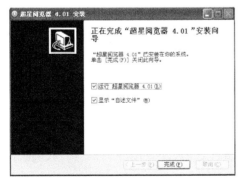

图 8.33 完成安装界面

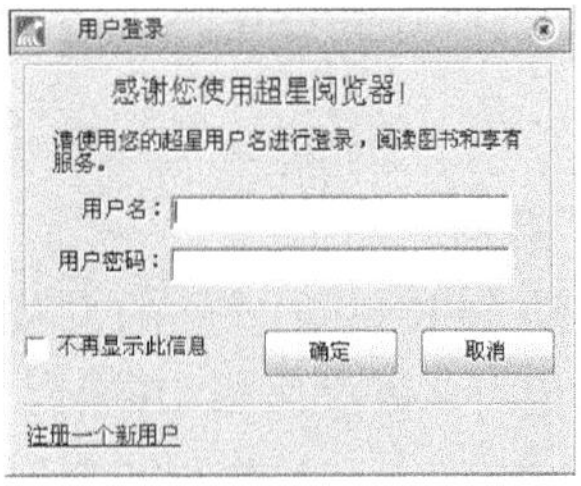

图 8.34 "用户登录"对话框

图 8.35　超星数字图书网页面

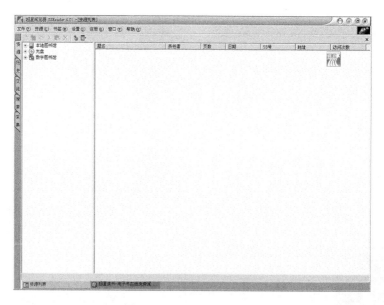

图 8.36　SSReader 主界面

2. 启动

启动 SSReader 软件的方法如下。

方法一：依次选择"开始"|"程序"|"超星阅览器"|"超星阅览器"选项，进入图 8.36
所示的 SSReader 主界面，同时显示"采集"图标。

方法二：双击桌面的 SSReader 快捷方式，其余具体操作同方法一。

8.3.4 使用 SSReader

1. SSReader 主界面介绍

图 8.36 所示的 SSReader 主界面由主菜单、工具栏,浏览器窗口组成。

(1)主菜单:包括超星阅览器所有功能命令。其中"注册"菜单是提供给用户注册使用的,"设置"菜单是给用户提供相关功能的设置选项。

(2)工具栏:包括快捷功能按钮。

(3)浏览器窗口:如图 8.36 所示的主界面的框线区域。其包括"资源"、"历史"、"交流"、"搜索"、"采集"功能模块。

① 资源:单击"资源"按钮,提供给用户数字图书及互联网资源,可以建立本地图书馆、制作光盘和浏览数字图书馆。

② 历史:单击"历史"按钮,用户通过阅览器访问资源的历史记录,亦可从历史记录列表中,选择以前阅览的书籍继续阅览。

③ 交流:单击"交流"按钮,进入在线超星社区,包含论坛、搜索、帮助、导航模块。

④ 搜索:单击"搜索"按钮,可在线搜索书籍。

⑤ 采集:单击"采集"按钮,可以通过制作窗口来编辑制作超星 PDG 格式电子书(Ebook)。

2. SSReader 的图书阅读功能

(1)打开 PDG

在图 8.36 所示的主界面中,依次选择"文件"|"打开"选项,进入图 8.37 所示的"打开"对话框。在"打开"文本框中,可输入文档、Internet 地址,或者选择"浏览"按钮,选择需要的文档,单击"确定"按钮,程序将在阅读器中显示该文档,如图 8.38 所示为打开文档后的界面。

图 8.37 "打开"对话框

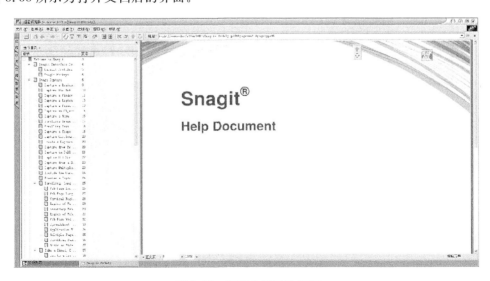

图 8.38 打开文档后的界面

（2）阅读超星数字图书网的书籍

在图 8.36 所示的主界面中，单击左侧的"资源"选项卡。在左侧"索引"窗格中，显示了"本地图书馆"、"光盘"、"数字图书网"3 个索引列表。文档的章节以类似资源管理器文件夹窗格的树型结构显示。

单击"数字图书网"列表前的"＋"按钮，会展开目录树，右侧阅读器窗口以列表的形式提供了许多书籍可供用户选择。双击要选择的书籍，进入图 8.39 所示的阅读提示界面，用户可以根据习惯选择"阅读器阅读"、"IE 阅读"、"下载图书"、"收藏本书"几种方式来阅读图书。例如，单击"阅读器阅读"按钮，进入图 8.40 所示的阅读器阅读界面。

图 8.39　阅读提示界面

图 8.40　阅读器阅读界面

在图书阅读过程中，有一些辅助阅读的工具可以提高阅读质量和速度，下面来介绍一下这些工具。

① 翻页工具：如表 8.1 所示。

表 8.1　翻页工具

⟲ 快速回到目录页	⇧ 上一页
⟳ 快速到达指定页	⇩ 下一页
▼正文页　快速到达指定类型的页	◀ 21　▶　快速到达指定页码,输入页号,再按 Enter 键
⇕ 浮动的翻页按钮,可以随意地移动位置	

② 缩放工具:如表 8.2 所示。

表 8.2　缩放工具

◧ 整宽显示图书	◈ 整高显示图书	126% 按指定比例显示图书

③ 其他工具:如表 8.3 所示。

表 8.3　其他工具

▤ 显示或者隐藏章节目录	T 文字选择按钮(文本格式图书适用)
T 文字识别按钮	◉ 区域选择按钮
▨ 图书标注按钮(图像格式图书适用)	✎ 添加书签按钮

用户还可以选择 SSReader 提供的滚屏功能进行阅读。当阅读书籍时,在阅读页面,双击开始滚屏,单击可停止滚屏。

3. SSReader 的其他功能

(1) 图书搜索

选择图 8.36 所示的主界面左侧的"搜索"标签,在搜索框中输入需要的书名,可以选择"全文检索"、"全部字段"、"书名检索"等单选按钮。

① 全文检索:可以搜索直达亿页图书全文,快速定位知识点。

② 全部字段:可以在书名、目录、简介等多个字段搜索图书。

③ 书名检索:可以在书名字段精确搜索包含检索词的所有图书。

最后单击"搜索图书"按钮。

(2) 采集功能

采集功能为用户提供了一个制作 PDG 格式图书的平台。单击主界面左侧的采集选项卡。将打开空白的"采集"窗口。将所要采集的文档、文字、图片、链接拖入到 图标中,采集内容将显示在窗口。用户可使用程序提供的编辑工具对文本、图片进行简单的编辑,然后保存为 PDG 格式的电子文本。

(3) 超星社区

SSReader 为用户提供了交流的平台。选择图 8.36 所示的主界面左侧的"交流"选项卡,进入图 8.41 所示的超星社区界面,用户注册后即可登录进入。超星社区其实是超星数字图书网的用户论坛,分为"论坛"、"搜索"、"帮助"和"导航"四大板块,用户可自由选择版块并以发帖、回帖的形式与其他读友进行交流。

图 8.41　超星社区界面

4. SSReader 的设置功能

在图 8.36 所示的主界面中,依次选择"设置"|"选项"选项,进入图 8.42 所示的"选项"对话框,用户可以对"采集"、"下载监视"、"代理服务器"、"服务器地址"、"资源"、"页面显示"、"书籍阅读"、"网页"、"历史"9 个方面进行相关设置。

（1）资源:可对资源的字体、大小、背景颜色及其他资源选项进行设置。

（2）页面显示:可对阅读页面的背景、前景色进行设置。

图 8.42　"选项"对话框

（3）书籍阅读:可对阅读书籍的滚屏速度、打开时显示的比例、文字识别模式及是否显示翻页工具等进行设置。

（4）网页:可对超星阅读器的主页地址及过滤网页进行设置。

8.3.5　应用案例

任务 1:利用 SSReader 通过"采集"窗口制作超星 PDG 格式的 Ebook(电子书),要求有三章,每一章有一小节。

"采集"可以实现复制、粘贴、删除,页面的增加、插入、删除、发表及上传等功能。

操作步骤:

（1）启动 SSReader,在图 8.36 所示的主界面中,依次选择"文件"|"新建"|Ebook 选

项,或者选择"采集"选项卡,或者双击浮动的超星采集图标,可以打开"采集"窗口。

(2) 在左边的"页列表"栏中,默认正文页,在此空白处通过右击,在弹出的快捷菜单中选择"添加一页",再选择"添加一页",此时"页列表"栏中共有 3 页:正文页 1、正文页 2、正文页 3。分别选择相应页,再单击底部的翻页工具按钮,选择对应的当前页号。在对应的右边编辑框中,可以输入文字。右击右边编辑框的空白处,通过弹出的快捷菜单,可以插入文件或图片,如图 8.43 所示为"页列表"界面。

(3) 在"页列表"栏的下拉列表框中,选择"章节目录模式"选项。右击页列表框的空白处,在弹出的快捷菜单中选择"新建"选项,默认为"节点 1",重命名为"第一章"。右击"第一章"选项,在弹出的快捷菜单中选择"新建子节点"选项。修改默认的节点名为"第一节"。再单击底部的翻页工具按钮,选择对应的当前页号"1"。用同样的方法建立第二章第二节,最后单击底部的翻页工具按钮,选择对应的当前页号"2"。第三章方法类似,如图 8.44 所示为"章节目录"界面。

图 8.43 "页列表"界面

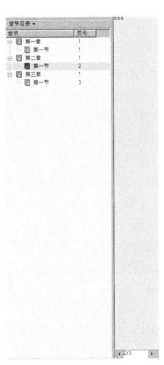

图 8.44 "章节目录"界面

(4) 单击工具栏中的"保存"按钮,打开"图书另存为"对话框,选择文件名及保存位置,最后单击"保存"按钮。

任务 2:利用 SSReader 搜索图书《山海经》,并下载某张图片或图片的一部分。

操作步骤:

(1) 依次选择"开始"|"程序"|"超星阅览器"级联菜单|"访问超星数字图书网"程序,进入图 8.35 所示的"超星数字图书网"页面。在搜索栏中,输入"山海经",再选择 搜索 按钮,进入搜索结果网页。在其中的结果中,选择"阅读器阅读"链接。

（2）单击"区域选择"按钮 ，框选部分或全部图片，选择"图像另存为"选项，进入"保存图像"对话框，选择保存的文件名及位置。

8.3.6 技能训练

任务 1：利用 SSReader 打开指定的 snagit.pdf 文件，将其中的第一段文字复制到 Word 文档中。

操作步骤：

（1）在图 8.36 所示的主界面中，依次选择"文件"|"打开"选项，或者双击 snagit.pdf 文件。单击"文字选择"按钮 ，选择第一段文字。右击选择此段文字，在弹出的快捷菜单中选择"复制"选项。

（2）新建 Word 文档，右击空白处，在弹出的快捷菜单中选择"粘贴"选项。

任务 2：利用 SSReader 打开指定的 snagit.pdf 文件，将第 10 页作为标签页。

操作步骤：

（1）在图 8.36 所示的主界面中，打开 snagit.pdf 文件。单击"快速到达指定页"按钮 ，在打开的"指定页"对话框中，输入页号"10"，单击"确定"按钮。

（2）单击"添加书签"按钮 ，在打开的"添加书签"对话框中，可以选择书签名和创建位置，最后单击"确定"按钮。选择菜单栏中的"书签"选项，或者依次选择"书签"|"书签管理"选项，可以跳转到指定的标签页。

任务 3：利用 SSReader 打开指定图书文件，并且从正文页第 11 页开始打印图书。

操作步骤：

（1）在图 8.36 所示的主界面中，打开指定图书文件，依次选择"图书"|"打印"选项，打开"打印设置"对话框。

（2）选择"指定起始页"单选按钮，在对应的编辑栏输入"11"，单击"正文页"按钮，单击"确定"按钮。

任务 4：利用 SSReader 打开图书文件，了解总页数。

操作步骤：

在图 8.36 所示的主界面中，打开指定图书文件。右击空白处，在弹出的快捷菜单中选择"属性"选项，可以看到最大页号（即总页数），或者鼠标靠近"快速到达指定页码"选项 ，在右边会出现当前页/总页数的提示。

8.3.7 技能达标

1. 填空题

SSReader 是（　　）工具。

2. 判断题

SSReader 支持 PDF 格式。　　　　　　　　　　　　　　　　　　　　（　　）

3. 问答题

什么是 PDG 格式文件？

4. 上机操作题

利用 SSReader 打开图书文件,搜索指定的文字。

操作步骤:在图 8.36 所示的主界面中,打开指定图书文件。右击空白处,在弹出的快捷菜单中,选择"查找文字"选项,打开"查找"对话框。在"查找"编辑框中输入要搜索的指定文字,单击"查找"按钮。

8.3.8 课后习题

上网下载 SSReader 的安装文件,解压到硬盘,练习使用 SSReader 软件。

8.4 图标制作工具——IconCool Editor

IconCool Editor 是一套非常不错的图标编辑工具软件,具有相当完整的功能,可以做出各种规格的图标。其不但可以制作静态图标,还可以制作动态图标。

IconCool Editor 能创建和编辑带有 Alpha 通道的 32 位色深的 Windows XP 图标,非常容易地创建精彩的、半透明的 XP 图标;能从 EXE、DLL、ICL 和其他的文件中提取图标,并将提取的图标发送到编辑区,然后保存它们;它可同时编辑 10 个图标,提供模糊、锐化、浮雕、扩散、颜色平衡等 50 多个图形滤镜功能,提供了 20 多个影像处理效果,包括线性渐变、波纹、噪声、多变的转换等;支持 76 组取样色,也可以自行定制 24 组的颜色取样;具有影像提取的功能,并可以改变色彩由单色到 32 位真彩色。

8.4.1 技能目标

(1) 了解和掌握 IconCool Editor 的基础知识。

(2) 掌握 IconCool Editor 的使用方法及基本操作。

8.4.2 相关知识点介绍

1. IconCool Editor 支持的图标规格

IconCool Editor 支持的图标规格很多,从标准的 16×16、32×32 等,到最大可达 255×255。颜色数支持单色、16 色、256 色、全彩。可以从 BMP、DIB、EMF、GIF、ICB、ICO、JPG、PBM、PCD、PCX、PGM、PNG、PPM、PSD、PSP、RLE、SGI、TGA、TIF、TIFF、VDA、VST、WBMP、WMF、ICL 等格式文件导入,可输出 ICO、CUR、ICL、BMP、GIF、JPG、PNG、WBMP 等格式文件,并可从 EXE、DLL、ICL 的文件中提取图标。

2. ICO、ANI 和 CUR 文件格式

ICO 文件是一种静态图标文件格式,其文件扩展名为.ico。

ANI 文件是 Windows 的动画光标文件,其文件扩展名为.ani。它一般由 4 部分构成:文字说明区、信息区、时间控制区和数据区,即 ACONLIST 块、ANIH 块、RATE 块和 LIST 块。

CUR 文件是静态光标文件,其文件扩展名为.cur,其格式与 ICO 图标文件的格式是一致的。

一般情况下,可以把一个图标文件改名后直接作为鼠标指针来使用。当然,对一些色

彩丰富的大图标,在硬件配置不足的情况下,会出现闪烁的现象。

　　光标文件与 ICO 图标文件的不同点主要在于光标文件使用了热点标志。热点标志是指按鼠标左键时,真正按的是在光标图形的一个点。因为鼠标指针是一幅图形,所以,需要为它指定一个具体的点(相对于这个图形左上角的位置在 X 方向和 Y 方向的偏移量),默认这两个值是 0,即热点就在鼠标指针的左上角。对于一些特别的鼠标指针来说,这样显然是不合适的。例如,在 Office 中,当鼠标位于页面的左边附近时,会显示一个向右的箭头,这样的情况下,热点如果还在左上角,就与人们的直观理解有区别了。

8.4.3　下载、安装与启动 IconCool Editor

　　从许多网站都可以下载这个软件,本文采用的版本是 IconCool Editor 5.98.101028 英文版,支持操作系统 Windows XP/Windows Vista/Windows 7/Windows 2000/Windows 2003,软件大小 11.7MB,是一个共享软件,使用期限 30 天。

　　1. 安装

　　双击下载的 IconCool Editor 安装程序,进入图 8.45 所示的欢迎向导界面。单击 Next 按钮,进入图 8.46 所示的选择目标位置界面。单击 Next 按钮,进入图 8.47 所示的正在安装界面。接着进入图 8.48 所示的安装完成界面,单击 Finish 按钮,进入图 8.49 所示的 IconCool Editor 主界面,至此完成安装过程。

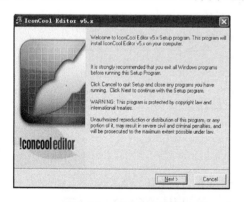

图 8.45　欢迎向导界面

图 8.46　选择目标位置界面

图 8.47　正在安装界面

图 8.48　安装完成界面

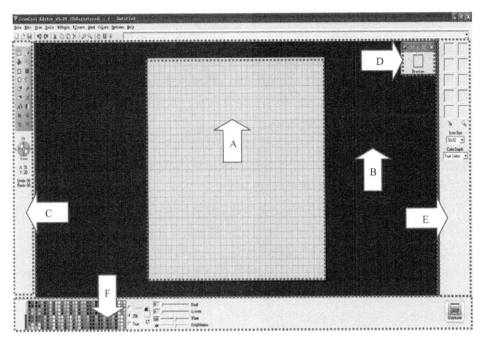

图 8.49　IconCool Editor 主界面

2. 启动

启动 IconCool Editor 软件的方法如下。

方法一：依次选择"开始" | "程序" | IconCool Software | IconCool Software | IconCool Editor 程序，进入图 8.49 所示的 IconCool Editor 主界面。

方法二：直接双击桌面的 IconCool Editor 快捷方式，具体操作同方法一。

8.4.4　使用 IconCool Editor

1. IconCool Editor 主界面介绍

图 8.49 所示的主界面主要由菜单栏、工具栏、编辑区（A 区）、背景区（B 区）、工具箱（C 区）、预览窗口（D 区）、E 区及调色设置区（F 区）组成。

（1）工具栏：包括多项功能按钮，从左至右，依次为新建图标按钮 ▢、打开文件按钮 ▣、保存文件按钮 ▤、撤销按钮 ↶、重做按钮 ↷、剪切按钮 ✂、复制按钮 ▢、粘贴按钮 ▢、删除按钮 ✕、放大按钮 🔍、缩小按钮 🔍、捕捉按钮 ✋、动画指针构建器按钮 ▦、测试或设置指针热点按钮 ▸ 等。并提供图 8.50 所示的文件地址编辑框，可以输入文件地址。

（2）工具箱（C 区）：包括多项工具按钮。从上至下，从左至右，依次为选择工具按钮 ▢、铅笔/笔大小选项工具按钮 ✎、油漆桶/渐变选项工具按钮 🪣、直

图 8.50　文件地址编辑框

线/笔大小选项工具按钮 ╲、矩形/笔大小选项工具按钮 ▢、实心矩形工具按钮 ▦、椭圆形/笔大小选项工具按钮 ○、实心椭圆形工具按钮 ◕、当前颜色橡皮擦工具按钮 ▨、取色器工具按钮 ✎、所有颜色橡皮擦工具按钮 ◔、喷枪/笔大小选项工具按钮 ▨、文本/文本

选项工具按钮 、渐变/渐变选项工具按钮 、向左旋转 90°工具按钮 、向右旋转 90°工具按钮 、水平翻转工具按钮 、垂直翻转工具按钮 、移位和翻转工具按钮 （可实现上下左右移动编辑区中的整体图像）。

（3）E 区：从上至下，依次包括图标列表区、辅助颜色提取器按钮 、快速预览工具按钮 、图标尺寸下拉列表框、颜色深度下拉列表框。默认图标尺寸为 32×32 像素，默认颜色深度为 True Colors(真彩色)。

（4）调色设置区(F 区)：从左往右，依次包括使用透明/反向颜色区、纯色、彩色调色板、"调色板"选项(默认选择"256"单选按钮)、鼠标左、右键颜色交换按钮 、用 HTML 颜色值更改当前颜色按钮 、RGB(红、绿、蓝)滑块、Brightness(亮度)滑块、Alpha(透明度)滑块、Change All Alpha(更改所有透明度)滑块、Color Channel(颜色通道)按钮、Alpha Channel(Alpha 通道)按钮、Composite Channel(混合通道)按钮。

单击 C 区的取色器工具按钮 ，或者单击 E 区的辅助颜色提取器按钮 ，再选择一种颜色，在 F 区的鼠标左、右键图标 的左键颜色会发生相应的变化；单击 C 区的取色器工具按钮 ，或者单击 E 区的辅助颜色提取器按钮 ，再选择一种颜色，在 F 区的鼠标图标 的右键颜色会发生相应的变化。

设置完鼠标图标 的左、右键颜色后，再单击 C 区的部分工具可以方便绘制图形。例如，单击铅笔/笔大小选项工具按钮 ，在编辑区（A 区）按住鼠标左键，将绘制出同鼠标图标 的左键颜色一致的任意多边形的点或线；按住鼠标右键，将绘制出同鼠标图标 的右键颜色一致的任意多边形的点或线。

单击 E 区的 Color Depth(色深)下拉列表框中的 32-bit Colors[XP](32 位真彩色)选项，对应在 F 区会出现 Alpha(透明度)滑块、Change All Alpha(更改所有透明度)滑块、Color Channel(颜色通道)按钮、Alpha Channel(Alpha 通道)按钮、Composite Channel(混合通道)按钮。

2. IconCool Editor 的基本功能介绍

IconCool Editor 软件提供了多种制作图标的方案供用户来选择，主要分为原创制作和添图制作两种方法。

（1）制作原创图标

原创，即整个过程全部由自己动手完成，强调原汁原味，强调创新。例如，制作 图标的操作步骤如下。

① 新建一个图标模版。在图 8.49 所示的主界面中，依次选择 File|New 选项，或者单击工具栏中的"新建"按钮 ，进入图 8.51所示的 New Icon 对话框，Size(大小)默认选择 32×32pixels 单选按钮，表示图标大小为 32×32 像素；Colors(颜色)默认选择 True Colors(24bits)单选按钮，表示颜色深度为真彩色(24 位)。建议选择默认

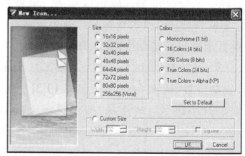

图 8.51 New Icon 对话框

设置,再单击 OK 按钮,进入图 8.49 所示的主界面。

注意:模板的基台是由很多小方格组成的,若图标尺寸大小为 32×32 像素,表示编辑区所有横竖都是由 32 个小方格构成,画笔在每个小方格上着色都要考虑到以后成品的效果。

创建好新的模板后,用户就可以在这个基台上面随便绘制了。

② 绘制图标。在图 8.49 所示的主界面中,单击工具箱中的椭圆形/笔大小选项工具按钮 ○ ,再单击该按钮右下角的笔大小选项白色右三角形按钮,或者双击 ○ 按钮,选择"3",设置笔大小为 3,按住 Shift 键,绘制一个正圆。

分别单击移位和翻转工具按钮 中的红色按钮 、 、 、 ,或者依次选择菜单栏中的 Effects(效果) | 选择 Shift Left(左移)/Shift Right(右移)/Shift Up(上移)/Shift Down(下移)选项,可调整编辑区中的该正圆,使之处于编辑区的正中位置。

接着单击铅笔/笔大小选项工具按钮 ,再单击该按钮右下角的笔大小选项白色右三角形按钮,或者双击 按钮,选择"3",设置笔大小为 3,在正圆中间位置,画"田"字形图像,调节图像相应的位置即可。

注意:在手动制图的时候尽量选择粗线条绘制,并且颜色搭配要醒目,右上角 E 区的预览窗口会时刻显示图标成品的外观。

在图 8.49 所示主界面的编辑区(A 区)、预览窗口(E 区)以及 F 区中的图标列表区会出现该图标的对应变化,结果如图 8.52 所示。注意虚线框的区域以及箭头的对应关系。

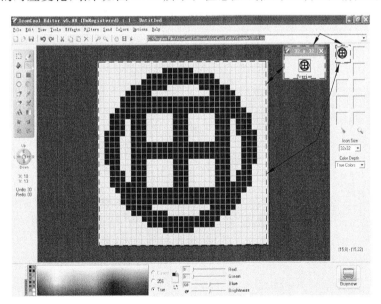

图 8.52 编辑区、预览窗口及图标列表区之间的对应变化

③ 保存图标为 ICO 文件。在图 8.49 所示主界面中,依次选择 File | Save 选项,或者单击工具栏中的保存文件按钮 ,进入 Save(保存)对话框,设置需要保存的文件名及位置,文件扩展名为.ico。

（2）添图制作图标

添图制作是指用户利用现成的图片，加入模板后来编辑制作图标。

① 打开图片文件。在图 8.49 所示主界面中，依次选择 File|Open 选项，或者单击工具栏中的打开文件按钮 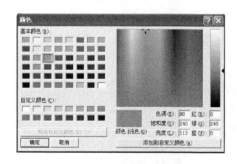，或者依次选择 File|Import from files 选项，进入 Open File（打开文件）对话框，选择需要打开的图片文件，再单击"打开"按钮，进入图 8.53 所示的 Import from（导入）对话框。例如，选择"80×80pixels（像素）"单选按钮，再单击"Import Now（立即导入）"按钮。

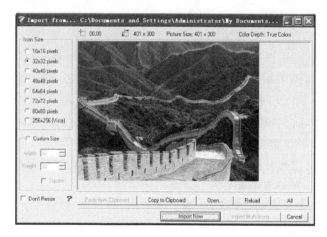

图 8.53　Import from（导入）对话框

② 加入特效或滤镜。若觉得比较满意，可以直接保存成图标文件。若觉得不满意，可以加入特效或滤镜。

例如，在图 8.49 所示的主界面中，依次选择 Filters（滤镜）|Outline（边框）|Mask Ellipse（遮罩椭圆）选项，进入图 8.54 所示的"颜色"对话框。选择绿色，再单击"确定"按钮，结果如图 8.55 所示。

图 8.54　"颜色"对话框

3. IconCool Editor 的参数设置

在图 8.49 所示的主界面中，要求在编辑区必须有图像，依次选择 Options（选项）|Hot Spot（热点）选项，进入图 8.56 所示的 Test or Set Hot Spot for Cursors（*.cur，*.ani）（测试或设置指针热点）窗口，可以进行热点位置、样例控件、背景色等设置。

选择 Options（选项）|Font Setup（字体设置）选项，进入图 8.57 所示的"字体"对话框，可以进行字体、字形、大小、效果、颜色等设置。

选择 Options（选项）|File Associations（文件关联）选项，进入图 8.58 所示的 File Associations（文件关联）对话框，可以选择与 IconCool Editor 关联的文件类型。

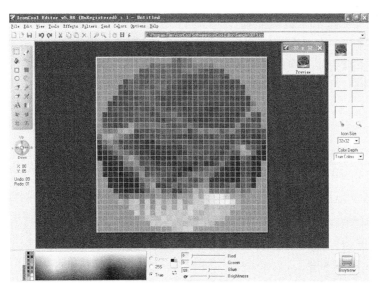

图 8.55　添图制作图标结果

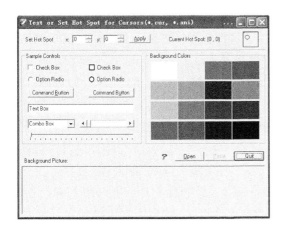

图 8.56　Test or Set Hot Spot for Cursors
（∗.cur，∗.ani)窗口

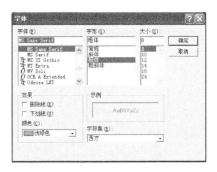

图 8.57　"字体"对话框

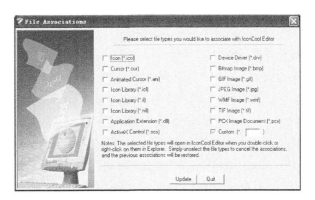

图 8.58　File Associations(文件关联)对话框

8.4.5　应用案例

任务：利用 IconCool Editor 制作动态图标文件（即动画指针文件），并且将 Windows 默认的光标形状改为新制作的动态图标形状。

制作动态图标要求图标大小为 32×32 像素。

操作步骤：

（1）新建一个圆环图的 ICO 图标文件。启动 IconCool Editor 软件，在图 8.49 所示的主界面中，默认 Icon Size（图标大小）为 32×32 像素，默认 Color Depth（色深）为 True Colors（真彩色）。单击图 8.49 所示的主界面 C 区（工具箱）的椭圆形/笔大小选项按钮 ○，默认笔大小为 1，按住 Shift 键，画出一个大正圆。分别单击移位和翻转工具按钮 ◈

图 8.59　Gradient Options（渐变选项）对话框

中的红色按钮 ◀、▦、▤、▤，可调节编辑区中的该正圆，使之处于编辑区的正中位置。

同样再画一个小正圆。接着单击图 8.49 所示的主界面 C 区的选择工具按钮 ⬚，框选小正圆，拖动到大正圆的中心位置，形成同心圆。

依次单击图 8.49 所示的主界面 C 区（工具箱）中的油漆桶/渐变选项工具按钮 🪣，再单击该按钮右下角的渐变选项白色右三角形按钮。选择 Gradient Options（渐变选项）选项，或者双击 ○ 按钮，再选择 Gradient Options（渐变选项）选项，进入图 8.59 所示的 Gradient Options（渐变选项）对话框。例如，先选择 Radial Gradient（椭圆渐变）单选按钮，再选择下拉列表框中的 10-Violet，Green，Orange 选项，最后单击 OK 按钮，移动油漆桶标志到同心圆的圆环空白处单击，然后保存文件类型为 .ico，如"圆环 .ico"。

（2）新建一个圆环图变化为十字圆环图的 ANI 动画指针文件。打开刚才建立的"圆环 .ico"文件。例如，单击图 8.49 所示的主界面 C 区的取色器工具按钮 🖊，再选择图 8.49 所示的主界面 F 区的红色；单击直线/笔大小选项工具按钮 🖉，画出图 8.60 所示的"十"字形圆环图标，保存文件为"十字圆环 .ico"。

单击图 8.49 所示的主界面工具栏中的动画指针构建器按钮 ▦，或者重新打开"十字圆环 .ico"文件，进入图 8.61 所示的 IconCool Editor v5.98 对话框。询问"你要创建动画指针吗？"，单击"是"按钮，进入图 8.62 所示的 Animation Cursor Builder（动画指针构建器）对话框。其中"Current Frame：1"表示当前帧为第 1 帧；"Total：1"表示总计帧数为1；默认 Delay 微调框选择"10"，表示帧之间的延迟时间为 10 秒。

单击图 8.62 所示的 Insert（插入）按钮，进入图 8.63 所示的 Animation Cursor Builder（动画指针构建器）扩展对话框。单击 ▭ 按钮，进入 Insert an external icon 界面。选择需要的"圆环 .ico"文件，再单击"打开"按钮，回到图 8.63 所示的 Animation Cursor Builder（动画指针构建器）扩展对话框。单击 OK 按钮，回到图 8.62 所示的 Animation Cursor Builder（动画指针构建器）对话框。此时圆环图标已加入第 2 帧。单击 Save（保

存)按钮,进入 Save Animation Cursor(保存动画指针)界面。选择需要保存的文件名及
保存位置,设置文件类型为.ani,例如,"十字圆环.ani",再单击"保存"按钮。

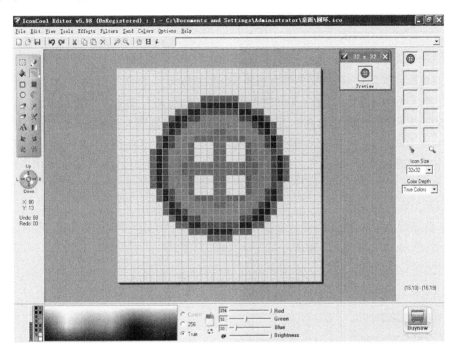

图 8.60　"十"字形圆环图标

图 8.61　IconCool Editor
v5.98 对话框

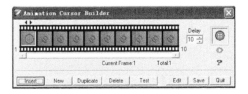

图 8.62　Animation Cursor Builder(动画
指针构建器)对话框

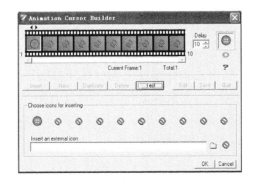

图 8.63　Animation Cursor Builder(动画指针构建器)扩展对话框

（3）移动指针热点到中心位置。打开"十字圆环.ani"文件，单击 Quit（退出）按钮，或者单击 ✕ 按钮，可关闭默认出现的图 8.62 所示的 Animation Cursor Builder（动画指针构建器）对话框。

选择工具栏中的测试或设置指针热点按钮 ⬛，进入图 8.64 所示的 Test or Set Hot Spot for Cursors（＊.cur，＊.ani）（测试或设置指针热点）对话框，在该对话框中可以实时预览图标的光标效果。移动光标到该界面中，此时鼠标指针的形状会变成 ◉，而且还是透明的。单击 Quit（退出）按钮，或者单击 ✕ 按钮，鼠标指针的形状会恢复原样。

虚线框显示红色指针热点在左上角位置，实线框对应显示了当前热点的位置为（0,0）。

在 Set Hot Spot（设置热点）栏中，移动左上角的鼠标指针热点，在"x:"微调框中，输入 16；在"y:"微调框中，输入 16，即图标尺寸的一半位置。再单击 Apply（应用）按钮，此时，可以发现虚线框显示红色指针热点移到了正中心位置，实线框对应显示了当前热点的位置为（16,16）。

（4）重新保存动画指针文件。在图 8.49 所示的主界面中，单击工具栏中的保存文件 ⬛ 按钮，会出现图 8.65 所示的 Animation Cursor Builder（动画指针构建器）对话框。单击 Save（保存）按钮，进入 Save Animation Cursor（保存动画指针）界面。再单击"保存"按钮，出现 Save Animation Cursor（保存动画指针）对话框，单击"是"按钮。

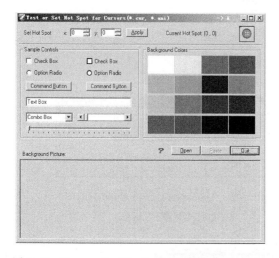

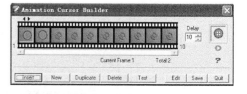

图 8.64　Test or Set Hot Spot for Cursors（＊.cur，
＊.ani）（测试或设置指针热点）对话框

图 8.65　Animation Cursor Builder（动画
指针构建器）对话框

（5）将 Windows 默认的鼠标指针形状改为新制作的动态图标形状。依次选择"开始"|"控制面板"|"鼠标"选项，进入"鼠标属性"对话框。选择"指针"选项卡，在"自定义"栏中，单击"浏览"按钮，进入"浏览"对话框。选择需要打开的文件名。再单击"打开"按钮，回到"鼠标属性"对话框，再单击"确定"按钮。

8.4.6　技能训练

任务 1：利用 IconCool Editor 软件将一班徽图片制作成 ICO 文件，并且加入文字。
操作步骤：

（1）打开图片文件。启动 IconCool Editor 软件，在图 8.49 所示的主界面中。单击工具栏中的"打开文件"按钮 ，进入 Open File（打开文件）对话框。选择需要打开的图片文件，再单击"打开"按钮，进入图 8.53 所示的 Import from（导入）对话框。例如，选择 40×40pixels（像素）单选按钮，再单击 Import now（立即导入）按钮。

（2）加入文字。单击图 8.49 所示的主界面 C 区（工具箱）的文本/文本选项工具按钮 ，进入 Text Options（文本选项）对话框。在 Text 编辑栏中，输入"dzsw"。再单击 Font 按钮，在"字体"的下拉列表中，选择 Arial 选项。在"字形"栏中，选择"常规"选项；在"大小"栏中，输入"6"。单击"确定"按钮，回到 Text Options（文本选项）对话框，单击 OK 按钮。

在图 8.49 所示的主界面编辑区（A 区）中单击，拖动文字到编辑区的左下角位置，接着单击工具栏中的复制按钮 ，再单击工具栏中的粘贴按钮 ，拖动文字到编辑区的左上角位置。同理，用复制、粘贴的方法，分别拖动相同文字到编辑区的右下角和右上角，保存为 ICO 文件。

最终效果如图 8.66 所示。

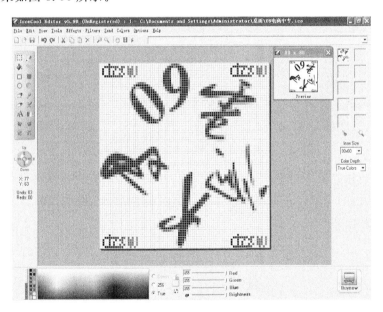

图 8.66 "技能训练"任务 1 参考效果图

任务 2：利用 IconCool Editor 捕捉桌面图像，要求加入滤境效果，保存为 ICO 文件。
操作步骤：

（1）捕捉图像。启动 IconCool Editor 软件，在图 8.49 所示的主界面中，单击工具栏中的捕捉按钮 ，进入图 8.67 所示的 IconCool Editor v5.98 对话框一。提示"按 Ctrl 键来捕捉所选图片"，单击"确定"按钮，默认捕捉图标大小为 32×32 像素，移动鼠标到需要捕捉的位置处，在捕捉预览对话框内会出现对应位

图 8.67 IconCool Editor v5.98 对话框一

置的图像,调整到合适的位置,如图 8.68 所示。按 Ctrl 键,进入图 8.69 所示的 IconCool Editor v5.98 对话框二,询问"你要将捕捉的图片粘贴到当前图标吗?",单击"是"按钮。

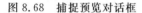

图 8.68　捕捉预览对话框　　　　图 8.69　IconCool Editor v5.98 对话框二

(2) 添加特效效果。在图 8.49 所示的主界面中,依次选择 Effects|3D Effects 选项, 进入 3D Effects Options(3D 效果选项)对话框。例如,取消选中 Shadow(阴影)复选框, 选择 Protrudent(凸出)单选按钮,再单击 OK 按钮,保存为 ICO 文件。

任务 3:利用 IconCool Editor 将一图像保存为静态鼠标图标文件,如∗.cur。

操作步骤:

(1) 打开图像文件。启动 IconCool Editor 软件,在图 8.49 所示的主界面中,单击工具栏中的"打开文件"按钮，进入 Open File(打开文件)对话框,选择需要打开的图像文件,再单击"打开"按钮,进入图 8.53 所示的 Import from(导入)对话框,再单击 Import Now(立即导入)按钮。

(2) 保存为 CUR 文件。在图 8.49 所示的主界面中,单击工具栏中的"保存文件"按钮，选择保存的文件名及位置,设置文件类型为.cur。

(3) 测试鼠标图标。启动 IconCool Editor 软件,在图 8.49 所示的主界面中,单击工具栏中的"打开文件"按钮，打开新制作的 CUR 文件。单击工具栏中的测试或设置指针热点按钮，进入图 8.56所示的 Test Set Hot Spot for Cursors(∗.cur,∗.ani)(测试或设置指针热点)对话框。若鼠标指针变成新制作 CUR 图标,表明测试成功。

8.4.7　技能达标

1. 填空题

IconCool Editor 是(　　　)工具。

2. 判断题

IconCool Editor 支持 PSD 文件格式。　　　　　　　　　　　　　　　　(　　)

3. 问答题

什么是 ANI 文件?

4. 上机操作题

利用 IconCool Editor 制作 ICO 图标文件,要求该文件中有本人的学号。

8.4.8　课后习题

上网下载 IconCool Editor 的安装文件,解压到硬盘,练习使用 IconCool Editor 软件。

8.5　屏幕抓图软件——Snagit

Snagit 是一个非常优秀的屏幕、文本和视频捕获与转换程序。可以捕获 Windows 屏幕、Dos 屏幕、网页、电影画面、游戏画面、菜单、窗口及各种自定义区域。它不仅可捕获静止的图像,而且还可以捕获动态的图像和声音,并能够选择是否包括光标、添加水印等。捕获的图像可被保存为 BMP、PCX、TIF、GIF 或 JPEG 格式,也可以存为视频格式。

另外,软件还具有自动缩放、颜色减少、单色转换、抖动以及转换为灰度级等简单的图像编辑功能。图像被捕获后可以将其送至 Snagit 打印机或 Windows 剪贴板中,也可以直接用 E-mail 发送。

Snagit 还能嵌入 Word、PowerPoint 和 IE 浏览器中,方便用户进行抓图操作。

8.5.1　技能目标

(1) 了解和掌握 Snagit 的基础知识。

(2) 掌握 Snagit 的使用方法及基本操作。

8.5.2　相关知识点介绍

1．"窗口"

捕获中的"窗口",并不是通常意义上的窗口,而是一个按钮、一个菜单栏、一个窗口的特定区域,如资源管理器中的一个窗格等。

2．"文本"

捕获中的"文本",是指屏幕上无法用复制与粘贴的方式获取的文本。

8.5.3　下载、安装与启动 Snagit

从许多网站都可以下载这个软件,本文采用的版本是 Snagit 10.0.0.788 汉化版(非安装版),支持操作系统 Windows XP/Windows Vista/Windows 7/Windows 2000/Windows 2003,软件大小 18.8MB。

因软件是非安装版,所以无须安装,启动软件的方法如下。

解压缩后,进入文件夹,双击 Snagit32.exe 文件,进入图 8.70 所示的 Snagit 主界面,依次选择"帮助"|"输入软件密匙"选项,打开图 8.71 所示的"输入软件密匙"对话框。在"名称"栏中可以任意输入;在"密匙"栏,输入正确的密匙,最后单击"确定"按钮,即可成为注册版软件。

8.5.4　使用 Snagit

1．Snagit 主界面介绍

Snagit 界面由菜单栏、工具栏和任务窗格(包括 A 区、B 区、C 区、D 区、E 区和 F 区)组成。

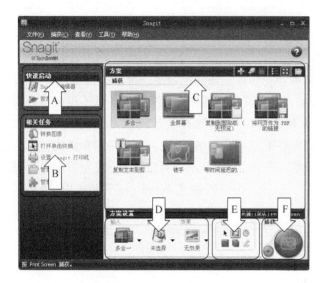

图 8.70　Snagit 主界面

图 8.71　"输入软件密匙"对话框

（1）A 区（快速启动窗格）：可以提供 Snagit 及管理图像的功能。

（2）B 区（相关任务窗格）：可以提供转换图像、打开单击快捕、设置 Snagit 打印机、管理方案和管理附件的功能。

（3）C 区（方案窗格）：默认"多合一"、"全屏幕"、"复制到剪贴板（无预览）"、"将网页作为 PDF 的链接"、"复制文本到剪贴板"、"徒手"和"带时间延迟的菜单"等捕获选项。

（4）D 区（方案设置窗格）：包括"输入"、"输出"、"效果"、"选项"和"捕获"等项目。

（5）E 区（选项设置）：可以进行光标捕获、在 Snagit 编辑器中打开捕获、计时捕获、保持 Web 链接、捕获多个屏幕区域、录制音频等设置。

（6）F 区（捕获设置）：选择捕获模式按钮 ，可以分别选择"图像"、"文本"、"视频"、"Web"这 4 种捕获模式。默认选择图像捕获模式。单击"捕获"按钮 ，或者选择默认的捕获热键 PrintScreen，均可以进行捕获。

2. 设置捕获热键（快捷键）

通过捕获热键完成抓图，要比单击图 8.70 所示的主界面中的捕获模式按钮 灵活方便。一般都采用热键方式抓图。默认的捕获热键是 PrintScreen，可以在图 8.70 所示的主界面中，依次选择"工具"|"程序参数设置"选项，进入图 8.72 所示的"程序参数设置"对话框，在"全局捕获"栏中，选择右侧下拉列表框的按钮，从中选择一个热键，例如，选择 F4 选项，最后单击"确定"按钮。下次需要捕获屏幕图像时，只要按 F4 键，就可实现捕获了。

图 8.72　"程序参数设置"对话框

3. Snagit 的基本功能

Snagit 提供了"多合一"、"全屏幕"、"复制到剪贴板"(无预览)、"将网页作为 PDF 的链接"、"复制文本到剪贴板"、"徒手"、"带时间延迟的菜单"等多种捕获方案。其中"多合一"捕获最常用,它可以简单地捕获区域、窗口及长页面。

(1) 图像捕获

图像捕获是 Snagit 最基本、最强大的功能。它包括了范围、窗口、全屏幕、滚动窗口(Web 页)、菜单、对象等多种图像类型的捕获功能。

① 区域捕获。在图 8.70 所示的主界面的 C 区(方案窗格)中,单击"多合一"图标,再单击 F 区的"捕获"按钮 ●,或者按已设置好的热键,此时光标会呈"十字"的形状。拽住鼠标左键拖动可选择要捕获的区域。拖动的同时,程序将自动打开放大镜窗口,以便用户能够精确地选择区域。

② 窗口捕获。在图 8.70 所示的主界面的 C 区(方案窗格)中,单击"多合一"图标,再单击 F 区的"捕获"按钮 ●,或者按已设置好的热键,移动光标到所要捕获的窗口上,此时选择的窗口以橘黄色框包围。此时单击即可完成捕获。若按 Esc 键或右击则取消捕获。被捕获的图像将进入 Snagit 编辑器窗口中,用户可以保存为不同格式的图像文件。

③ 菜单捕获。在图 8.70 所示的主界面的 D 区(方案设置窗格)中,单击"多合一"下拉按钮,弹出图 8.73 所示的快捷菜单。选择"菜单"选项,再单击 F 区的"捕获"按钮 ●,或者按已设置好的热键,移动光标到要捕获的菜单上,此时选择的菜单以橘黄色框包围,此时单击即可完成捕获。若按 Esc 键或单击右击则取消捕获。被捕获的图像将进入 Snagit 编辑器窗口中,用户可以保存为不同格式的图像文件。

注意:在"窗口"或"对象"方式下,也可对菜单捕获,但只能捕获某一级别的菜单;而在"菜单"方式下,可以捕获级联型的多级菜单。

图 8.73　"多合一"捕获快捷菜单

④ 对象捕获。在图 8.70 所示的主界面的 D 区(方案设置窗格)中,单击"多合一"下拉按钮,进入图 8.73 所示的快捷菜单。依次选择"高级"|"对象"选项,再单击 F 区的"捕获"按钮 ●,或者按已设置好的热键,移动光标到所要捕获的对象上,此时选择的对象以橘黄色框包围。此时单击即可则完成捕获。若按 Esc 键或右击则取消捕获。被捕获的图像将进入 Snagit 编辑器窗口中,用户可以保存为不同格式的图像文件。

⑤ 滚动窗口捕获。在图 8.70 所示的主界面的 D 区(方案设置窗格)中,单击"多合一"下拉按钮,进入图 8.73 所示的快捷菜单。选择"滚动窗口"选项,再单击 F 区的"捕获"按钮 ●,或者按已设置好的热键,移动光标到要捕获的对象上,此时选择的对象以橘黄色框包围。单击"捕获水平滚动区域"按钮 ●,可完成水平滚动区域的捕获;单击"捕获垂直滚动区域"按钮 ●,可完成垂直滚动区域的捕获;单击"捕获整个滚动滚动区域"

按钮,可完成整个滚动区域的捕获；按 Esc 键或右击则取消捕获。被捕获的图像将进入 Snagit 编辑器窗口中,用户可以保存为不同格式的图像文件。

（2）文本捕获

Snagit 可以对窗口或指定区域的文字进行捕获。

① 在图 8.70 所示的主界面的 C 区（方案窗格）中,选择"复制文本到剪贴板"选项,移动光标到要捕获文字的窗口上,此时,光标箭头也随之变为手形。此时单击即可完成捕获。按 Esc 键或右击则取消捕获。被捕获的文字将进入 Snagit 编辑器窗口中,用户可以选择保存为简易文本或格式化文本的格式文件。

② 在图 8.70 所示的主界面的 F 区（捕获设置）中,单击"捕获模式"按钮,再选择"文本捕获"选项,其余操作步骤同方法一。

（3）视频捕获

可将屏幕操作过程捕获生成 AVI 视频文件。

① 在图 8.70 所示的主界面的 F 区（捕获设置）中,单击"捕获模式"按钮,再选择"视频捕获"选项,打开"切换捕获工具"对话框,单击"是"按钮,再单击 F 区的"捕获"按钮,或者按已设置好的热键,选择要录制的区域,以橘黄色框包围,进入图 8.74 所示的"Snagit 视频捕获"对话框。单击"开始"按钮,可以开始操作过程；按 Esc 键,或者单击"取消"按钮,则取消捕获。

② 若按已设置好的热键,可以结束录制,重新打开"Snagit 视频捕获"对话框。此时若单击"继续"按钮,继续录制；若单击"停止"按钮,将完成录制,进入 Snagit 编辑器窗口中。用户可以选择保存为 AVI 格式的视频文件。

（4）图片编辑

Snagit 具有一定的图片编辑功能。在图 8.70 所示的主界面的 A 区（快速启动窗格）中,选择"Snagit 编辑器"选项,进入图 8.75 所示的 Snagit 编辑器界面。

图 8.74　"Snagit 视频捕获"对话框

程序主窗格包括绘图工具栏、图像工具栏、浏览栏和搜索栏。

① 绘图工具栏：提供了选区工具、项目符号工具、箭头工具、印章工具、钢笔工具、高亮区域工具、缩放工具、文本工具、直线工具、外形工具、填充工具、橡皮工具等编辑工具。

② 图像显示栏：提供了对图片进行编辑的功能,集合了诸如边框、效果、边缘、模糊、灰度、水印、颜色效果、过滤、聚光灯与放大等功能选项；还可以进行修剪、旋转、删去、调整大小、修剪、油画色等画布操作。

③ 浏览栏：可以查看图库的历史捕获,放大缩小图片。

④ 搜索栏：可以搜索由 Snagit 打开的 Snagit 捕获图像,结果显示在输入的搜索面板中。选择文件夹中的组或项目可以查看；也可以通过浏览标签、日期和文件夹标签来查找文件,如图 8.76 所示的管理图像界面。

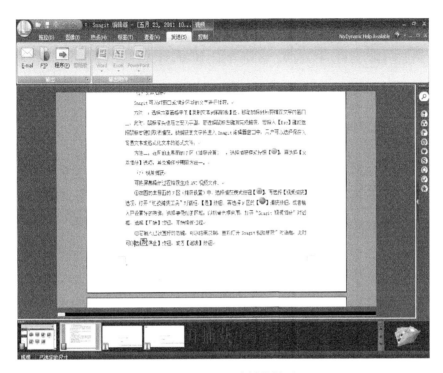

图 8.75　Snagit 编辑器界面

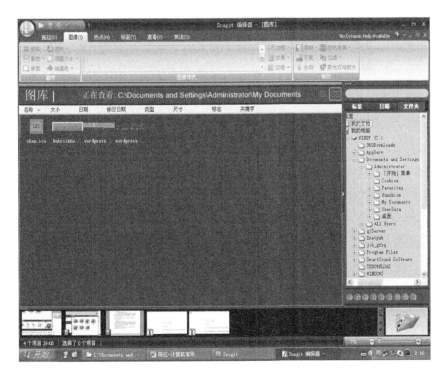

图 8.76　管理图像界面

（5）图片浏览

Snagit 不仅具有专业的图像捕获功能，还具有图片浏览功能。在图 8.70 所示的主界面的 A 区（快速启动窗格）中，选择"管理图像"选项，进入图 8.76 所示的"管理图像"界面。选择主界面左侧窗口中类似资源管理器的目录，在右侧窗口会以缩略图的方式显示其中的图片信息。

4. Snagit 的属性设置

用户可以对 Snagit 的输入、输出、程序等参数进行设置。

（1）输入属性设置

在图 8.70 所示的主界面中，依次选择"捕获"|"输入"|"属性"选项，进入图 8.77 所示的"输入属性"对话框。用户可以对扫描仪和照相机、扩展窗口、链接/热点、常规、固定区域、菜单、滚动等选项进行设置。

（2）输出属性设置

在图 8.70 所示的主界面中，依次选择"捕获"|"输出"|"属性"选项，进入图 8.78 所示的"输出属性"对话框。用户可以对图像文件、发送 E-mail、FTP、程序、打印等选项进行设置。

图 8.77　"输入属性"对话框

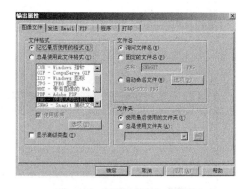

图 8.78　"输出属性"对话框

（3）程序参数设置

在图 8.70 所示的主界面中，依次选择"工具"|"程序参数设置"选项，进入图 8.72 所示的"程序参数设置"对话框。用户可以对热键、程序选项、通知、更新选项、改善 Snagit 等选项进行设置。

8.5.5　应用案例

任务 1：使用 Snagit 进行网络捕获，要求搜索深度为 1。

网络捕获是指将指定网页中所有的图像全部下载保存到一个文件夹或图库中。

操作步骤：

（1）在图 8.70 所示的主界面的 F 区（捕获设置）中，依次单击"捕获模式" ⦿ 按钮|"Web 捕获"选项，打开"切换捕获工具"对话框。单击"是"按钮。

（2）在图 8.70 所示的主界面的 D 区（方案设置窗格）中，依次选择输入栏的"提示地址"|"属性"选项，打开"输入属性"对话框。在"Web 页地址"栏中，输入网页地址，如

http://T1/ZJ，单击"确定"按钮。

(3) 在图 8.70 所示的主界面的 D 区(方案设置窗格)中，依次选择效果栏中的"搜索深度"|"属性"选项，打开"Web 捕获过滤"对话框。在"链接"栏的"连接搜索深度"下拉列表框中，选择"1"选项，再单击"确定"按钮。

(4) 单击"捕获"按钮 ⚫，进入图 8.75 所示的 Snagit 编辑器界面，图像自动保存到Snagit 图库中。

任务 2：使用 Snagit 对多幅图片进行批量转换，统一添加波浪边缘效果。

操作步骤：

(1) 在图 8.70 所示的主界面的 B 区(相关任务窗格)中，选择"转换图像"选项，打开"选择文件"对话框。依次单击"添加文件"|"下一步"按钮。

(2) 依次选择"修改"|"边缘效果"|"波浪边缘"选项，打开"波浪边缘"对话框，可以进行样式、阴影、轮廓的设置，单击"确定"按钮，再单击"下一步"按钮。

(3) 打开"输出选项"对话框，可以进行输出目录及文件名设置。单击"下一步"按钮，打开"批量转换向导准备就绪"对话框，再单击"完成"按钮，进入图 8.75 所示的 Snagit 编辑器界面，图像自动保存到 Snagit 图库中。

任务 3：使用 Snagit 对多幅图片创建 Web 页。

操作步骤：

(1) 在图 8.70 所示的主界面中，依次选择"工具"|"Snagit 编辑器"选项，或者选择主界面 A 区的"管理图像"选项，右击需要做网页的图像，在弹出的快捷菜单中，选择创建Web 页，打开"创建 Web 页"对话框，可以设置标题、主题、背景。

(2) 单击"下一步"按钮，打开"Web 页文件内容"对话框，可以进行图像源位置、Web页的目标文件夹。单击"下一步"按钮。

(3) 打开"Web 页缩略图"对话框。单击"下一步"按钮，打开"Web 页属性"对话框，可以进行网页外观、超链接、缩略图设置。单击"下一步"按钮。

(4) 打开"Web 页过渡效果"对话框，可以进行过渡效果及过渡效果属性设置，选择"完成"按钮，打开"创建 Web 页"对话框。单击"确定"按钮。

任务 4：连续捕捉图片。

操作步骤：

(1) 在图 8.70 所示的主界面中，依次选择菜单栏中的"捕获"|"输出"|"文件"选项，或者依次选择图 8.70 所示的主界面 D 区的输出项目中的"未选择"|"文件"选项。

(2) 依次选择菜单栏的"捕获"|"输出"|"属性"选项，或者依次选择图 8.50 所示的主界面 D 区的输出项目中的"文件"|"属性"选项，打开"输出属性"对话框。在"文件格式"栏中，选择一个欲保存的图片文件格式；在"文件名"栏，选择"自动命名文件"单选按钮；在"文件夹"栏中，选择"总是使用文件夹"单选按钮，然后选择一个输出文件夹，如C:\PIC。

(3) 在图 8.70 所示的主界面中，依次选择菜单栏中的"工具"|"定时器设置"选项，打开"计时器设置"对话框。选择"捕获定时器"选项卡，选中"启用定时激活捕获"复选框；在"周期"栏的"执行捕获每隔"左列表框中，输入"1"；在右下拉列表框中，选择"秒"，表示

每隔1秒钟捕捉一幅图片。单击"确定"按钮。

(4) 单击●按钮,或者按热键,选择欲捕获的窗口,Snagit 就会按设置的周期来捕获图片,并以诸如 SNAG-0000. BMP、SNAG-0001. BMP、SNAG-0002. BMP、SNAG-0003. BMP、SNAG-0004. BMP 等格式将文件保存到 C:\PIC 文件夹中。

8.5.6　技能训练

任务1:将整个屏幕捕获为 aa. gif 文件,并且运用边缘效果(阴影边缘)。

操作步骤:

(1) 在图 8.70 所示的主界面中,依次选择"全屏幕"|●按钮,打开 Snagit 编辑器界面。依次选择菜单栏中的"图像"|"边缘"|"撕裂边缘选项"选项,单击"确定"按钮。

(2) 单击"保存"按钮保存文件,名为 aa. gif。

任务2:将当前活动窗口 Word 捕获为 bb. jpg 文件,并且加上注释:本人学号。

操作步骤:

(1) 打开 Word,作为当前活动窗口。在图 8.70 所示的主界面中,依次单击"多合一"|●按钮,框选活动窗口,进入图 8.75 所示的 Snagit 编辑器界面。选择绘图工具栏中的"文本"按钮 A,输入本人学号。

(2) 单击"保存"按钮保存文件,名为 bb. jpg。

任务3:将桌面的对象"我的电脑"捕获为 cc. gif 文件。

操作步骤:

参考 8.5.4 小节中的第 3 部分——Snagit 的基本功能之对象捕获的操作步骤。

任务4:将 Excel 的菜单窗口文字捕获为 dd. txt 文件。

操作步骤:

先打开 Excel,作为当前活动窗口。再参考 8.5.4 小节中的第 3 部分——Snagit 的基本功能之文本捕获操作步骤。

任务5:捕获任务栏"开始"带延时的级联菜单,保存文件为 ee. gif,并且加盖印章。

印章工具可以通过插入一个小的图像来强调或重视某些东西。

操作步骤:

(1) 在图 8.70 所示的主界面中,依次单击"带时间延迟的菜单"|●按钮,采用默认的10 秒捕获时间。例如,依次选择"开始"|"程序"|WinRAR 选项,可以捕获级联菜单。

(2) 进入图 8.55 所示的 Snagit 编辑器界面,选择绘图工具中的"印章"按钮 ,保存文件,名为 ee. gif。

任务6:捕获任务栏"开始"带延时的级联菜单,保存文件为 hh. gif,定时设置延时时间为 15 秒。

操作步骤:

(1) 在图 8.70 所示的主界面 E 区(选项设置)中,单击"计时捕获"按钮 ,打开"计时器设置"对话框。选中"开启延时/计划捕获"复选框,在"延时(秒)"栏中输入"15",再单击"确定"按钮。

(2) 在图 8.70 所示的主界面中,依次单击"带时间延迟的菜单"|●按钮,即可开始

捕获。

任务 7：将资源管理器左边的目录树某一小区域捕获为 ff.gif 文件。

操作步骤：

参考 8.5.4 小节中的第 3 部分——Snagit 的基本功能之区域捕获操作步骤。

任务 8：访问"网易"，任意选择其中的动画录制为视频文件，文件名为 dd.avi。

操作步骤：

访问网址 http://www.163.com，启动 Snagit，在图 8.70 所示的主界面中，依次选择"捕获"|"模式"|"视频捕获"选项。其余具体操作参考 8.5.4 小节中的第 3 部分——Snagit 的基本功能之视频捕获的操作步骤。

8.5.7　技能达标

1. 填空题

Snagit 是（　　）工具。

2. 判断题

Snagit 支持打印机捕获。　　　　　　　　　　　　　　　　　　　（　　）

3. 问答题

什么是网页捕获？

4. 上机操作题

对资源管理器左边的目录树的某一小区域进行展开和折叠操作，并且录制为视频文件，文件名为 ee.avi。

操作步骤：参考 8.5.4 小节中的第 3 部分——Snagit 的基本功能之视频捕获的操作步骤。

8.5.8　课后习题

上网下载 Snagit 的安装文件，解压到硬盘，练习使用 Snagit 软件。

8.6　制作 FLASH 动画工具——Flash

Flash 是美国 Macromedia 公司出品的集多媒体动画制作、矢量动画编辑、交互式动画制作三大功能于一体的专业软件，主要应用于制作 Web 站点动画、图像及应用程序。

Flash 可以制作出图片、音频、视频交互的动画效果，增强作品的吸引力和感染力。它创作出的矢量动画，具有文件小、交互性强、可带音效和兼容性好等特点，能在较低的数据传输速率下实现高质量的动画效果，适合网络环境下的应用。

Flash 最重要的特点如下。

（1）支持矢量图格式。

（2）采用流式播放技术。

（3）强大的交互性。

（4）脚本功能强。

（5）支持动画数据格式多。

（6）可扩展性强。

Flash 支持的文件类型如下。

（1）FLA 格式：即 Flash 源码格式。它只能在 Flash 中打开，记录了制作过程中的所有对象、帧、层、场景的细节，可以编辑、修改。

（2）SWF 格式：是 Flash 制作完成后的作品。它只能用 Flash 播放器播放，不能编辑、修改。

（3）EXE 格式：是可以独立运行的 Flash 动画。它内含 Shockwave 播放器，在未安装 Flash 软件或 Flash 播放器的计算机上也能运行，不能编辑、修改。

除了上述文件类型外，Flash 动画也可以转存为 AVI、MOV、GIF 等动画格式，或者以 BMP、JPG 等图形格式存储。

8.6.1　技能目标

（1）了解和掌握 Flash 的基础知识。

（2）掌握 Flash 的使用方法及基本操作。

8.6.2　相关知识点介绍

1. 位图图像和矢量图形

计算机图形主要分为两大类，即位图图像和矢量图形。

（1）位图图像：位图图像使用像素来表现图像。这些图像与分辨率有关，它们包含固定数目的像素，在处理位图图像时，所编辑的是像素，而不是对象或形状。位图图像较大，图像中的每个像素都需要一个单独的数据进行展示。若对位图图像进行缩放操作，就会丢失图像中的细节，呈现出锯齿状，即"马赛克"。

Flash 支持位图图像，并能对导入的位图图像进行优化，以减小动画文件的容量；还可以直接将位图图像转换为矢量图形，既能保持位图图像的细腻和精美，又能有矢量图形的精确和灵活。

（2）矢量图形：由被称为矢量的数学对象定义的线条和曲线组成，根据图像的几何特性描绘图像。确切地说，矢量图形与分辨率无关。

Flash 是基于矢量的图像系统，各元素都是矢量。用矢量描述复杂对象的最大优点占用空间小，所创建的图像及动画无论放大多少倍，都不会产生失真现象。

2. 帧、普通帧、关键帧和空白关键帧

帧是动画制作中一个重要的概念，在动画制作过程中，对象的每一动作变形或者位置的变换，都称为"帧"，将所有的帧连接起来连续显示时就形成了动画。

帧在 Flash 中起关键作用，动画实际上就是利用人的视觉暂留效果产生"动"的幻觉，将一些连续的画面连接起来，使人们感觉不到这些原本是静止的画面，这些静止的画面就是帧。帧是动画制作的基本单位，帧里面包含了图形文字和声音等。

帧分为 3 种类型，分别是普通帧、关键帧和空白关键帧。

普通帧，又称延长帧。它是不起关键作用的帧，在时间轴中以灰色方块表示，两个关键帧之间灰色的帧都是普通帧。普通帧起到关键帧之间的缓慢过渡作用。在制作动画

时,若想延长动画的播放时间,可以在动画中添加普通帧,以延续上一个关键帧的内容。

关键帧是用来描述动画中关键画面的帧,每个关键帧的画面都不同于前一个,这样的帧称为关键帧。一般来说,关键帧以实心黑色圆圈表示。

空白关键帧:其内容是空的,主要有两个作用:①在画面与画面之间形成间隔,清除前面帧内容;②在空白关键帧上创建新的内容,一旦被添加了新的内容,即可变成关键帧。空白关键帧是以空心的小圆圈表示。

3. 图层

图层是图形图像处理上的一个非常重要的工具,它为用户提供了一个相对独立的创作空间。Flash 的图层,犹如一张透明的纸,上面可以绘制任何事物或书写任何文字,所有的图层叠合在一起,就组成了一幅完整的画。

Flash 中有普通层、引导层、遮罩层和被遮罩层共 4 种图层类型。

4. 元件和实例

元件是 Flash 的一个重要的概念,元件主要分为 3 类,即图形元件、按钮元件和影片剪辑元件。

元件是可以被重复使用的图像、按钮和动画。为便于使用,可以将创建或导入的元件放在"库"中作为模板,将元件从"库"中拖到"舞台",即可生成该元件的一个实例。使用同一个模板能够创建多个实例。

元件是"舞台"的基本元素,通俗地说,元件好比是"舞台"的演员,为表现不同效果的动画,可以对元件的实例做各种变换操作,而这些操作不会对元件的各种属性有所更改,但可以通过属性栏改变元件的属性,例如,外形、位置以及颜色等,舞台的实例会随着元件属性的设置变化而变化。

5. Flash 动画类型

Flash 有两种动画类型:包括逐帧动画和过渡动画。

(1) 逐帧动画:每一帧都是关键帧,逐帧绘制。优点是精细,缺点是费时费力,并且文件存储容量大。

(2) 过渡动画:只需提供开始和结束的两个关键帧的内容,中间过程由软件自动完成,可以实现移动、缩放、旋转、形状渐变、色彩渐变等。

Flash 提供两种类型的过渡动画,包括移动渐变和形状渐变。

(1) 移动渐变:可对除图形之外的对象实现移动、缩放、旋转、色彩渐变等操作。

(2) 形状渐变:只能对图形对象执行移动、缩放、旋转形状渐变、色彩渐变等操作。

8.6.3　下载、安装与启动 Flash

从许多网站都可以下载这个软件,本文采用的版本是 Adobe Flash Professional CS 5.5 简体中文绿色特别版,支持操作系统 Windows 7/Windows Vista/Windows 2003/Windows XP/Windows 2000,软件大小 237MB,是一个免费软件。

1. 安装

双击下载的 Flash 安装程序,进入图 8.79 所示的"7-Zip 自解压文件"对话框。单击

"解压"按钮,进入图 8.80 所示的解压文件界面,待解压完成后,在安装文件夹中,运行"快速安装.exe"文件,进入图 8.81 所示的安装向导界面。单击"安装"按钮,进入图 8.82 所示的正在安装界面。当出现图 8.83 所示的卸载向导界面,任务栏会出现 Flash 图标 ,此时完成安装过程。

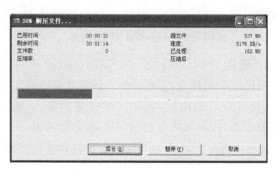

图 8.79　"7-Zip 自解压文件"对话框　　　　图 8.80　解压文件界面

图 8.81　安装向导界面　　　图 8.82　正在安装界面　　　图 8.83　卸载向导界面

2. 启动

启动 Flash 软件的方法如下。

方法一:依次选择"开始"|"程序"|Adobe|Adobe Flash Professional CS 5.5 程序,进入图 8.84 所示的欢迎界面。界面中集中了常用的任务。例如,在"新建"栏,若选择 ActionScript 3.0 选项,或者选择 ActionScript 2.0 选项,均可进入图 8.86 所示的 Flash 主界面,即 Flash 基本功能界面。

方法二:双击桌面的 Adobe Flash Professional CS 5.5 快捷方式,其余具体操作同方法一。

3. 卸载

卸载 Flash 软件的方法如下。

在安装文件夹中,运行"快速安装.exe"文件,进入图 8.83 所示的卸载向导界面。单击"卸载"按钮,进入图 8.85 所示的正在卸载界面。当出现图 8.81 所示的安装向导界面时,任务栏上的 Flash 图标 会消失,此时完成卸载过程。

8.6.4　使用 Flash

1. Flash 主界面介绍

图 8.86 所示的 Flash 主界面(即基本功能界面)由标题栏、场景工作区(A 区)、编辑

图 8.84　欢迎界面

栏(B 区)、时间轴面板(C 区)、工具箱(D 区)、属性面板组(E
区)和浮动面板(F 区)组成。

(1) A 区(场景工作区)：通常称为"舞台"，是用来放置和制
作动画内容的区域。在图 8.86 所示的主界面中，依次选择菜单
栏的"窗口"|"工作区"|"重置基本功能"选项，或者依次选择"基
本功能"|"重置基本功能"选项，均可以恢复默认图 8.86 所示的
主界面。

图 8.85　正在卸载界面

放置在"舞台"上的内容包括矢量图、导入的位图图像、文本框、按钮和视频剪辑等。

注意："舞台"外的部分在播放动画时是不可见的。

(2) B 区(编辑栏)：在图 8.86 所示的主界面中，依次选择菜单栏中的"窗口"|"工具
栏"|"编辑栏"选项，可以打开编辑栏。编辑栏用来控制场景编辑和元件编辑之间的切换。
从左往右，包括当前编辑的场景信息 ▇场景 1、编辑场景按钮 ▇、编辑元件按钮 ▇、显示比
例下拉列表 ▇100%▇ 。

(3) C 区(时间轴面板)：在图 8.86 所示的主界面中，依次选择菜单栏的"窗口"|"时
间轴"选项，即可打开时间轴面板。时间轴面板在动画创作中具有相当重要的地位，它用
于组织和控制文档内容在一定时间内播放的图层数和帧数。它是由时间与深度构成的二
维空间，其作用是合理安排动画中各个对象的登台时间、表演内容等，如图 8.87 所示。

图 8.87 中右侧为帧控制区，包括 H1 区(时间轴)、H2 区(编辑帧区)、H3(播放和编
辑按钮)、H4(播放头)。

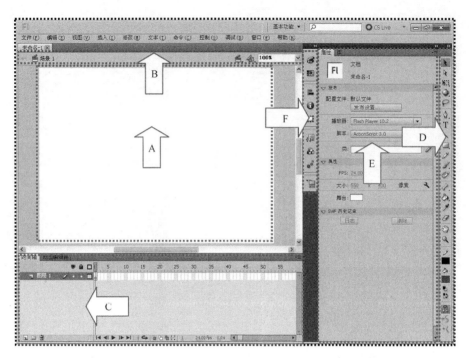

图 8.86　Flash 主界面

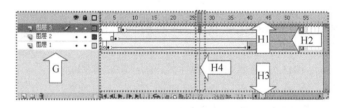

图 8.87　时间轴面板

H1 区(时间轴)：时间轴上的数值，如 10、25、30 等，是动画制作记数用的编辑帧，被称为"第 10 帧"、"第 25 帧"和"第 30 帧"。

H2 区(编辑帧区)：可以进行选择帧、插入帧、移动帧、复制帧、删除帧、清除帧、关键帧与普通帧之间的转换、翻转帧等操作。在某帧处右击，会弹出图 8.88 所示的快捷菜单，包括创建补间动画、创建补间形状、创建传统补间、插入帧、删除帧、插入关键帧、插入空白关键帧、清除关键帧、转换为关键帧、转换为空白关键帧、剪切帧、复制帧、粘贴帧、清除帧、选择所有帧、复制动画、将动画复制为 ActionScript 3.0、粘贴动画、选择性粘贴动画、翻转帧、同步元件、动作等项目。

H3(播放和编辑按钮)：从左至右，包括"转到第一帧"按钮 ◄◄、"后退一帧"按钮 ◄◄、"播放"按钮 ►、"前进一帧"

图 8.88　时间轴编辑帧区
快捷菜单

按钮 ▶、"转到最后一帧"按钮 ▶、"帧居中"按钮 ▮、"循环"按钮 ⟳、"绘图纸外观"按钮 ▣、"绘图纸外观轮廓"按钮 ▢、"编辑多个帧"按钮 ▤、"修改标记"按钮 ⟨⟩、27 链接(表示播放头停留的当前帧,单击或双击链接,输入数值可更改播放头的位置)、24fps 链接(表示帧速率,单击或双击链接,输入数值可更改帧速率)、1.1s 链接(表示运行时间,单击或双击链接,输入数值更改播放头运行时间的位置)、帧滚动条 ◀▮　　　　▶ 。

H4(播放头):播放头是垂直在时间轴上的红色矩形。播放头从左到右移动的过程,就是动画播放的过程。播放头只能在已编辑的帧范围内移动,超出已编辑帧的范围,播放头将骤然停止。

图 8.87 中的左侧为图层区(G 区),图层就像堆叠在一起的多张幻灯片一样,在"舞台"上一层层地向上叠加,若上面一个图层没有内容,那么就可以透过它看到下面的图层。其包括"显示或隐藏所有图层"按钮 ◉、"锁定或解除所有图层"按钮 🔒、"将所有图层显示为轮廓"按钮 □、"新建图层"按钮 ▫、"新建文件夹"按钮 ▫、"删除"按钮 🗑 等。

若选择某一层,例如,选择"图层 2",会进入图 8.89 所示的当前图层界面,会出现 ✏ 标志。右击该界面,会弹出图 8.90 所示的图层快捷菜单,包括"显示全部"、"锁定其他图层"、"隐藏其他图层"、"插入图层"、"删除图层"、"剪切图

图 8.89　当前图层界面

层"、"拷贝图层"、"粘贴图层"、"复制图层"、"引导层"、"添加传统运动引导层"、"遮罩层"、"显示遮罩"、"插入文件夹"、"删除文件夹"、"展开文件夹"、"折叠文件夹"、"展开所有文件夹"、"折叠所有文件夹"、"属性"等选项。

在图 8.89 中,双击 ▫ 按钮,会进入图 8.91 所示的"图层属性"对话框,可以进行"名称"、"类型"、"轮廓颜色"、"图层高度"的设置。双击"图层 2"选项,可以重命名图层 2。选择"显示或隐藏图层"按钮 ⦿,会变为 ✕ 按钮,表示隐藏图层;再单击 ✕ 按钮,又恢复成 ⦿ 按钮。单击"锁定或解除图层"按钮 ⦿,会变为 🔒 按钮;再单击 🔒 按钮,又恢复成 ⦿ 按钮。单击"显示图层轮廓"按钮 ▢,图层中的对象将显示边框;再次选择该按钮,可关闭轮廓显示,图像又恢复了原状。双击 ▪ 按钮,会进入图 8.91 所示的"图层属性"对话框,具体设置同上。

图 8.90　图层快捷菜单

图 8.91　"图层属性"对话框

（4）D区（工具箱）：在图8.86所示的主界面中，依次选择菜单栏中的"窗口"|"工具"选项，即可打开工具箱。从上至下，包括"选择工具"按钮 ▶（快捷键V）、"部分选取工具"按钮 ▶（快捷键A）、"任意变形工具"按钮 ▦（快捷键Q）、"3D旋转工具（W）"按钮 ▨、"套索工具（L）"按钮 ▱、"钢笔工具（P）"按钮 ▨、"文本工具（T）"按钮 T、"线条工具（N）"按钮 ＼、"矩形工具（R）"按钮 ▢、"铅笔工具（Y）"按钮 ✎、"刷子工具（B）"按钮 ✍、"Deco工具（U）"按钮 ▨、"骨骼工具（M）"按钮 ▨、"颜料桶工具（K）"按钮 ◬、"滴管工具（I）"按钮 ✒、"橡皮擦工具（E）"按钮 ▨、"手形工具（H）"按钮 ✋、"缩放工具（Z）"按钮 🔍、"笔触颜色"按钮 ▨、"填充颜色"按钮 ▨、"黑白"按钮 ▣、"交换颜色"按钮 ▨、"贴紧至对象"按钮 ▨、"平滑"按钮 ✚S、"伸直"按钮 ✚〈。

（5）E区（属性面板组）：包括属性面板和库面板共两个面板，选择相应的选项卡，即可切换到相应的面板。

属性面板：在图8.86所示的主界面中，依次选择菜单栏中的"窗口"|"属性"选项，即可打开属性面板。属性面板的主要作用是根据选择对象的不同，提供相关的属性内容，可以进行发布、属性、SWF历史记录等方面的设置。例如，单击图8.86所示的主界面D区（工具箱）的"矩形工具"按钮 ▢，进入图8.92所示的矩形工具属性面板，可以进行填充和笔触、矩形选项的设置。

库面板：在图8.86所示的主界面中，依次选择菜单栏中的"窗口"|"库"选项，即可打开库面板。

库面板是Flash中非常重要的组成部分，是存储和管理各种元件的地方。元件在库中可以是图像、按钮或动画，也可以是声音文件或视频文件，它们可以在不同图层、不同场景中，并且可被任意操作和反复调用。Flash还提供了多个公用库，其中常用的库项目有"学习交互"、"按钮"和"类"等内容。

库面板允许在多个动画文档中利用拖动鼠标的方法，移动库项目或文件夹以创建新文档的库面板，如图8.93所示的库面板。其中，中间的库元件列表可以显示"名称"、"AS链接"、"使用次数"、"修改日期"及"类型"等信息。若选择列表中的项目，上方的预览窗口会显示对应的项目内容。

图8.92　矩形工具属性面板

图8.93　库面板

库面板最下方的是工具栏,从左至右,包括"新建元件"按钮 、"新建文件夹"按钮 、"属性"按钮 、"删除"按钮 及库滚动条 。

(6) F 区(浮动面板):包括"颜色"按钮 、"样本"按钮 、"对齐"按钮 、"信息"按钮 、"变形"按钮 、"代码片断"按钮 、"组件"按钮 、"动画预设"按钮 、"项目"按钮 。单击不同的按钮,会打开其对应的浮动面板;再次单击该按钮,会关闭其对应的浮动面板。

2. Flash 文件的基本操作

(1) 新建文件

在 Flash 中创建新文件有 4 种方法。

① 方法一:启动 Flash,在图 8.84 所示的欢迎界面中,在"新建"栏中选择 ActionScript 3.0 选项,或者选择 ActionScript 2.0 选项,进入图 8.86 所示的 Flash 主界面。

② 方法二:启动 Flash 后,依次选择"文件"|"新建"选项,进入图 8.94 所示的"新建文档"对话框。依次选择"常规"|ActionScript 3.0 或 ActionScript 2.0 选项,再单击"确定"按钮,即可创建一个名称为"未命名-1"的新文档。

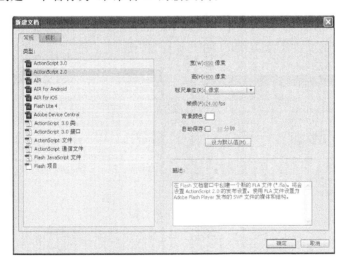

图 8.94　"新建文档"对话框

③ 方法三:启动 Flash,依次选择"文件"|"新建"选项,进入图 8.94 所示的"新建文档"对话框。选择"模板"选项卡,进入图 8.95 所示的"从模板新建"对话框,例如,依次选择"动画"|"补间动画的动画遮罩层"|"确定"按钮。

④ 方法四:启动 Flash,在图 8.84 所示的欢迎界面中,在"从模板创建"栏中选择"动画"选择,进入图 8.95 所示的"从模板新建"对话框,之后的操作方法同方法三。

(2) 打开文件

启动 Flash,依次选择"文件"|"打开"选项,进入图 8.96 所示的"打开"对话框,利用"查找范围"下拉列表框找到要打开文件,双击或者选择"打开"按钮,即可打开文件。

图 8.95   "从模板新建"对话框

（3）保存文件

在图 8.86 所示的主界面中，依次选择"文件"|"保存"选项，进入图 8.97 所示的"另存为"对话框。在"保存在"下拉列表框中选择文件保存的路径。在"文件名"文本框中，输入文件名，默认保存的文件类型为.fla，单击"保存"按钮。

图 8.96   "打开"对话框

图 8.97   "另存为"对话框

注意：保存的 fla 文件即为 Flash 的源文件。

（4）测试文件

完成动画制作后，要对动画进行效果测试，这就是通常所说的发布动画。

操作方法：在图 8.86 所示的主界面中，依次选择菜单栏的"控制"|"测试影片"|"测试"选项或者按 Ctrl＋Enter 键，默认会自动打开.SWF 文件的窗口，测试并浏览动画效果。

注意：测试后，在保存源文件的目标文件夹，会自动产生一个扩展名为.swf 文件，该文件即为 Flash 动画的输出文件。

3．Flash 的参数设置

在图 8.86 所示的主界面中，依次选择菜单栏中的"编辑"|"首选参数"选项，进入图 8.98 所示的"首选参数"对话框，可以进行常规、ActionScript、自动套用格式、剪贴板、绘画、文本、警告、PSD 文件导入器、AI 文件导入器、发布缓存等方面的设置。

图 8.98　"首选参数"对话框

8.6.5　应用案例

任务：利用 Flash 制作 NOKIA（诺基亚）手机广告，要求动画尺寸大小为 750×120 像素。

操作步骤：

（1）效果一：照片从不同方向飞入动画。

① 新建一个文档。启动 Flash，在图 8.86 所示的主界面 E 区（属性面板组）的属性面板中，依次单击"属性"|"编辑文档属性"按钮 ，进入图 8.99 所示的"文档设置"对话框。在尺寸的文本框中，分别输入 750 像素（宽度）和 120 像素（高度）。设置帧频为 25fps。选择"背景颜色"栏中的颜色框，再选择白色，单击"确定"按钮。

双击图 8.86 所示的主界面 D 区（工具箱）中的手形工具按钮 ，或者选择图 8.86 所示的主界面 B 区的显示比例列表 100% 中

图 8.99　"文档设置"对话框

的下三角按钮,再选择"符合窗口大小"选项,使舞台符合窗口大小。

② 导入一张图片,创建为 S1 图形元件。按原图比例,修改图的宽度为 100。设置 Alpha(透明度)值为 0%。

图 8.100 "转换为元件"对话框

在图 8.86 所示的主界面中,选择"图层 1"的第 1 帧,依次选择"文件"|"导入"|"导入到舞台"选项,将准备好的"风景 1. jpg"文件导入到场景中。按 F8 键,或者依次选择图 8.86 所示的主界面的菜单栏中的"修改"|"转换为元件"选项,进入图 8.100 所示的"转换为元件"对话框。在"名称"栏内输入"S1"。在"类型"下拉列表中,选择"图形"选项。在"对齐"栏中,选择正中点。单击"确定"按钮。

单击图 8.86 所示的主界面 D 区(工具箱)中的"选择工具"按钮 ,选择舞台中的 S1 图形元件实例,再选择图 8.86 所示的主界面 E 区(属性面板组)中的"属性"选项卡,进入图 8.101 所示的 S1 图形元件实例属性界面。选择"位置和大小"选项,再单击将宽度值和高度值锁定在一起按钮 ,使图标变为 。在"宽"栏中输入 100。按 Enter 键,高度自动按原图比例计算出来。在 X 栏中输入 0。在 Y 栏中输入 0,使 S1 图形元件实例位于舞台的左上角。

继续在图 8.101 所示的 S1 图形元件实例属性界面中,依次选择"色彩效果"|"样式"| Alpha 选项,在 Alpha 栏的文本框中输入 0。

移动 S1 图形元件放入到舞台的适当位置。例如,单击图 8.86 所示的主界面 F 区(浮动面板)中的"对齐"按钮 ,或者按 Ctrl+K 键,进入图 8.102 所示的"对齐"面板。选中"与舞台对齐"复选框,再分别单击"水平中齐"按钮 和"垂直中齐"按钮 ,使 S1 图形元件实例位于舞台正中位置。再次单击"对齐"按钮 ,退出"对齐"面板。

图 8.101 S1 图形元件实例属性界面

图 8.102 "对齐"面板

③ 在"图层 1"创建补间动画。在时间轴的第 10 帧处,按 F6 键插入关键帧,将 S1 图形元件实例移动到另一位置。如舞台右下角位置。并在其属性面板中,将 Alpha 值改成 100%。在两帧之间右击,弹出图 8.88 所示的快捷菜单。选择"创建传统补间"选项,此时在两帧之间会出现蓝底黑箭头。

继续在第 125 帧处,按 F6 键插入关键帧,在第 10 帧与第 178 帧之间右击,弹出图 8.88

所示的快捷菜单,选择"创建传统补间"选项。

至此,图层 1 动画制作完成,"图层 1"动画界面如图 8.103 所示。

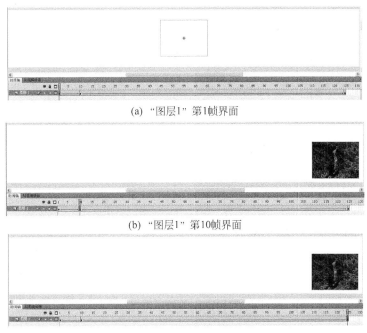

(a) "图层1" 第1帧界面

(b) "图层1" 第10帧界面

(c) "图层1" 第125帧界面

图 8.103　"图层 1"动画界面

④ 创建图层 2、图层 3 的动画。单击图 8.86 所示的主界面 C 区(时间轴面板)下方的"新建图层"按钮 □,新建"图层 2"。在新图层的第 4 帧处,按 F6 键插入关键帧。按 Ctrl+R 键,将准备好的"风景 2.jpg"文件导入到场景中,并将其转换为图形元件,名为 S2。其余操作参考步骤②。在第 13、125 帧处,分别插入关键帧,调整大小、位置及透明度,然后创建传统补间动画。"图层 2"动画界面如图 8.104 所示。

按照同样的方法制作"图层 3"。导入准备好的"风景 3.jpg"图片。在第 7、16、125 帧处,分别插入关键帧,调整大小、位置及透明度,然后创建传统补间动画。"图层 3"动画界面如图 8.105所示。

⑤ 创建"图层 4"的组合动画。同时导入准备好的"风景 4.jpg"图片和"风景 5.jpg"图片,分别按原图比例,设置宽度均为 100。分别单击图 8.86 所示的主界面 D 区(工具箱)中的"选择工具"按钮 ▶,调整两者之间的位置,然后同时选择两个位图,按 F8 键,将其转换为图形元件,名为 S4。在第 13、22、125 帧分别插入关键帧,调整位置及透明度,创建补间动画。"图层 4"动画界面如图 8.106 所示。

(2) 效果二: 手机进入效果动画。

① 创建图层 5 的动画。新建"图层 5"。在第 55 帧处,按 F6 键插入关键帧。依次图 8.86所示的主界面 D 区(工具箱)中的"矩形工具"按钮 □|"矩形工具"选项,进入图 8.92 所示的矩形工具属性面板。再依次选择"属性"|"填充和笔触"选项,进入

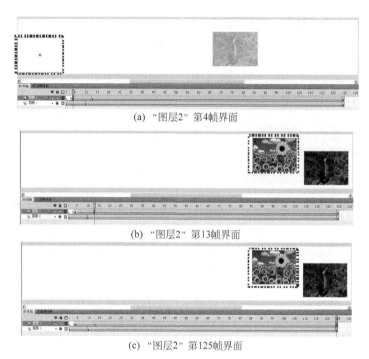

(a) "图层2" 第4帧界面

(b) "图层2" 第13帧界面

(c) "图层2" 第125帧界面

图 8.104 "图层 2"动画界面

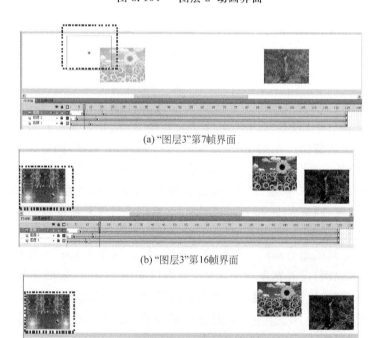

(a)"图层3"第7帧界面

(b)"图层3"第16帧界面

(b)"图层3"第125帧界面

图 8.105 "图层 3"动画界面

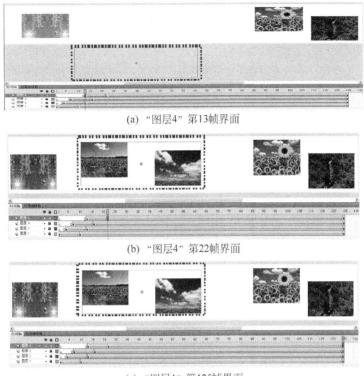

(a) "图层4" 第13帧界面

(b) "图层4" 第22帧界面

(c) "图层4" 第125帧界面

图 8.106　"图层 4"动画界面

图 8.107 所示的"填充和笔触"界面。单击"笔触颜色"框,弹出图 8.107 所示的虚线框处的笔触调色板。在该面板中,单击"无边框"按钮 ☑。用同样方法,单击"填充颜色"框,弹出填充调色板。选择该面板左上角的填充颜色框右边处的十六进制代码,输入"♯FFFFFF"。按 Enter 键,绘制出一个与舞台同样大小的矩形。继续单击图 8.86 所示的主界面 F 区(浮动面板)中的"对齐"按钮 🖫,或者按 Ctrl＋K 键,进入图 8.102 所示的"对齐"面板。选中"与舞台对齐"复选框,单击"匹配宽和高"按钮 🖳,

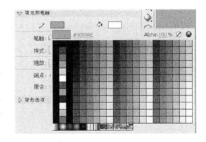

图 8.107　"填充和笔触"界面

再分别单击"水平中齐"按钮 🖴 和"垂直中齐"按钮 🖦,使之完全覆盖舞台。再次单击"对齐"按钮 🖫,退出"对齐"面板。

在第 61 帧处,按 F6 键插入关键帧,绘制一个与舞台同样大小的矩形,填充色设为♯66CCFF,无边框。在第 55 帧和第 61 帧之间任意位置右击,在弹出的快捷菜单中,选择"创建补间形状"选项,出现绿底黑箭头。

在第 125 帧处,按 F6 键插入关键帧,在第 61 帧和第 125 帧之间任意位置右击,在弹出的快捷菜单中,选择"创建补间形状"选项,出现绿底黑箭头。

"图层 5"动画界面如图 8.108 所示。

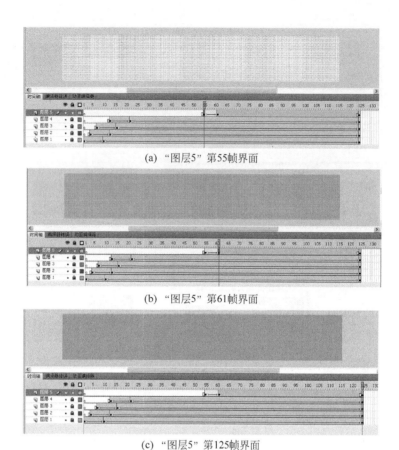

(a) "图层5" 第55帧界面

(b) "图层5" 第61帧界面

(c) "图层5" 第125帧界面

图 8.108   "图层 5"动画界面

② 创建图层 6 的动画。新建"图层 6"。依次选择图 8.86 所示的主界面菜单栏中的"插入"|"新建元件"选项,或者直接按 Ctrl+F8 键,进入"创建新元件"对话框。在"名称"栏中输入 S5。在"类型"下拉列表中选择"影片剪辑"选项,再单击"确定"按钮,进入图 8.109 所示的 S5 影片剪辑元件编辑界面。依次选择图 8.86 所示的主界面 D 区(工具箱)中的"矩形工具"按钮 ▢ |"矩形工具"选项,绘制一个宽为 29.6,高为 26.6 的无边框矩形,填充色为♯0066CC。单击图 8.86 所示的主界面 D 区(工具箱)中的选择工具按钮 ▸,选择该矩形,再单击图 8.86 所示的主界面 F 区(浮动面板)中的"对齐"按钮 ▤ ,或者按 Ctrl+K 键,进入图 8.102 所示的"对齐"面板。选中"与舞台对齐"复选框,分别单击"水平中齐"按钮 ▯ 和"垂直中齐"按钮 ▯ 效果如图 8.109 所示。再次单击"对齐"按钮 ▤ ,退出"对齐"面板。

选择图 8.86 所示的主界面 B 区(编辑栏)的"场景 1"选项,回到 Flash 文档界面。依次选择图 8.86 所示的主界面菜单栏中的"窗口"|"库"选项,或者选择图 8.86 所示的主界面 E 区(属性面

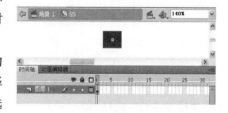

图 8.109   S5 影片剪辑元件编辑界面

板组)中的"库"选项卡,或者按 Ctrl+L 键,打开库面板。选择图层 6 上的"第 1 帧",将 S5 影片剪辑元件拖到舞台中,选择"S5 影片剪辑元件实例"。再选择图 8.86 所示的主界面 E 区(属性面板组)中的"属性"选项卡,在"实例名称"文本框中,输入 clicker。选择"位置和大小"选项,并将宽和高修改为 750×120 像素,即与舞台大小尺寸相同。依次选择"色彩效果"|"样式"|Alpha 选项,在 Alpha 文本框中输入 0,即设置 Alpha 为 0%。再次单击图 8.86 所示的主界面 F 区(浮动面板)中的"对齐"按钮 ▦,或者按 Ctrl+K 键,进入图 8.102 所示的"对齐"面板。选中"与舞台对齐"复选框,分别单击"水平中齐"按钮 ▦ 和"垂直中齐"按钮 ▦,使之完全覆盖舞台。单击"对齐"按钮 ▦,退出"对齐"面板。

右击 clicker 实例,弹出图 8.110 所示的快捷菜单。选择"动作"选项,进入图 8.111 所示的 clicker 动作脚本界面。图 8.111 中的双箭头之间有关联,在右边的虚线窗口中,添加如下的 ActionScript 代码。

```
on (release) {
    getURL("http://www.nokia.com.cn","_blank");
}
```

注意:此代码表示单击 clicker 影片剪辑实例,将在一个新的浏览器窗口打开 NOKIA 网站。

图 8.110 clicker 实例快捷菜单

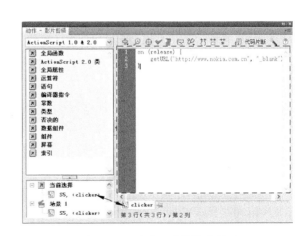

图 8.111 clicker 动作脚本界面

最后在图 8.111 所示的界面中单击"关闭"按钮 ▣,再选择图 8.86 所示的主界面 C 区(时间轴面板)中的"时间轴"选项卡,回到 Flash 文档界面。

"图层 6"动画界面如图 8.112 所示。

③ 创建图层 7 的动画。新建"图层 7"。在第 21 帧处,按 F6 键插入关键帧,导入 nokia.bmp 位图文件,按 F8 键将其转换为 S6 图形元件。按原图比例修改其高度为 120 像

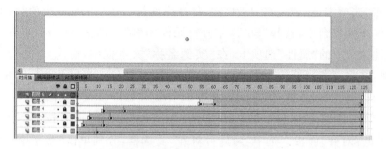

图 8.112　"图层 6"动画界面

素。依次选择图 8.86 所示的主界面菜单栏的"窗口"|"变形"选项,或者按 Ctrl＋T 键,进入图 8.113 所示的 S6 图形元件实例变形面板。选择"旋转"单选按钮,并在其文本框中输入－90,按 Enter 键。

图 8.113　S6 图形元件实例
变形面板

将 S6 图形元件实例放置在右边界外,按 Ctrl＋K 键,调整其到垂直中齐位置,并设置其 Alpha 为 0%。在第 31 帧处,按 F6 键插入关键帧,将 S6 图形元件实例平移至舞台中央,并设置其 Alpha 为 100%。在第 21～31 帧之间任意位置右击,在弹出的快捷菜单中选择"创建传统补间"选项。在第 41 帧处,按 F6 键插入关键帧,按 Ctrl＋T 键,进入图 8.113 所示的 S6 图形元件实例变形面板。选择"旋转"单选按钮,并在其文本框中输入 0,再按 Enter 键。此时,图层 7 的动画已完成。

去除 S6 图形元件的白色背景。依次选择图 8.86 所示的主界面菜单栏的"窗口"|"库"选项,或者按 Ctrl＋L 键,进入库面板。双击库中的 S6 图形元件,进入 S6 图形元件编辑界面。在该编辑界面中,为便于编辑,暂时修改舞台的背景颜色为白色之外的颜色。此时,手机的白色背景显示出来。

依次选择图 8.86 所示的主界面 D 区(工具箱)中的"选择工具"按钮 ,选择 nokia.bmp 位图实例,即手机图片。再依次选择图 8.86 所示的主界面菜单栏的"修改"|"分离"选项,或者按 Ctrl＋B 键打散图片,此时,检查属性变为"形状"。

注意:一定要先打散图片,使之属性变为"形状",才能使用下面的魔术棒工具。

选择编辑区其他位置,保证一定不要该形状图片。依次单击图 8.86 所示的主界面 D 区(工具箱)的"套索工具"按钮 |"魔术棒工具"按钮 ,移动魔术棒图标到形状图片中的白色处单击,再按 Delete 键,删除白色。若还有残留有白边,可以单击图 8.86 所示的主界面 D 区(工具箱)中的"选择工具"按钮 ,框选白色区域进行删除。或者选择图 8.86 所示的主界面 D 区(工具箱)中的"橡皮擦工具"按钮 ,设置橡皮擦形状为方形,可对图片中的白色和白色灰度块进行精确的删除。

在该编辑界面中,修改回舞台的背景颜色为白色,再选择图 8.86 所示的主界面 B 区(编辑栏)中的"场景 1"选项,回到 Flash 文档界面,编辑结束。

S6 图形元件编辑效果如图 8.114 所示。

注意：可以结合图 8.86 所示的主界面 D 区(工具箱)的缩放工具按钮进行操作。

图 8.114　S6 图形元件编辑效果

"图层 7"动画界面如图 8.115 所示。

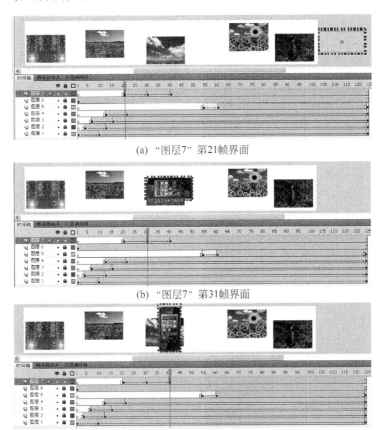

(a)　"图层7"　第21帧界面

(b)　"图层7"　第31帧界面

(c)　"图层7"　第41帧界面

图 8.115　"图层 7"动画界面

（3）效果三：星光闪烁效果动画。

① 新建 S7 影片剪辑元件。依次选择图 8.86 所示的主界面菜单栏中的"插入"|"新建元件"选项，或者按 Ctrl+F8 键，进入"创建新元件"对话框。在"名称"栏中输入 S7。在"类型"下拉列表中选择"影片剪辑"选项。单击"确定"按钮，进入该元件编辑界面。为便于编辑，暂时修改舞台的背景颜色为白色之外的颜色。

依次选择图 8.86 所示的主界面 D 区（工具箱）中的"矩形工具"按钮 ◻ |"椭圆工具"选项，绘制一个椭圆形。

选择图 8.86 所示的主界面 D 区（工具箱）中的"选择工具"按钮 ▶，选择该椭圆形。再单击图 8.86 所示的主界面 F 区（浮动面板）中的"对齐"按钮 ▤，或者按 Ctrl+K 键，进入图 8.102 所示的"对齐"面板。选中"与舞台对齐"复选框，分别单击"水平中齐"按钮 ♣ 和"垂直中齐"按钮 ✦，使该椭圆形位于编辑界面的正中位置。再次单击"对齐"按钮 ▤，退出"对齐"面板。

继续选择该椭圆形。再单击图 8.86 所示的主界面 F 区（浮动面板）的"颜色"按钮 🎨，进入图 8.116 所示的"颜色"面板。选择笔触颜色框，进入笔触颜色调色板，单击"无边框"按钮 ☑。选择填充颜色框，进入填充颜色调色板，选择"白色"。在"颜色类型"下拉列表框中选择"径向渐变"选项。双击左边调节色块 ♙ 中的上三角形，进入调色板，选择"白色"。再次单击"颜色"按钮 🎨，退出"颜色"面板。这样一条光束就制作完成了。

继续选择该椭圆形。再单击图 8.86 所示的主界面 F 区（浮动面板）的"变形"按钮 ⬚，或者按 Ctrl+T 键，打开"变形"面板。选择"旋转"单选按钮，并在其文本框中，输入30，再连续选择重制选区和"变形"按钮 ⬚ 5 次。

在图 8.117 所示的 S7 影片剪辑元件编辑界面中，先新建"图层 2"，再锁定"图层 1"。选择"图层 2"的"第 1 帧"，依次选择图 8.86 所示的主界面 D 区（工具箱）中的"矩形工具"按钮 ◻ |"椭圆工具"选项，按住 Shift 键，绘制一个正圆。按 Ctrl+K 键，将该正圆放置到编辑界面正中位置。

图 8.116　"颜色"面板

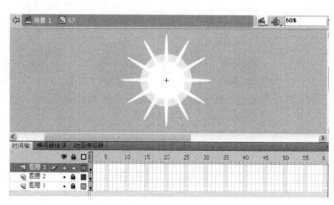

图 8.117　S7 影片剪辑元件编辑界面

新建"图层 3",再锁定"图层 2"。选择"图层 3"的第 1 帧,依次选择图 8.86 所示的主界面 D 区(工具箱)中的"矩形工具"按钮 ▣|"椭圆工具"选项,按住 Shift 键,绘制一个大正圆。选择该正圆,按 F8 键将其转换为图形元件,并设置其 Alpha 为 70%。选择转换后的图形元件,按 Ctrl+K 键,将该正圆放置到编辑界面的正中位置。

最后在该编辑界面中,修改回舞台的背景颜色为白色,再选择图 8.86 所示的主界面 B 区(编辑栏)中的"场景 1"选项,回到 Flash 文档界面,编辑结束。

效果如图 8.117 所示。

② 创建图层 8 的动画。新建"图层 8",在第 44 帧处,按 F6 键插入关键帧。打开库面板,将 S7 影片剪辑元件从库中拖入舞台,按比例修改该 S7 影片剪辑元件实例的宽度大小为 20,并设置其 Alpha 为 0%,移至舞台左下边界外。在第 65 帧处,按 F6 键插入关键帧,按比例修改该 S7 影片剪辑元件实例的宽度大小为 40,并设置其 Alpha 为 100%,移至手机的 NOKIA 英文处。在第 85 帧处,按 F6 键插入关键帧,按比例修改该 S7 影片剪辑元件实例的宽度大小为 20,并设置其 Alpha 为 2%。分别在第 44 帧、第 65 帧、第 85 帧创建传统补间动画。

图层 8 动画界面如图 8.118 所示。

(4) 效果四:文字效果动画。

① 创建图层 9 的动画。按 Ctrl+F8 键,创建图形元件 S8。选择图 8.86 所示的主界面 D 区(工具箱)中的"文本工具"按钮 T ,进入图 8.119 所示的文本工具属性面板。选择"字符"选项,在"系列"下拉列表中选择"黑体"选项。在"大小"文本框中输入 40。选择文

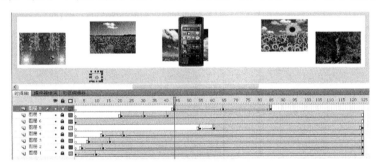

(a) "图层8" 第44帧界面

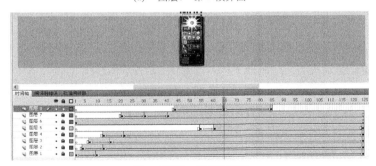

(b) "图层8" 第65帧界面

图 8.118　"图层 8"动画界面

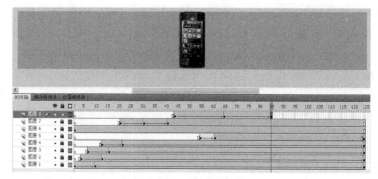

(c) "图层8"第85帧界面

图　8.118(续)

本(填充)颜色框,再选择白色。在 S8 图形元件编辑界面中,单击并输入"手机改变生活"。为便于编辑,暂时修改舞台的背景颜色为白色之外的颜色。按 Ctrl＋K 键,调整到编辑界面的正中位置。按 Ctrl＋B 键两次打散,使文本属性变为"形状"。取消选择文本,再单击图 8.86 所示的主界面 D 区(工具箱)中的"选择工具"按钮 ,可以改变字的形状。例如,光标靠近"变"字,当鼠标指针出现弧线或直角线时,拖动可以改变形状。S8 影片剪辑元件编辑效果如图 8.120 所示。

图 8.119　文本工具属性面板

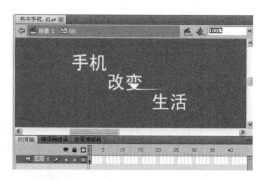

图 8.120　S8 影片剪辑元件编辑效果

　　最后在该编辑界面中,修改回舞台的背景颜色为白色。再选择图 8.86 所示的主界面 B 区(编辑栏)的"场景 1"选项,回到 Flash 文档界面,编辑结束。

　　新建"图层 9"。在第 92 帧处按 F6 键插入关键帧,按 Ctrl＋L 键,打开库面板。将 S8 图形元件从库中拖到舞台左边合适的位置,按比例修改其高度为 90。按 Ctrl＋K 键,打开"对齐"面板,进行垂直中齐设置,并设置其 Alpha 值为 0%。在第 99 帧处按 F6 键插入关键帧,并设置 Alpha 的值为 100%,在第 178 帧处插入插入关键帧。分别创建各帧之间的传统补间动画。

　　"图层 9"动画界面如图 8.121 所示。

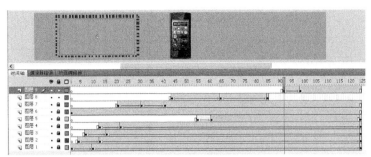

(a)　"图层9"第92帧界面

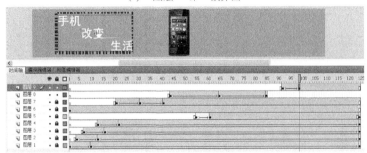

(b)　"图层9"第99帧界面

图 8.121　"图层 9"动画界面

② 创建图层 10 的动画。新建"图层 10"。在第 101 帧处按 F6 键插入关键帧,选择图层 9 的第 99 帧,右击,弹出图 8.88 所示的快捷菜单,选择"复制帧"选项。再选择图层 10 的第 101 帧,右击,弹出图 8.88 所示的快捷菜单,选择"粘贴帧"选项。

在"图层 10"的第 121 帧处,按 F7 键插入空白关键帧。接着依次选择图 8.86 所示的主界面菜单栏中的"文件"|"导入"|"导入到舞台"选项,将准备好的 nokia-logo. bmp 文件导入到场景中,按比例修改其宽度为 50,移动到舞台右边上部。

选择第 101 帧,再选择 S8 图形元件实例,按 Ctrl+B 键一次打散,使该实例的属性为 "形状"。选择第 121 帧,再选择 nokia-logo. bmp 位图实例,按 Ctrl+B 键一次打散,使该实例的属性为"形状"。在第 101 帧和第 121 帧之间的任意位置右击,在弹出的快捷菜单中。选择"创建补间形状"选项,将会出现绿底黑箭头。

"图层 10"动画界面如图 8.122 所示。

8.6.6　技能训练

任务 1: 用 Flash 绘制一个心形图形。

钢笔工具可以对点和线进行 Bezier(贝塞尔)曲线控制。可以绘制直线或平滑流畅的曲线,也可以生成直线段、曲线段,并可以调节直线段的角度和长度、曲线段的倾斜度。

操作步骤:

(1) 启动 Flash,依次选择"文件"|"新建"|ActionScript 2.0 选项,单击"确定"按钮,创建一个新文档。

(2) 依次选择"视图"|"网格"|"显示网格"选项,打开网格。

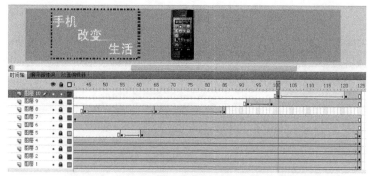

(a) "图层10" 第101帧界面

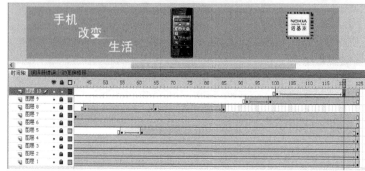

(b) "图层10" 第121帧界面

图 8.122   "图层 10"动画界面

（3）单击图 8.86 所示的主界面 D 区（工具箱）中的"钢笔工具"按钮 ，在其属性面板中，设置笔触颜色为红色，无填充颜色，笔触样式为极细线。

（4）在舞台中移动光标并在某处单击，确定第 1 个锚点。然后将光标左横向移动一小段距离后，确定第 2 个锚点。调节锚点处出现的切线手柄的长度和方向，可以改变弧线的大小和方向，单击将会在第 1 个和第 2 个锚点之间出现一段弧线。如图 8.123(a)所示。

（5）将光标移动到第 1 个锚点的正上方，调节锚点处出现的切线手柄的长度和方向，单击并确定第 3 个锚点，如图 8.123(b)所示。

（6）将光标移动到第 1 个锚点的右侧，调节切线手柄的长度和方向，单击确定第 4 个锚点，如图 8.123(c)所示。

（7）最后将光标定位到第 1 个锚点处单击，使心形图形闭合，如图 8.123(d)。

（8）单击图 8.86 所示的主界面 D 区（工具箱）中的"填充颜色"按钮 ，在心形图形处单击，如图 8.123(e)所示。

具体操作参考图 8.123 所示的绘制心形图形步骤界面。

任务 2：用 Flash 绘制一个光盘。

操作步骤：

（1）启动 Flash，依次选择"文件"|"新建"| ActionScript 2.0 选项，单击"确定"按钮，创建一个新文档。

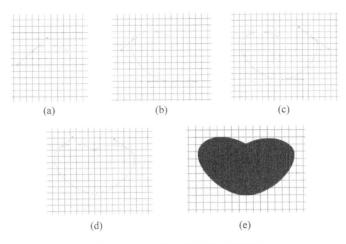

图 8.123　绘制心形图形步骤界面

（2）依次选择图 8.86 所示的主界面 D 区（工具箱）中的"矩形工具"按钮 ▭ |"椭圆工具"选项，在其属性面板中，设置笔触颜色为蓝色，无填充颜色，笔触大小为 2。

（3）按住 Shift 键，绘制一个大正圆。选择此正圆，按 Ctrl+K 键，打开"对齐"面板，将该正圆放置到编辑界面正中位置。同样方法，绘制一个位于编辑界面正中位置的小正圆。

（4）依次选择图 8.86 所示的主界面菜单栏中的"文件"|"导入"|"导入到舞台"选项，将准备好的"风景 8.jpg"文件导入到场景中，按比例修改其宽度为 50，移动到舞台右边上部。

选择"风景 8.jpg"位图实例，按 Ctrl+B 键打散，如图 8.124（a）所示。

（5）单击图 8.86 所示的主界面 D 区（工具箱）中的"滴管工具"按钮 ✐，单击"风景 8.jpg"位图实例，此时滴管转换为颜料桶工具。移动光标至两圆之间的空隙处单击，光盘制作完成，如图 8.124（b）所示。

图 8.124　绘制光盘

任务 3：用 Flash 制作滚动文本动画。

滚动文本功能：用鼠标拖曳滚动条可以浏览文本框中的文本，还可以在文本框中输入、剪切、复制、粘贴文本。

操作步骤：

（1）启动 Flash，依次选择"文件"|"新建"|ActionScript 2.0 选项，单击"确定"按钮，创建一个新文档。

（2）单击图8.86所示的主界面D区（工具箱）中的"文本工具"按钮 T ，进入图8.125所示的文本工具属性面板。选择"字符"选项，在"系列"下拉列表中选择"黑体"选项。在"大小"文本框中输入16。选择文本（填充）颜色框，再选择蓝色。在舞台中单击，复制并粘贴一段文字，调节文本框至舞台合适的位置，如图8.126（a）所示。

图8.125　文本工具属性
　　　　　面板

（3）在"文本类型"下拉列表框中选择"输入文本"选项，使文本框进入输入文本模式。在"实例名称"文本框中输入"test"。在"字符"栏中，单击在文本周围显示边框按钮 ▤ 。在"段落"栏的"行为"下拉列表框中，选择"多行"选项。

（4）依次选择图8.86所示的主界面菜单栏的"文本"|"可滚动"选项，使文本框不因为输入的文字而扩充，如图8.126（b）。

（5）依次选择图8.86所示的主界面菜单栏的"窗口"|"组件"选项，进入图8.127所示的组件面板。双击 User Interface 选项，拖动列表中的 UIScrollBar 组件到舞台中，并移动到文本框的右边，如图8.126（c）所示。

（6）选择 UIScrollBar 实例，进入图8.128所示的 UIScrollBar 实例属性面板，在_targetInstanceName 文本框中，输入"test"，表示滚动条要控制的是 test 文本框，其余选择默认设置。

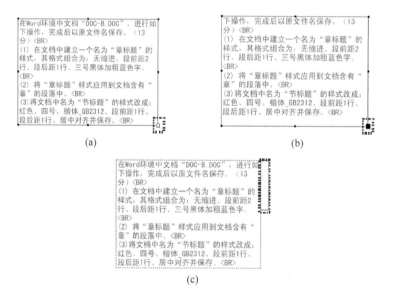

图8.126　制作滚动文本

（7）测试。依次选择图8.86所示的主界面菜单栏的"控制"|"测试影片"|"测试"选项，或者按 Ctrl+Enter 键，导出 SWF 影片，效果如图8.129所示。

图 8.127　组件面板

图 8.128　UIScrollBar 实例属性面板

任务 4：用 Flash 制作顺时针旋转文字动画。例如，旋转文字为"电子商务与财务管理高级"。

影片剪辑元件：是动画中电影片段的实例，可以在影片剪辑元件中增加动画、动作、声音及其他电影片段。

影片剪辑元件拥有独立于主动画的时间轴，可以将其视为主动画的子动画。

操作步骤：

图 8.129　滚动文本动画效果

（1）启动 Flash，依次选择"文件"|"新建"|ActionScript 2.0 选项，单击"确定"按钮，创建一个新文档。

（2）依次选择图 8.86 所示的主界面菜单栏中的"插入"|"新建元件"选项，或者按 Ctrl＋F8 键，进入"创建新元件"对话框。在"名称"栏中输入"旋转文字"。在"类型"下拉列表中选择"影片剪辑"选项，再单击"确定"按钮。

（3）单击图 8.86 所示的主界面 D 区（工具箱）中的"文本工具"按钮 T ，进入文本工具属性面板。选择"字符"选项，在"系列"下拉列表中，选择"黑体"选项。在"大小"文本框中输入 30。选择文本（填充）颜色框，再选择红色。在"旋转文字"影片剪辑编辑界面中单击，输入一个"电"字。按 Ctrl＋K 键，进入"对齐"面板。选中"与舞台对齐"复选框，分别单击"水平中齐"按钮 和"垂直中齐"按钮 ，使该文本框位于编辑界面的正中位置，如图 8.130(a)所示，再次单击"对齐"按钮 ，退出"对齐"面板。

（4）按↑键，向中间移动，如图 8.130(b)所示。

（5）单击图 8.86 所示的主界面 D 区中的"任意变形工具"按钮 ，拖动其中心至编辑区的正中位置，如图 8.130(c)所示。

（6）选择该文本框，再单击图 8.86 所示的主界面 F 区（浮动面板）中的"变形"按钮 ，或者按 Ctrl＋T 键，打开"变形"面板。选择"旋转"单选按钮，并在其文本框中输入 30。再连续重制选区和单击"变形"按钮 11 次，结果如图 8.130(d)所示。

（7）双击相应的文本框，修改文字内容，如图 8.130(e)所示。

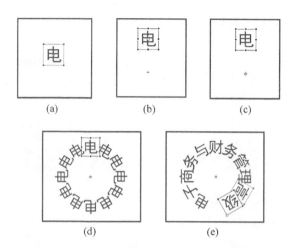

图 8.130   "旋转文字"影片剪辑编辑步骤

图 8.131   帧补间属性界面

（8）选择第 1 帧，按 Ctrl＋G 键，组合所有文本框。

（9）在第 115 帧处按 F6 键插入关键帧。在第 1 帧和 115 帧之间任意位置右击，在弹出的快捷菜单中选择"创建传统补间"选项，将会出现蓝底黑箭头。然后选择第 1 帧与第 115 帧之间的某帧，进入图 8.131 所示的帧补间属性界面。依次选择"补间"|"旋转"下拉列表的中"顺时针"选项，选择图 8.86 所示的主界面 B 区（编辑栏）中的"场景 1"选项，回到 Flash 文档页面中，编辑结束。"旋转文字"影片剪辑的参考效果如图 8.132 所示。

（10）按 Ctrl＋L 键打开库面板。分别将"旋转文字"影片剪辑元件拖入舞台 3 次，放置到合适的位置。然后分别对 3 个"旋转文字"影片剪辑实例进行颜色、色调、Alpha 等设置。"旋转文字"动画界面如图 8.133 所示。

（11）按 Ctrl＋Enter 键，浏览并测试动画效果。

任务 5：利用 Flash 制作颜色按钮，当指针弹起、滑过或按下的时候，按钮以不同的颜色显示。例如弹起时，按钮为蓝色；滑过时，按钮为绿色；按下时，按钮为红色。

操作步骤：

（1）启动 Flash，依次选择"文件"|"新建"|ActionScript 2.0 选项，单击"确定"按钮，创建一个新文档。

（2）依次选择图 8.86 所示的主界面菜单栏的"插入"|"新建元件"选项，或者直接按 Ctrl＋F8 键，进入"创建新元件"对话框。在"名称"栏中输入"颜色按钮"。在"类型"下拉列表中选择"按钮"选项，再单击"确定"按钮，进入图 8.134 所示的"颜色按钮"按钮元件编辑界面。选择"图层 1"的第 1 帧（弹起）。依次单击图 8.86 所示的主界面 D 区（工具箱）中的"矩形工具"按钮 ▣ |"基本矩形工具"选项，进入基本矩形工具属性面板。绘制一个填充色为蓝色的无边框圆角矩形。单击图 8.86 所示的主界面 D 区（工具箱）中的"选择工具"按钮 ▶，选择该矩形图元。再单击图 8.86 所示的主界面 F 区（浮动面板）中的

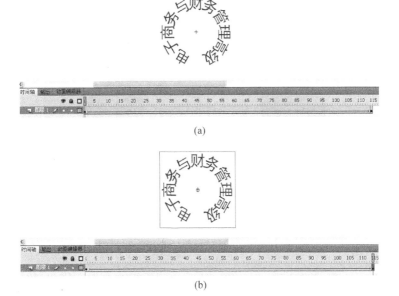

(a)

(b)

图 8.132　"旋转文字"影片剪辑元件动画界面

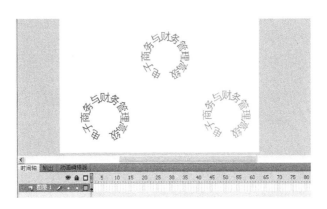

图 8.133　"旋转文字"动画界面

"对齐"按钮 ▤ ，或者按 Ctrl＋K 键，进入图 8.102 所示的"对齐"面板。选中"与舞台对齐"复选框，分别选择"水平中齐"按钮 ▥ 和"垂直中齐"按钮 ▥ 。再次选择"对齐"按钮 ▤ ，退出"对齐"面板。参考效果如图 8.134(a)所示。

（3）在图 8.134 的编辑界面中，选择"图层 1"的第 2 帧（指针），按 F6 键插入关键帧。单击图 8.86 所示的主界面 D 区（工具箱）中的"选择工具"按钮 ▨ ，选择该帧的矩形图元，设置填充颜色为绿色。同理，选择"图层 1"的第 3 帧（按下），按 F6 键插入关键帧。单击图 8.86 所示的主界面 D 区（工具箱）中的"选择工具"按钮 ▨ ，选择该帧的矩形图元，设置填充颜色为红色。

（4）选择"图层 1"的第 4 帧（单击），按 F6 键插入关键帧，表示设置的鼠标点击范围与该帧中的矩形图元大小一致。选择图 8.86 所示的主界面 B 区（编辑栏）中的"场景 1"选项,回到 Flash 文档页面中,编辑结束。"颜色按钮"按钮元件编辑界面如图 8.134 所示。

注意：按钮元件只有 4 帧。

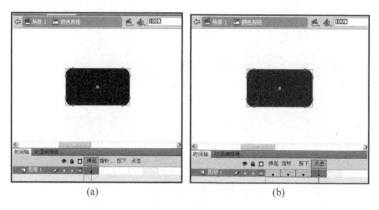

(a)　　　　　　　　　　　　(b)

图 8.134　"颜色按钮"按钮元件编辑界面

(5) 按 Ctrl+L 键,打开库面板。将"颜色按钮"按钮元件拖入舞台,放置到合适的位置,如图 8.135 所示。

图 8.135　"颜色按钮"动画界面

(6) 按 Ctrl+Enter 键,浏览并测试动画效果。

任务 6：用 Flash 制作展开的画卷,并且配乐。

操作步骤：

(1) 启动 Flash,依次选择"文件"|"新建"|ActionScript 2.0 选项,单击"确定"按钮,创建一个新文档。

(2) 制作画轴。依次选择图 8.86 所示的主界面菜单栏中的"插入"|"新建元件"选项,或者直接按 Ctrl+F8 键,进入"创建新元件"对话框。在"名称"栏中输入"画轴",在"类型"下拉列表中选择"图形"选项。单击"确定"按钮,进入"画轴"图形元件编辑界面。

单击图 8.86 所示的主界面 D 区(工具箱)中的"矩形工具"按钮 ,接着单击图 8.86 所示的主界面 F 区(浮动面板)中的"颜色"按钮 ,进入"颜色"面板。选择笔触颜色框,进入笔触颜色调色板,选择深棕色。选择填充颜色框,进入填充颜色调色板,选择棕色。在"颜色类型"下拉列表框中选择"径向渐变"选项。当光标靠近下方的径向渐变调节框底边中部时,会出现加号标志,单击会增加一个调节色块。若往边框外拖动该色块,将删除该色块。再分别双击左边、中间、右边调节色块🏠中的上三角形,进入调色板,分别选择棕色、白色和棕色。再次单击"颜色"按钮 🎨 ,退出"颜色"面板。

此时,在编辑界面中,选择"图层 1"的第 1 帧,绘制一个细长矩形,其宽度比画卷大一些,并将其放置在正中位置。

新建"图层 2",锁定"图层 1"。选择"图层 2"的第 1 帧,依次选择图 8.86 所示的主界面 D 区(工具箱)中的"矩形工具"按钮 □ |"椭圆工具"选项,按住 Shift 键,绘制一个小正圆,高度比前面的细长矩形高一些。单击图 8.86 所示的主界面 D 区(工具箱)中的"线条工具"按钮 ＼ ,在小正圆的中部绘制一条竖线。双击左半圆部分,拖动至细长矩形的左边。按住 Ctrl 键,拖动左半圆部分,将复制相同的左半圆。依次选择图的主界面菜单栏中的"修改"|"变形"|"水平翻转"选项,将水平翻转复制的左半圆,拖动其至细长矩形的右边。选择图 8.86 所示的主界面 B 区(编辑栏)中的"场景 1"选项,回到 Flash 文档页面中,编辑结束。

"画轴"图形元件动画界面如图 8.136 所示。

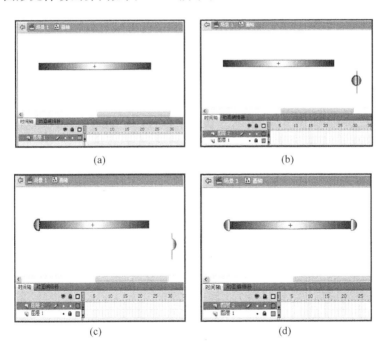

(a)　　　　　　　　(b)

(c)　　　　　　　　(d)

图 8.136　"画轴"图形元件动画界面

(3) 制作画卷。依次选择图 8.86 所示的主界面菜单栏中的"插入"|"新建元件"选项,或者直接按 Ctrl+F8 键,进入"创建新元件"对话框。在"名称"栏中输入"画卷",在"类型"下拉列表中选择"图形"选项,单击"确定"按钮,进入图 8.137 所示的"画卷"图形元件编辑界面。

在"画卷"图形元件编辑界面中,选择"图层 1"的第 1 帧。依次选择"文件"|"导入"|"导入到舞台"选项,将准备好的"书法.jpg"文件导入到编辑区中。按 Ctrl+K 键,进入

图 8.137　"画卷"图形元件编辑界面

图 8.102 所示的"对齐"面板。选中"与舞台对齐"复选框,再分别单击"水平中齐"按钮 和"垂直中齐"按钮 使 S1 图形元件实例位于舞台正中位置。再次单击"对齐"按钮 或者其他位置,退出"对齐"面板。

选择图 8.86 所示的主界面 B 区(编辑栏)的"场景 1"选项,回到 Flash 文档页面中,编辑结束。

参考效果如图 8.137 所示。

(4) 在场景 1 中,双击"图层 1",输入"画卷",再选择该层的第 1 帧。按 Ctrl+L 键,打开库面板,将"画卷"图形元件拖入到舞台,设置其位于正中位置,并按原图比例调节好尺寸大小,不要超出舞台边界。在第 90 帧处按 F5 键插入普通帧。画卷层动画编辑完成。

新建"遮罩"层,锁定"画卷"层。选择该层的第 1 帧。依次选择图 8.86 所示的主界面 D 区(工具箱)中的"矩形工具"按钮 |"矩形工具"选项,绘制一个任意颜色任意边框的矩形,修改其尺寸大小与书法尺寸一致。在第 90 帧处按 F6 键插入关键帧。选择"遮罩"层的第 1 帧,再单击图 8.86 所示的主界面 D 区(工具箱)中的"选择工具"按钮 ,选择"矩形形状"。在其属性面板中,解锁修改其宽度尺寸不变,高度为 1。在第 1 帧和第 90 帧之间任意位置右击,在弹出的快捷菜单中。选择"创建补间形状"选项,将会出现绿底黑箭头。右击"遮罩"层,弹出图 8.90 所示的快捷菜单,选择"遮罩层"选项,此时自动锁定该层。遮罩层动画编辑完成,如图 8.138 所示。

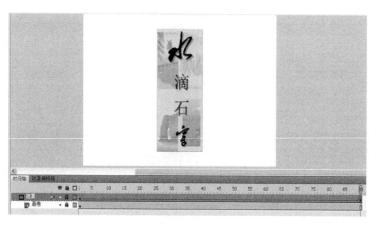

图 8.138　遮罩层动画界面

注意:图层被转换为遮罩层后会自动上锁,要对该图层进行编辑时,必须解锁,操作完毕再将该层锁住。

解锁"遮罩"层,新建"固定轴"层。选择"固定轴"层的第 1 帧,按 Ctrl+L 键,打开库面板。将"画轴"图形元件拖到舞台上,设置其位于书法图的上边界正中位置,并按原图比例调节好尺寸大小,使宽度尺寸比画卷实例大一些。在第 90 帧处按 F5 键插入普通帧。"固定轴"层的动画编辑完成。

新建"移动轴"层,锁定"固定轴"层。选择"移动轴"层的第 1 帧,按 Ctrl＋L 键,打开库面板,将"画轴"图形元件拖到舞台,设置其大小位置与"固定轴"层的"画轴"图形元件实例完全重叠。在第 90 帧处按 F6 键插入关键帧,可按 ↓ 键,移动"画轴"图形元件实例至画卷下边界正中位置。在第 1 帧和第 90 帧之间任意位置右击,在弹出的快捷菜单中选择"创建传统补间"选项,将会出现蓝底黑箭头。"移动轴"层动画编辑完成。

(5) 新建"音乐"层,锁定"移动轴"层。依次选择图 8.86 所示的主界面的"文件"|"导入"|"导入到库"选项,导入 myocean.mp3 声音文件到库中。选择"音乐"层的第 1 帧,按 Ctrl＋L 键,打开库面板,将 myocean.mp3 拖入舞台。

选择"音乐"层的任意帧,在其属性面板的"声音"栏的"同步"下拉列表中,选择"事件"选项,其余选择默认设置。"音乐"层动画编辑完成。

(6) 新建 AS 层,即脚本层,锁定"移动轴"层。在 AS 层的第 90 帧处,按 F6 键插入关键帧,右击第 90 帧,弹出图 8.88 所示的快捷菜单,选择"动作"选项,进入图 8.139 所示的帧动作脚本界面。在右边的虚线窗口中,添加如下的 ActionScript 代码:

```
stop();
```

注意:设置帧动作脚本后,该帧上方会出现标志。此代码表示动画播放到第 90 帧处停止,不再循环播放。

图 8.139　帧动作脚本界面

至此,AS 层动画编辑完成。

(7) 锁定"遮罩"层,按 Ctrl＋Enter 键,浏览并测试动画效果。"展开的画卷"动画界面如图 8.140 所示。

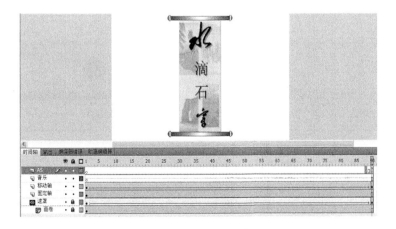

图 8.140　"展开的画卷"动画界面

任务 7：利用 Flash 制作一个由两个按钮（PLAY、STOP）来控制正圆形沿正方形路径移动的动画。

操作步骤：

（1）启动 Flash，依次选择"文件"|"新建"|ActionScript 2.0 选项，单击"确定"按钮，创建一个新文档。

（2）按 Ctrl+F8 键，新建一个名为"正圆形"的图形元件。

选择"图层 1"的第 1 帧，按 Ctrl+L 键，打开库面板，将该"正圆形"图形元件拖到舞台左边位置。在第 40 帧处按 F6 键插入关键帧。在第 1 帧和第 40 帧之间任意位置右击，在弹出的快捷菜单中选择"创建传统补间"选项，将会出现蓝底黑箭头。选择第 1 帧和第 40 帧之间的任意位置，在其属性面板中的"补间"栏中，务必选中"调整到路径"复选框，"图层 1"动画编辑完成。

（3）右击"图层 1"，弹出图 8.90 所示的快捷菜单，选择"添加传统运动引导层"选项，接着选择该层的第 1 帧。依次选择图 8.86 所示的主界面 D 区（工具箱）中的"矩形工具"按钮 | |"矩形工具"选项，按住 Shift 键，在舞台左边绘制一个正方形。接着单击图 8.86 所示的主界面 D 区（工具箱）中的"橡皮擦工具"按钮 ，在该正方形右下角处擦出一个小缺口。该图形将作为正圆形移动动画的路径，引导层的动画编辑完成。

注意：引导层的图形将作为运动的路径，在源码文件中可见，但在发布的 SWF 文件中不可见。

选择"图层 1"的第 1 帧，再单击图 8.86 所示的主界面 D 区（工具箱）中的"选择工具"按钮 。选择"正圆形"图形元件实例，将其移到正方形的一个缺口处，作为移动动画的起始点。同理，选择该图层的第 40 帧，再单击图 8.86 所示的主界面 D 区（工具箱）中的"选择工具"按钮 ，选择"正圆形"图形元件实例，将其移到正方形的另有所指一个缺口处，作为移动动画的结束点。

如图 8.141 所示为"正圆形移动"的动画界面。

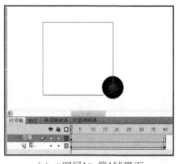 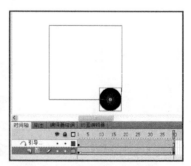

(a) "图层1" 第1帧界面   (b) "图层1" 第40帧界面

图 8.141 "正圆形移动"的动画界面

（4）制作 PLAY 和 STOP 按钮。新建 AS 层，接着选择该层的第 1 帧。依次选择图 8.86 所示的主界面菜单栏的"窗口"|"公共库"|"按钮"选项，进入图 8.142 所示的库按钮面板。双击 buttons tube 选项，分别选择拖动 tube orange 和 tube purple 按钮元件至

舞台右边,并上下排列。双击 tube orange 按钮元件实例,进入图 8.143 所示的 tube orange 按钮元件编辑界面。解锁 text 层,选择 text 层的第 1 帧。单击图 8.86 所示的主界面 D 区(工具箱)中的"文本工具"按钮 T,双击 tube orange 按钮元件实例文本框,修改文字为"PLAY"。同理,修改 tube purple 按钮元件实例的文字为"STOP"。

图 8.142　库按钮面板

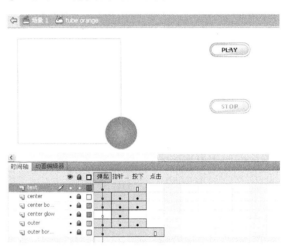

图 8.143　tube orange 按钮元件编辑界面

右击 tube orange 按钮元件实例,在弹出的快捷菜单中选择"动作"选项,进入图 8.144 所示的 tube orange 按钮实例动作脚本界面。在右边的窗口中,添加如下的 ActionScript 代码。

```
on (release) {
    play();
}
```

图 8.144　tube orange 按钮实例动作脚本界面

　　同理,右击 tube purple 按钮元件实例,在弹出的快捷菜单中选择“动作”选项,进入图 8.145所示的 tube purple 按钮实例动作脚本界面。在右边的窗口中,添加如下的 ActionScript 代码。

```
on (release) {
    stop();
}
```

图 8.145　tube purple 按钮实例动作脚本界面

　　至此,AS 层动画编辑完成。

　　(5) 按 Ctrl＋Enter 键,浏览并测试动画效果。“按钮控制正圆形移动”动画界面如图 8.146所示。

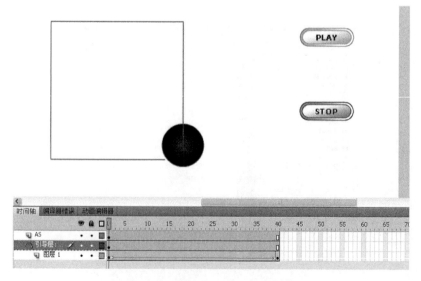

图 8.146　“按钮控制正圆形移动”动画界面

任务 8：利用 Flash 制作片尾，显示制作单位及制作人。

操作步骤：

（1）启动 Flash，依次选择"文件"|"新建"|ActionScript 2.0 选项，单击"确定"按钮，创建一个新文档。

（2）修改舞台尺寸为 400×200 像素，设置背景颜色为白色，其他属性选择默认选项。

（3）依次选择图 8.86 所示的主界面菜单栏中的"插入"|"新建元件"选项，或者按 Ctrl＋F8 键，进入"创建新元件"对话框。在"名称"栏中，输入"文字"，在"类型"下拉列表中选择"图形"选项。单击"确定"按钮，进入"文字"图形编辑界面。例如，分别输入"制作单位：三为工作室"和"制作人：chenhong"。

接着调节文字字体、字号，按 Ctrl＋K 键，进入"对齐"面板。选中"与舞台对齐"复选框，单击"水平中齐"按钮 ▵。使该文本框位于编辑界面的水平中齐位置。单击"对齐"按钮 ▵，退出"对齐"面板。选择两个文本框，按 Ctrl＋G 键。选择该组，按 Ctrl＋K 键，进入"对齐"面板。选中"与舞台对齐"复选框，依次单击"水平中齐"按钮 ▵ 和"垂直中齐"按钮 ▪▪，使该文本框位于编辑界面的正中位置。单击"对齐"按钮 ▵，退出"对齐"面板。如图 8.147 所示。

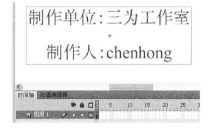

图 8.147　"文字"编辑界面

选择图 8.86 所示的主界面 B 区（编辑栏）中的"场景 1"选项，或者按 Ctrl＋E 键，回到 Flash 文档页面中，编辑结束。

（4）制作文字由下至上移动动画。选择"图层 1"的第 1 帧，按 Ctrl＋L 键，打开库面板。将"文字"拖到舞台下边界外水平中齐的位置。在第 120 帧处按 F6 键插入关键帧，在第 1 帧和第 120 帧之间任意位置右击，在弹出的快捷菜单中选择"创建传统补间"选项，将会出现蓝底黑箭头。

（5）制作遮罩层。新建"遮罩"层，锁定图层 1。选择该层的第 1 帧，依次选择图 8.86 所示的主界面 D 区（工具箱）中的"矩形工具"按钮 □ |"矩形工具"选项，在舞台垂直中齐位置绘制一个与舞台宽度一样、高度比舞台高度小的长方形。右击"遮罩"层，进入图 8.90 所示快捷菜单，选择"遮罩层"选项，此时自动锁定该层。"遮罩"层动画编辑完成。

（6）按 Ctrl＋Enter 键，浏览并测试动画效果。"片尾文字"动画界面如图 8.148 所示。

8.6.7　技能达标

1. 填空题

Flash 是（　　）工具。

2. 判断题

Flash 的源码文件扩展名是 SWF。　　　　　　　　　　　　　　　　　　　　　　　（　　）

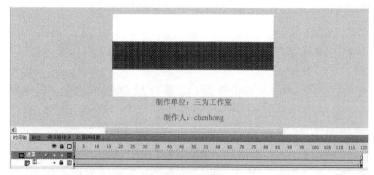

(a) 第1帧界面

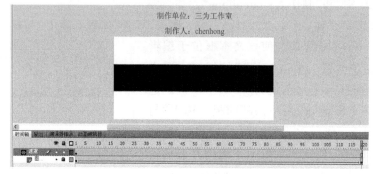

(b) 第120帧界面

图 8.148 "片尾文字"动画界面

3. 问答题

在 Flash 中,元件与实例有什么不同,又有什么联系?

4. 上机操作题

利用 Flash 制作本班的主题班会动画宣传广告。

8.6.8 课后习题

上网下载 Flash 的安装文件,解压到硬盘,练习使用 Flash 软件。

第9章

媒体播放与网络视听工具

随着多媒体技术的不断发展,各种多媒体格式随之增多,网上影音资源没有统一的格式,给用户带来了极大的不便。针对这种情况,近几年来,出现了一批支持多种影音格式的播放器软件,使问题迎刃而解。本章将对几种常见的媒体视听娱乐工具展开介绍。

9.1 KuGoo

酷狗(KuGoo)是国内最大、最专业的 P2P 音乐共享软件。具有音乐播放、搜索、P2P 下载、管理和好友分享等功能。酷狗音乐 2011 版本具有以下基本特色。

(1) 占用资源极少:启动速度更快,内存及资源占用更少,软件更稳定。

(2) 独创的动感歌词:卡拉 OK 歌词技术,支持独有的歌词逐字精准显示。

(3) 搜索结果智能化:歌曲搜索准确度高,支持智能匹配搜索结果。

(4) 音乐指纹应用:独创的指纹技术,支持智能重命名歌曲及歌曲"身份"识别。

(5) 完美音乐播放:兼容所有音频文件,超完美音质,音乐播放更动听。

(6) 新增加 HTTP 协议支持:HTTP 协议和 HTTP 代理和中转机制,适应更多的网络情况。

(7) 业内首个拥有无损音频格式 APE/FLAC 搜索、下载及在线试听功能。

(8) 高清 MV 播放:伴唱原音无缝切换。

(9) 音乐 DNA:通过用户当前播放的音乐,分析出用户可能还喜欢的其他音乐。

(10) 全新网络收音机应用:海量网络音乐电台极速连接。

9.1.1 技能目标

(1) 了解和掌握 KuGoo 的基础知识。

(2) 掌握 KuGoo 的使用方法及基本操作。

9.1.2 相关知识点介绍

动感歌词是酷狗公司推出的新一代歌词格式技术,其格式为 KRC 文件,该歌词使用国内首创的逐字定位技术,比普通 LRC 歌词更加准确,歌词显示时间精确到每一个字,为双重唱音而设计的"双重歌词"。

KRC 歌词不仅可以包含歌曲、歌手信息,还包含制作个人签名,且别人不能随便修改。

9.1.3　下载、安装与启动 KuGoo

从天空软件站下载,本文采用的版本是酷狗音乐(KuGoo) 2011 6.2.27 简体中文正式版,支持操作系统 Windows 7/Windows Vista/Windows 2003/Windows XP/Windows 2000/Windows 9x,软件大小为 7.12MB,是一个免费软件。

1. 安装

双击下载的 KuGoo 安装程序,进入图 9.1 所示的安装向导界面。单击"下一步"按钮,进入图 9.2 所示的许可协议界面。单击"下一步"按钮,进入图 9.3 所示的选择目标位置界面。单击"安装"按钮,进入图 9.4 所示的正在安装界面。接着进入图 9.5 所示的酷狗音乐推荐安装软件界面,取消选中全部复选框。单击"下一步"按钮,进入图 9.6 所示的安装完毕界面。取消选中全部复选框,至此完成安装过程。

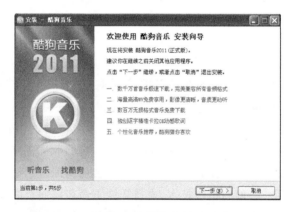

图 9.1　安装向导界面

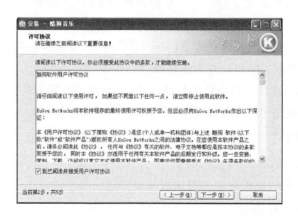

图 9.2　许可协议界面

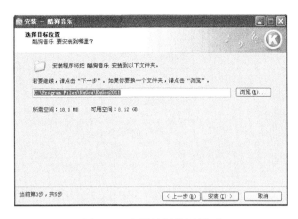

图 9.3   选择目标位置界面

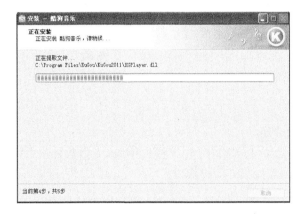

图 9.4   正在安装界面

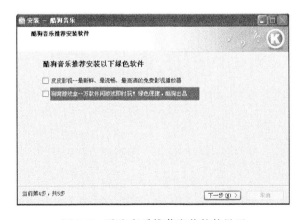

图 9.5   酷狗音乐推荐安装软件界面

2. 启动

启动 KuGoo 软件的方法如下。

图 9.6　安装完毕界面

方法一：依次选择"开始"|"程序"|"酷狗音乐 2011"程序，进入图 9.7 所示的 KuGoo 主界面，同时任务栏会出现 KuGoo 的程序图标 。

方法二：直接双击桌面的"酷狗音乐 2011"快捷方式，或者双击任务栏的"KuGoo 程序"图标 ，其余具体操作同方法一。

9.1.4　使用 KuGoo

1．KuGoo 主界面介绍

图 9.7 所示的 KuGoo 主界面，即普通模式界面，由播放器区（A 区）、工具区（B 区）、音乐搜索区（C 区）和音乐库（D 区）组成。

图 9.7　KuGoo 主界面（普通模式）

（1）A 区（播放器区）：图 9.8 所示的播放器界面包括控制播放按钮、歌词按钮、播放列表及随便听听（电台）3 部分，默认选择"随便听听"选项，可以读取电台列表。

单击系统菜单  按钮,进入图 9.9 所示的 KuGoo 快捷菜单,包括登录、更换皮肤、均衡器、意见反馈、酷狗游戏、在线升级、重排窗口、选项设置等功能。

(2) B 区(工具区):提供隐藏音乐库 、更改皮肤和色调 、微型模式  等功能按钮。

若单击  按钮,进入图 9.10 所示的微型模式界面。从左往右,包括系统菜单按钮、上一首按钮、播放按钮、歌手歌曲名称框、下一首按钮、静音按钮、音量控制条、显示/关闭歌词窗口按钮、最小化按钮、普通模式按钮、关闭按钮,如图 9.10 所示。

图 9.8　播放器界面

图 9.9　KuGoo 快捷菜单

图 9.10　微型模式界面

(3) C 区(音乐搜索区):可以输入歌手名、歌曲名或者专辑名来搜索音乐。

(4) D 区(音乐库):提供热点、榜单、歌手、MV、歌词、下载、游戏等功能项目。

"热点"选项包括注册、登录 KuGoo 用户,最新专辑、音乐精选、我的应用等功能。在图 9.7 所示的 KuGoo 主界面中,默认选择"热点"选项。

利用"榜单"选项可以搜索国内外音乐榜、最新专辑、精选集、特色音乐等,如图 9.11 所示为榜单界面。

利用"歌手"选项可以搜索全部歌手,或者根据歌手的第一个拼音字母进行分类搜索,如图 9.12 所示为歌手界面。

利用 MV 选项提供正在播放歌曲的 MV 视频,如图 9.13 所示为 MV 界面。

利用"歌词"选项可以选择经典或卡拉 OK 模式显示歌词,默认选择经典模式。如图 9.14 所示为歌词界面。

利用"下载"选项可以进行下载管理,查看"正在下载"、"已经下载"、"下载失败"3 种任务状态,可以对下载任务执行开始、暂停、删除操作,如图 9.15 所示为下载界面。

图 9.11　榜单界面

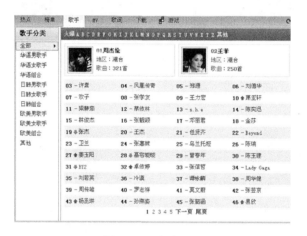

图 9.12　歌手界面

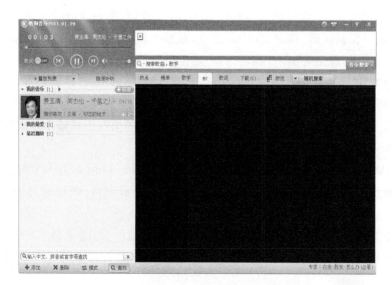

图 9.13　MV 界面

图 9.14　歌词界面

图 9.15　下载界面

2．KuGoo 基本功能介绍

（1）搜索歌曲

KuGoo 提供了随机搜索、精确搜索、本地搜索、搜索铃声 4 种音乐搜索方式，默认选择随机搜索。用户可以根据需要，选择"音乐搜索"的右三角按钮，选择不同的搜索方式。

在图 9.7 所示的主界面 C 区（音乐搜索区）的搜索框中，直接输入歌名、歌手名或音乐专辑名，或者其中的部分，单击"音乐搜索"按钮，所有符合条件的歌曲将会以列表的形式出现在图 9.7 所示的主界面的 D 区（音乐库）中。例如，搜索歌曲《东方之珠》的结果，如图 9.16 所示。

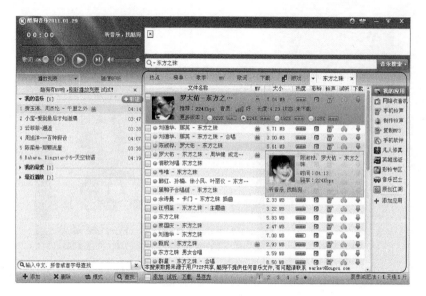

图 9.16　搜索歌曲结果

（2）歌曲下载

找到需要的歌曲后，为避免浪费时间，建议先单击"试听"按钮 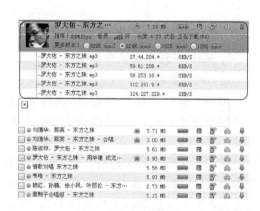，试听合适后，再下载歌曲。

有 3 种方法可以下载歌曲到本地。

方法一：右击歌曲列表中的歌曲，以蓝底显示，可以按住 Shift 键单击，批量选择歌曲。例如，在图 9.17 所示的快捷菜单中，选择"下载"选项，可试听音乐，并且下载歌曲自动添加到播放列表中的"我的音乐"栏中。如图 9.18 所示为下载进度界面，显示了下载进度、下载 IP 地址、下载速度等信息。默认下载到本地的 C:\KuGoo 路径中，同时歌曲也保存至桌面的酷狗音乐文件夹中。

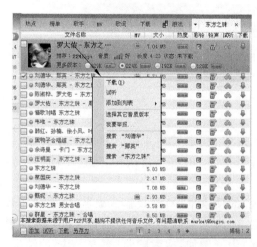

图 9.17　下载快捷菜单

图 9.18　下载进度界面

方法二：选中歌曲列表中的歌曲复选框，可多选。在图 9.17 所示的快捷菜单中，单击底部的"下载"链接即可。若单击底部的"另存为"链接，可以改变存储歌曲的位置。

方法三：在图 9.16 所示的搜索歌曲结果界面中，选择歌曲列表中的歌曲，以蓝底显示，单击右边的"下载"按钮 ⬇ 。

另外，可以通过选择搜索结果栏中的文件名称、MV、大小、热度等选项，对搜索结果进行不同的排序。

（3）歌曲播放

KuGoo 具有强大的音乐播放功能。

在图 9.19 所示的播放界面中，右击播放列表中的歌曲，弹出图 9.20 所示的快捷菜单，选择"播放歌曲"选项，或者直接双击歌曲，即可开始播放。

图 9.19　播放界面

图 9.20　播放列表快捷菜单

在图 9.19 所示的播放界面中，会显示已播放歌曲的时间、播放进度条。控制播放按钮由左至右的顺序，其名称依次为"显示/关闭歌词窗口"按钮 、"上一首"按钮 、"播放"按钮 、"下一首"按钮 、"静音"按钮 、音量控制条 。

3. KuGoo 选项设置

在图 9.7 所示的主界面中，依次选择"系统" |"选项设置"按钮，进入图 9.21 所示的"选项设置"对话框。包括常规设置、歌词设置、网络设置、快捷键、音频插件、音频设置、文件关联、高级设置等设置选项，默认选择常规设置。

（1）常规设置：可以进行启动、播放、下载、关闭等设置。

（2）歌词设置：可以进行歌词、显示等设置，可以进行歌词显示示例预览。

（3）网络设置：可以进行速度控制、代理设置等设置。

（4）快捷键：可以进行播放、搜索等快捷键设置。

（5）音频插件：可以激活及配置音效插件。

（6）音频设置：可以进行音频设备、声音淡入淡出、听力保护等设置。

（7）文件关联：建议选择"全部关联"按钮，与所有音频格式进行关联。

（8）高级设置：可以进行启动、播放、MSN Messenger 显示等设置。

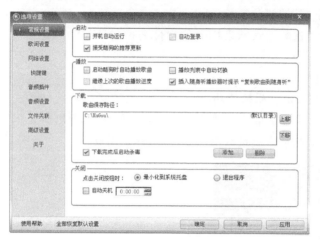

图 9.21   "选项设置"对话框

9.1.5　应用案例

任务：利用 KuGoo 软件边下载边播放边看 MV 歌曲。

操作步骤：

（1）启动 KuGoo，在图 9.7 所示的主界面 C 区（音乐搜索区）中，在搜索栏中，输入歌曲名，如"明天会更好"。在搜索结果列表中，依次单击"明天会更好"| 按钮，此时，该下载歌曲自动添加到默认播放列表中的"我的音乐"栏中，并且开始播放。

（2）在图 9.7 所示的主界面 A 区（播放区）的播放列表中，单击该歌曲右边的"点击播放 MV"按钮   ，即可播放 MV 视频。此时，   按钮颜色变为橘黄色。

9.1.6　技能训练

任务 1：利用 KuGoo 软件播放本地音乐。

操作步骤：

（1）启动 KuGoo，在图 9.7 所示的主界面 A 区（播放区）中，依次单击"播放列表"| 添加 按钮，在弹出的列表中，选择"添加本地歌曲"选项，可以添加多首歌曲；选择"添加本地歌曲文件夹"选项，可以自动添加该文件夹中的所有歌曲。

（2）双击需要的歌曲，即可顺序播放了。

任务 2：利用 KuGoo 的均衡器来播放歌曲。

操作步骤：

（1）启动 KuGoo，在图 9.7 所示的主界面 A 区（播放区）中，双击播放列表中需要播放的歌曲，依次选择"系统" |"均衡器"选项，进入图 9.22 所示的"均衡器"对话框。均衡器中内置了 18 种播放音效，用户可以自由选择。

（2）依次选择"预设"|"温和摇滚"选项。

任务 3：利用 KuGoo 软件建立"星期一广播"播放列表,并且添加需要的批量歌曲,采用列表循环播放模式来播放歌曲。

操作步骤：

（1）启动 KuGoo,在图 9.7 所示的主界面 A 区（播放区）中,依次选择 `＋新建` |"新建列表"选项,进入图 9.23 所示的"新建播放列表"对话框。在文本框中输入"星期一广播",单击"确定"按钮。

图 9.22　"均衡器"对话框

图 9.23　"新建播放列表"对话框

（2）在"播放列表"栏中,依次选择"星期一广播"| `＋添加` |"添加本地歌曲"选项,可以添加多首歌曲。

（3）依次选择"星期一广播"| `⇌模式` |"列表循环"选项,将循环播放"星期一广播"列表的歌曲。

9.1.7　技能达标

1. 填空题

KuGoo 是（　　）工具。

2. 判断题

KuGoo 支持 MP4 格式。　　　　　　　　　　　　　　　　　　　　（　　）

3. 问答题

什么是动感歌词 KRC?

4. 上机操作题

利用 KuGoo 软件下载整张专辑,例如,某华语歌手专辑。

操作步骤：启动 KuGoo,在图 9.7 所示的主界面 D 区（音乐库）中,选择"榜单"|"华语"选项,找到需要下载的专辑,单击"播放整张专辑"按钮 ▷,该专辑自动添加到播放列表中,并且可以看到该专辑列表中的所有歌曲,顺序播放歌曲即可下载整张专辑。

9.1.8　课后习题

上网下载 KuGoo 的安装文件,解压到硬盘,练习使用 KuGoo 软件。

9.2　暴风影音

暴风影音是全球领先的万能播放软件,它采用全球领先的"MEE 万能播放引擎",为用户带来全新的影音播放体验。它可完成当前大多数流行影音文件、流媒体、影碟等的播放,而无需其他任何专用软件。它具有以下基本特色。

(1) 高清在线尺寸自适应:在线视频播放时,尺寸自动调节。

(2) 暴风转码优化:优化 H264 转码能力,iPad 高清视频随时看。

(3) 截图功能:支持精彩画面的复制、编辑。

(4) MEE 万能播放引擎:每日为大多数用户提供多次播放服务,居万能播放软件之首。

9.2.1　技能目标

(1) 了解和掌握暴风影音的基础知识。

(2) 掌握暴风影音的使用方法及基本操作。

9.2.2　相关知识点介绍

MEE 万能播放引擎能自动分析每个文件源,再选择最合适的播放核心和解码器,保证播放的稳定高效。

9.2.3　下载、安装与启动暴风影音

从许多网站都可以下载这个软件,本文采用的版本是暴风影音 2011 3.11.06.09 简体中文版,支持操作系统 Windows 7/Windows Vista/Windows XP/Windows 2000,软件大小为 38.64MB,是一个免费软件。

1. 安装

双击下载的暴风影音安装程序,进入图 9.24 所示的安装向导界面。单击"下一步"按钮,进入图 9.25 所示的许可证协议界面。单击"我接受"按钮,进入图 9.26 所示的选择组件和需要创建的快捷方式界面。单击"下一步"按钮,进入图 9.27 所示的选择安装位置界面。建议选择默认位置,单击"下一步"按钮,进入图 9.28 所示的免费的百度工具栏界面。取消选中全部复选框,单击"安装"按钮,进入图 9.29 所示的正在安装界面,接着进入图 9.30 所示的选择需要下载的播放组件界面。单击"下一步"按钮,进入图 9.31 所示的暴风影音推荐软件界面。取消选中全部复选框,进入图 9.32 所示的安装完成界面。取消选中全部复选框,单击"完成"按钮,至此完成安装过程。

图 9.24　安装向导界面

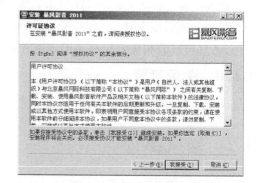

图 9.25　许可证协议界面

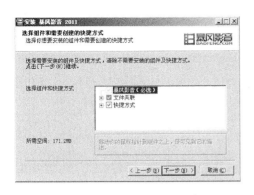

图 9.26 选择组件和需要创建的
快捷方式界面

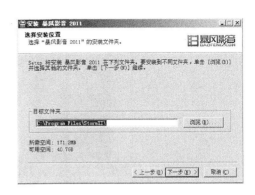

图 9.27 选择安装位置界面

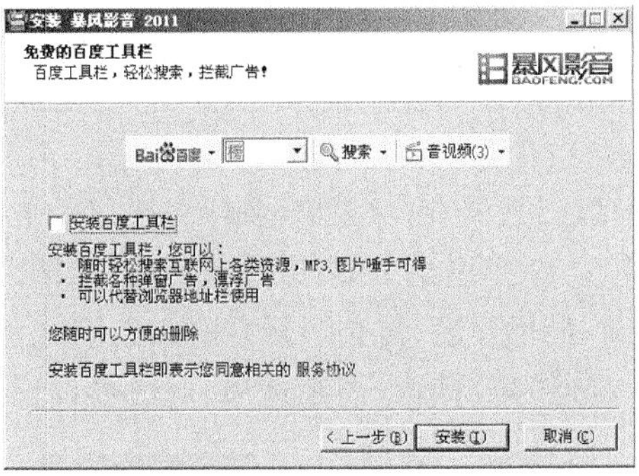

图 9.28 免费的百度工具栏界面

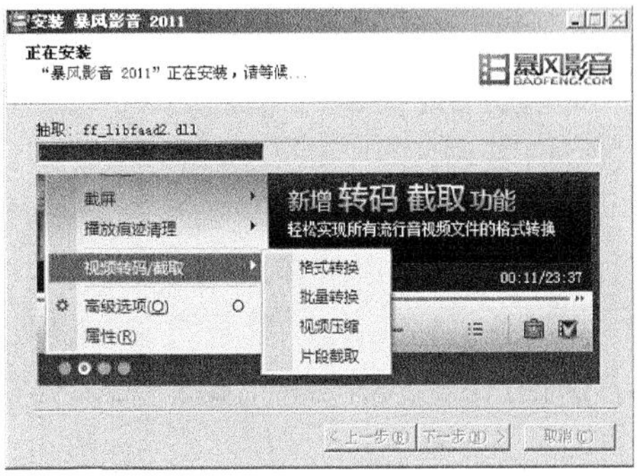

图 9.29 正在安装界面

图 9.30 选择需要下载的播放组件界面

图 9.31 暴风影音推荐软件界面

2. 启动

启动"暴风影音"软件的方法如下。

方法一：依次选择"开始"|"程序"|"暴风影音"|"暴风影音"程序，进入图 9.33 所示的
暴风影音主界面，同时任务栏会出现暴风影音的程序图标 。

方法二：直接双击桌面的"暴风影音"快捷方式，其余具体操作同方法一。

图 9.32　安装完成界面

9.2.4　使用暴风影音

1. 暴风影音主界面介绍

暴风影音主界面由播放窗口(A 区)、播放列表区(B 区)、控制播放栏(C 区)和暴风盒子(D 区)组成。

(1) A 区(播放窗口):显示视频播放画面,可以播放音频/视频等多种文件。单击窗口右侧的按钮,可以打开/隐藏播放列表。右击窗口,会弹出图 9.34 所示的快捷菜单,可以实现播放/暂停、停止、播放控制、全屏、显示比例、最小界面、置顶显示、视频流、音频流、字幕选择、音量、声道选择、截屏、播放痕迹清理、视频转码/截取、高级选项、属性等设置。

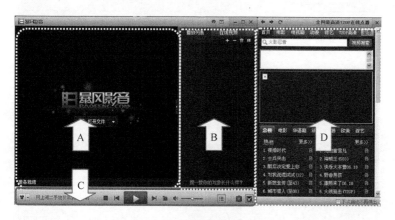

图 9.33　暴风影音主界面

图 9.34　播放窗口
快捷菜单

单击播放窗口右侧的右三角按钮时,会收起播放列表区,以标准界面的形式播放。

当光标靠近播放窗口时,播放窗口上方会出现图 9.35 所示的悬浮条。当光标离开播放窗口时,该悬浮条会隐藏起来。

悬浮条中,包括"全屏"按钮、"标准/最小界面"按钮、"1 倍尺寸"按钮、"2 倍尺寸"按钮、"始终置顶"按钮、"从不置顶"按钮、"画质调节"按钮、"音频调节"按钮、"字幕调节"按钮、播放窗口快捷菜单按钮(右击)等。

图 9.35　播放窗口悬浮条

（2）B 区（播放列表区）：包括播放列表和在线视频两大部分，默认选择"在线视频"。若单击"播放列表"按钮，进入图 9.36 所示的播放列表界面。单击"添加到播放列表"按钮"＋"，添加本地媒体格式。

（3）C 区（控制播放栏）：可以控制播放媒体，从左往右依次为"底色与字体切换"按钮 、"停止"按钮 、"上一个"按钮 、"播放"按钮 、"下一个"按钮 、"打开文件"按钮 、"静音开/关"按钮 、音量控制条 、"关闭播放列表"按钮 、"暴风工具箱"按钮 、"暴风盒子"按钮 等。

（4）D 区（暴风盒子）：可以进行视频搜索，能在线点播热榜、新榜、电影、电视剧、动漫、综艺、720P 高清电影库等，可注册、登录暴风游戏账户。

图 9.36　播放列表界面

2. 暴风影音的基本功能

（1）播放音频/视频文件

在图 9.33 所示的主界面中，单击"主菜单"按钮 ，进入图 9.37 所示的主菜单。

图 9.37　主菜单

单击"打开文件"按钮，进入"打开"对话框。选择存放在本地的媒体文件，文件名会自动添加到播放列表中。单击控制栏中的"播放"按钮 ，即可开始播放。

单击"打开文件夹"按钮，进入"浏览文件夹"对话框。选择存放在本地的媒体文件夹，批量文件名会自动添加到播放列表中，用户可以选择顺序播放、随机播放、单个播放、循环模式等来播放媒体文件。

依次选择"文件"|"打开碟片/DVD"选项，可以播放DVD 碟片。

依次选择"文件"|"打开方式（高级）"选项，进入"高级打开"对话框。用户可以在"播放方式"下拉列表中选择合适的播放核心，使播放更加流畅。

（2）辅助播放功能

用户可以根据视频文件的尺寸来调节播放窗口的显示比例。右击窗口，在弹出的快捷菜单中选择"全屏"选项，可以全屏播放视频文件。

若要转到指定的时间进行播放，可以在图 9.34 所示的播放窗口快捷菜单中依次选择"播放控制"|"跳至指定时间"选项，进入图 9.38 所示的"跳至指定时间"对话框。可以分别在"小时"、"分"、"秒"栏中，输入相应数值，从而到达需要播放的视频位置。

（3）截图功能

在图 9.34 所示的播放窗口快捷菜单中，依次选择"截屏"|"截屏"（快捷键 F5）选项，

图 9.38　"跳至指定时间"
　　　　对话框

或者依次选择"截屏"|"立即截屏"（快捷键 Ctrl＋F5）选项，进入"另存为"对话框。用户选择文件名及保存位置后，单击"保存"按钮。可以将图片保存为 BMP 或 JPG 格式。

依次选择"截屏"|"打开截屏保存目录"选项，可以浏览截屏的图片。

注意：快捷键 Ctrl＋F5 的功能与 F5 有所不同，它是在不影响播放窗口的情况下，直接截屏并保存图片到默认的位置，可多次连续截图，非常方便。

3. 暴风影音的属性设置

在暴风影音主界面中，依次单击 ▣ |"高级选项"按钮，或者在图 9.34 所示的播放窗口快捷菜单中选择"高级选项"选项，进入图 9.39 所示的"高级选项"对话框。包括综合设置、播放设置及其他设置。

图 9.39　"高级选项"对话框

（1）综合设置：包括播放列表、文件关联、热键、截图设置、更新、常规等设置。

（2）播放设置：包括基本、屏幕、高清、扬声器等设置。

（3）其他设置：包括资讯提示等设置。

9.2.5　应用案例

任务 1：使用暴风影音检索、播放电视剧《一起又看流星雨》。

操作步骤：

方法一：启动暴风影音，在图 9.33 所示的主界面 D 区的暴风盒子中，在其上方的搜索框中，输入需要查找的电视剧名称"一起又看流星雨"。单击"视频搜索"按钮，在搜索结果中，单击"播放本专辑"按钮，默认剧集会全部导入播放列表中，同时提供 720P 高清在线顺序播放。用户可以单击"播放列表"按钮，再选择需要的剧集进行个性化播放。

方法二：启动暴风影音，在图 9.33 所示的主界面 B 区中，单击"在线视频"按钮，在其下的搜索框中，输入"一起又看流星雨"，单击"搜索"按钮。在搜索结果中，双击"一起又看流星雨"。

任务 2：暴风影音实现断点续播，让媒体文件从记录位置播放。

当未完全播放完媒体文件时,希望下次接着上次的断点位置继续播放,即为"断点续播"。

操作步骤:

(1) 保存断点。在播放媒体文件时,在图 9.33 所示的主界面 C 区的控制播放栏中,单击 ▮▮ 按钮,暂停播放。依次选择主菜单 ▾ |"收藏"|"添加到收藏夹"选项,进入"加入收藏"对话框。选中"记住位置"复选框。设置快捷方式名称为文件名,在"请输入快捷方式名称"文本框中输入需要的名称,如"卡拉 OK 同一首歌.mp3"。单击"确定"按钮。

(2) 断点续播。在图 9.33 所示的主界面中,依次选择主菜单 ▾ |"收藏"|"卡拉 OK 同一首歌.mp3"选项,将从上次记住的断点位置开始播放,而不需要重新播放。

9.2.6　技能训练

任务 1:利用暴风影音播放最热的时事新闻。

操作步骤:

启动暴风影音,在图 9.33 所示的主界面 B 区中,单击"在线视频"按钮,再依次选择"最热新闻"|"体育新闻"选项,双击需要的新闻标题。

任务 2:利用暴风影音播放电影《大假一场》,并且连续截图,保存到默认位置。

操作步骤:

(1) 播放。启动暴风影音,在图 9.33 所示的主界面 D 区的暴风盒子中,单击"电影"按钮,在其下的搜索框中,输入"大假一场",再单击"视频搜索"按钮。在搜索结果中,单击"播放本专辑"按钮。

(2) 连续截图。在图 9.33 所示的主界面中,依次选择"截屏"|"立即截屏"(快捷键 Ctrl+F5)选项,进入"另存为"对话框,将图片保存为 BMP 或 JPG 格式。

(3) 依次选择"截屏"|"打开截屏保存目录"选项,可以浏览截屏的图片。

任务 3:利用暴风影音保存《家的 n 次方》播放列表,清除播放列表后,重新载入保存的播放列表。

操作步骤:

(1) 启动暴风影音,在图 9.33 所示的主界面 D 区的暴风盒子的热榜栏中,选择电视剧《家的 n 次方》,默认剧集会全部导入播放列表中。

(2) 单击"播放列表"按钮,右击任何剧集,弹出图 9.40 所示的快捷菜单,选择"保存播放列表"选项,进入"打开"对话框。选择保存的文件名及保存的位置,文件名为.smpl 格式。

(3) 在图 9.40 所示的播放列表快捷菜单中,选择"清除播放列表"选项,此时播放列表为空。

(4) 在图 9.40 所示的播放列表快捷菜单中,选择"载入播放列表"选项,或者直接双击.smpl 格式的文件,均可导入到播放列表中。

图 9.40　播放列表快捷菜单

9.2.7   技能达标

1. 填空题

暴风影音是（   ）工具。

2. 判断题

暴风影音支持 RMVB 格式。   （   ）

3. 问答题

什么是 MEE 万能播放引擎？

4. 上机操作题

利用暴风影音剪辑本机的视频文件。

操作步骤：

（1）启动暴风影音，在图 9.33 所示的主界面 A 区的播放窗口中，单击"打开文件"按钮，进入"打开"对话框。选择需要的视频文件，如 AVSEQ01.DAT，再单击"打开"按钮，导入到播放列表中，并且开始播放。

（2）右击播放窗口，在弹出的快捷菜单中依次选择"视频转码/截取"|"片段截取"选项，进入图 9.41 所示的片段截取界面。在圆角矩形框中，拖动开始点 ◁ 滑块到需要的位置，或者在"开始"微调栏中，精确输入开始点的时间，如"0:01:00"。同样方法，拖动结束点 ▷ 滑块到需要的位置，或者在"结束"微调栏中，精确输入结束点的时间，如"0:03:09"。在两滑块间的蓝色条区域，即为截取的片段。

图 9.41   片段截取界面

（3）单击"未选择设备"按钮，进入图 9.42 所示的"输出格式"对话框。在"输出类型"下拉列表中选择"家用电脑"选项。在"品牌型号"的左边下拉列表框中，选择"流行视频格式"选项。在"品牌型号"的右边下拉列表中，选择 MP4 选项。单击"确定"按钮，进入图 9.43

所示的片段截取设置结果界面。单击"输出目录"按钮 ，可以修改文件保存的位置。单击"开始"按钮，可将截取的片段自动保存为 MP4 格式的文件，如 AVSEQ01_baofeng.mp4。

图 9.42　"输出格式"对话框

图 9.43　片段截取设置结果界面

9.2.8　课后习题

上网下载暴风影音的安装文件，解压到硬盘，练习使用暴风影音软件。

9.3　视频制作工具——会声会影(Corel VideoStudio)

Corel VideoStudio(会声会影)是功能强大的非线性视频编辑软件。它会一步一步指导用户完成捕获、编辑和分享视频的过程，它不仅提供了一百多种转场，还提供了专业的字幕制作功能和创建配乐的简单工具,操作过程简捷易用。

9.3.1　技能目标

(1) 了解和掌握会声会影的基础知识。

(2) 掌握会声会影的使用方法及基本操作。

9.3.2　相关知识点介绍

1. IEEE 1394 接口

IEEE 1394 接口是苹果公司开发的串行标准,中文译名为火线接口(Firewire)。它支持外设热插拔,是计算机与 HDV/DV 摄像机或其他高速外围设备高速串行连接的标准。

2. 转场

转场使影片可以从一个场景平滑地切换为另一个场景。这些转场可以应用到"时间轴"中的所有轨道上的单个素材上或素材之间。有效地使用此功能,可以为影片添加专业化的效果。

3. 覆叠

覆叠的原理就是把一个素材叠加到另一个素材中,从而达到在一个画面中显示两个画面的效果,或者在一个画面中还有另一个画面。覆叠是通过覆叠轨来实现的,通过在覆叠轨中添加素材并调整素材的透明度、大小、位置等,制作出各种丰富有趣的画面。

覆叠轨具有大部分的视频编辑功能,如支持图像或视频、应用滤镜等,它不但可以调整素材的透明度、大小、位置,还支持 Alpha 通道(即透明通道),以及对视频进行移动的动画设置。

9.3.3　下载、安装与启动会声会影(Corel VideoStudio)

从许多网站都可以下载这个软件,本文采用的版本是 Corel VideoStudio(会声会影) Pro X4 中文试用版,支持操作系统 Windows Vista/Windows 2003/Windows XP/Windows 2000,软件大小为 764MB,是一个共享软件,试用期为 30 天。

1. 安装

双击下载的 Corel VideoStudio 安装程序,进入图 9.44 所示的开始安装界面,随后进入图 9.45 所示的初始化安装向导界面,接着进入图 9.46 所示的许可协议界面。选中"我接受许可协议中的条款"复选框,单击"下一步"按钮,进

图 9.44　开始安装界面

入图 9.47 所示的设置界面。选择"选择您所在的城市/区域"单选按钮,再选择列表框中的"中国"选项;选择"选择您正在使用的视频标准"单选按钮,再选择 PAL/SCEM 选项,其余建议选择默认设置。单击"下一步"按钮,进入图 9.48 所示的配置界面。接着进入图 9.49所示的安装完成界面。可选择"否"单选按钮,稍后再重启。单击"完成"按钮,进入图 9.50 所示的免费试用界面。单击"继续"按钮,进入图 9.51 所示的注册界面。可选择"稍后注册"单选按钮,单击"继续"按钮,进入图 9.52 所示的 Corel VideoStudio 主界

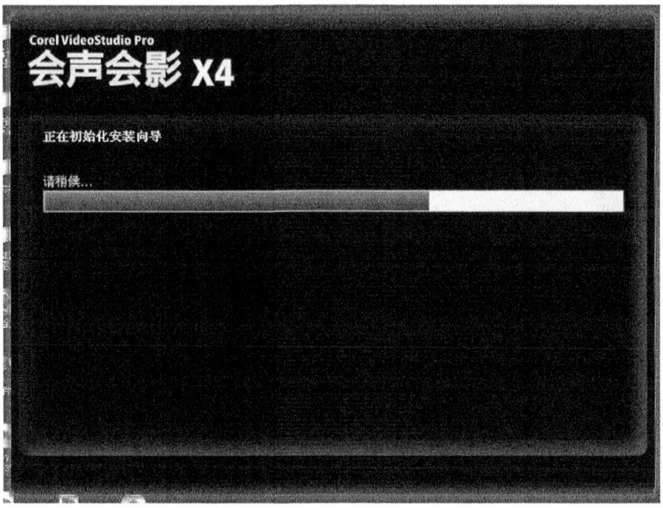

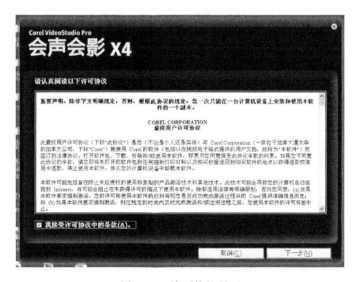

图 9.45　初始化安装向导界面

图 9.46　许可协议界面

面,至此完成安装过程。

2. 启动

启动 Corel VideoStudio 软件的方法如下。

方法一:依次选择"开始"|"程序"|Corel VideoStudio Pro X4|Corel VideoStudio Pro X4 程序,可进入图 9.52 所示的 Corel VideoStudio 主界面。

方法二:直接双击桌面的 Corel VideoStudio Pro X4 快捷方式,其余具体操作同方法一。

图 9.47　设置界面

图 9.48　配置界面

图 9.49　安装完成界面

图 9.50　免费试用界面

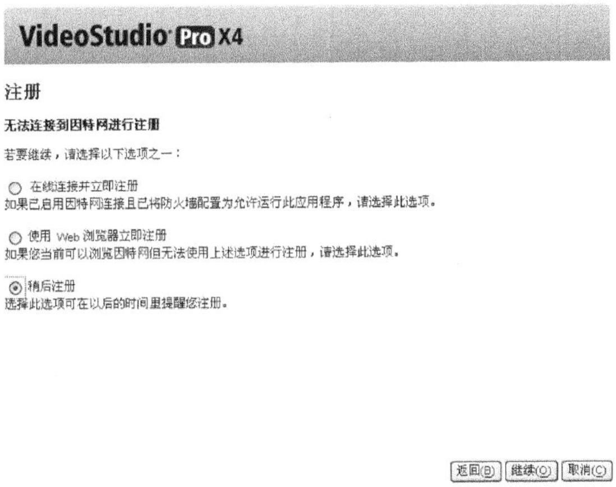

图 9.51　注册界面

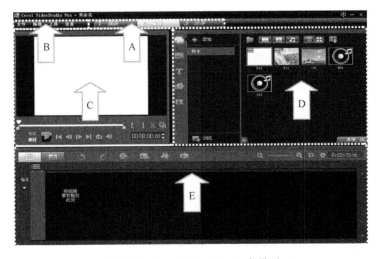

图 9.52　Corel VideoStudio 主界面

9.3.4　使用会声会影（Corel VideoStudio）

1. 会声会影主界面介绍

图 9.52 所示的主界面由步骤面板（A 区）、菜单栏（B 区）、播放器面板（C 区）、素材库面板（D 区）、时间轴面板（E 区）组成。

（1）A 区（步骤面板）：包括捕获、编辑和分享步骤按钮，这些按钮对应视频编辑过程中的不同步骤。默认选择"编辑"步骤按钮。

捕获步骤允许用户捕获和导入视频、照片和音频素材。

编辑步骤是会声会影的核心，可以排列、编辑、修整视频素材，并为其添加效果。

分享步骤可以将完成的影片导出到磁盘、DVD 或 Web。

（2）B 区（菜单栏）：包含文件、编辑、工具和设置菜单，这些菜单提供了不同的命令集。

（3）C 区（播放器面板）：包含预览窗口和导览面板。其中，导览面板提供一些用于回放和精确修整素材的按钮。使用导览控制，可以移动所选素材或项目；使用修整标记和擦洗器，可以编辑素材。若选择"捕获"步骤按钮，播放器面板也可用作 DV 或 HDV 摄像机的设备控制。播放器面板如图 9.53 所示。

其中：

1——擦洗器：可以在项目或素材之间拖曳。

2——修整标记：可以拖动设置项目的预览范围或修整素材。

3——项目/素材模式：指定预览整个项目或只预览所选素材。

4——重复：循环回放。

5——开始标记/结束标记：在项目中设置预览范围或设置素材修整的开始和结束点。

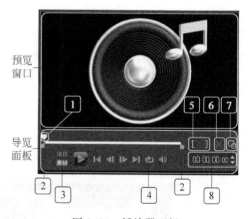

图 9.53　播放器面板

6——分割素材：将擦洗器放在想要分割素材的位置，然后选择此按钮。

7——放大预览窗口：增大预览窗口的大小。

8——时间码：通过指定确切的时间码，可以直接跳到项目或所选素材的某个部分。

（4）D 区（素材库面板）：包含媒体库、媒体滤镜和选项面板。

在图 9.54 所示的素材库面板中，由 A 区、B 区及 C 区组成。可以存储制作影片所需的全部内容，包括视频素材、照片、转场、标题、滤镜、色彩素材及音频文件。

A 区包括"媒体"按钮 ▦、"转场"按钮 ▦、"标题"按钮 **T**、"图形"按钮 ◈、"滤镜"按钮 **FX**。"默认"选择"媒体"按钮 ▦。

B 区包括"添加"按钮及"浏览"按钮。

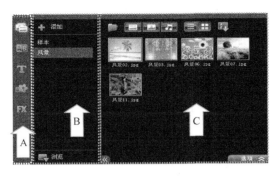

图 9.54　素材库面板

单击"添加"按钮可以添加新文件夹，并且重命名。选择该文件夹，再右击 C 区的空白处，在弹出的快捷菜单中选择"插入媒体文件"选项，可将文件批量添加到该新文件夹中。

单击"浏览"按钮可以浏览文件浏览器中的文件，可直接拖动到 C 区中。

C 区包括"导入媒体文件"按钮 📁、"隐藏视频"按钮 📺、"隐藏照片"按钮 🖼、"隐藏音频文件"按钮 🎵、"列表视图"按钮 ▤、"缩略图视图"按钮 ▦、"对素材库中的素材排序"按钮 🗃、"选项"按钮 选项 ⌄ 。

选择素材库中的某一个媒体文件，再单击"选项"按钮，或者右击媒体文件，在弹出的快捷菜单中选择"选项"选项，可以打开相应媒体文件的选项面板，进行相应的属性选项设置。媒体文件不同，其相应的选项面板也不同。

（5）E 区（时间轴面板）：包含工具栏和项目时间轴。其中，工具栏如图 9.55 所示。

图 9.55　工具栏

从左往右依次为"故事板视图"按钮 ▦、"时间轴视图"按钮 ▣、"撤消"按钮 、"重复"按钮 、"录制/捕获选项"按钮 、"即时项目"按钮 、"混音器"按钮 、"自动音乐"按钮 、"缩小"按钮 、"缩放滑动条"按钮 、"放大"按钮 、"将项目调到时间轴窗口大小"按钮 、"项目区间"按钮 🕐 0:00:00:00 。

项目时间轴有两种视图显示类型：故事板视图和时间轴视图。

故事板视图

整理项目中的照片和视频素材最快、最简单的方法是使用故事板视图。故事板中的每个缩略图都代表一张照片、一个视频素材或一个转场。缩略图是按其在项目中的位置显示的。可以拖动缩略图重新进行排列。每个素材的区间都显示在各缩略图的底部。可以在视频素材之间插入转场以及在预览窗口修整所选的视频素材。

时间轴视图

时间轴视图为影片项目中的元素提供最全面的显示。它按视频、覆叠、标题、声音和音乐将项目分成不同的轨。

单击工具栏左侧的"故事板视图"按钮  ，进入图 9.56 所示的故事板视图。

图 9.56　故事板视图

单击工具栏左侧的"时间轴视图"按钮  ，进入图 9.57 所示的时间轴视图界面。框线处的是时间线标，拖动会改变播放的起始位置，同时在图 9.52 所示的主界面 C 区中的擦洗器的位置会发生相应的变化。

图 9.57　时间轴视图

单击"轨道管理器"按钮 <span></span> ，进入图 9.58 所示的"轨道管理器"对话框，可以管理时间轴视图中可见的轨道。单击 <span></span> 按钮中的下三角，打开图 9.59 所示的轨道管理器快捷菜单，可以进行章节点、提示点的相关设置。单击 <span></span> 按钮中的"＋"/"－"按钮，可分别进行添加/删除章节点操作。

图 9.58　"轨道管理器"对话框

图 9.59　轨道管理器快捷菜单

单击 <span></span> 按钮，可启用/禁用连续编辑。单击 <span></span> 按钮中的下三角，打开图 9.60 所示的连续编辑快捷菜单。可以进行覆叠轨♯1 连续、标题轨♯1 连续、声音轨连续、音乐轨♯1连续的设置。

在图 9.57 所示的时间轴视图中，包括"视频轨"按钮 <span></span> 、"覆叠轨"按钮 <span></span> 、"标题轨"按钮 <span></span> 、"声音轨"按钮 <span></span> 、"音乐轨"按钮 <span></span> 等轨道按钮。

在图 9.57 所示的时间轴视图中，框线处的是时间线标，默认起点位置。当光标靠近 <span></span> 标志时，会变成鼠标形状，此时可以拖动。将光标移动到时间刻度线上，变成鼠标形状时，选择某个时间位置，均可改变时间线标的位置。

在图 9.57 所示的时间轴视图中,右击媒体文件,会弹出图 9.61 所示的时间轴视图媒体快捷菜单,可以进行需要的操作。

图 9.60　连续编辑快捷菜单　　　　　图 9.61　时间轴视图媒体快捷菜单

2. 会声会影的基本功能

(1) 捕获

在图 9.52 所示的主界面中,单击"捕获"步骤按钮,进入图 9.62 所示的捕获界面。可实现从 DVD-Video、DVD-VR、AVCHD、BDMV 光盘录制到内存卡上的摄像机、光盘的内存储器、DV、HDV 摄像机、移动设备以及模拟和数字电视捕获设备中捕获或导入视频。具体的捕获选项如下。

图 9.62　捕获界面

① 捕获视频:可从外部设备捕获视频。

② DV 快速扫描:可扫描 DV 设备,查找要导入的场景,添加视频的日期和时间。

③ 从数字媒体导入:可从光盘、硬盘、内存卡、数码相机、光盘摄像机导入视频和照片。

④ 从移动设备导入:可从移动设备(如 Nokia、Windows Mobile 手机和 PSP)中的媒体素材导入项目中,还可以使用该功能从内存卡、数码相机和 DSLR 导入视频或图像。

⑤ 定格动画:可将 DV、HDV 摄像机、网络摄像头捕获的图像或从 DSLR 导入的照

片直接制作定格动画,并将其添加到视频项目中。

不同捕获的操作方法类似。例如,从摄像机中捕获视频和照片的操作步骤如下。

主流的 DV(摄像机)大多数具有 IEEE 1394 数字传输接口,若计算机没有此接口,则需要安装一块 IEEE 1394 扩展卡。一般情况下,Windows XP 会自动识别硬件并安装驱动程序,用户不需要执行添加硬件的操作。

① 把数据线两端分别插入 DV 及计算机的 IEEE 1394 接口,并打开 DV 设备,将设备设置为播放(或 VTR/VCR)模式。

② 单击"选项"按钮,可打开相应的选项面板,单击"捕获视频"按钮。

③ 在"来源"下拉列表框中,选择捕获设备。

④ 在"格式"下拉列表框中,选择用于保存捕获视频的文件格式。单击"捕获文件夹"按钮,打开"浏览文件夹"对话框,可设置保存捕获文件的文件夹位置。

⑤ 扫描视频,搜索要捕获的部分。

⑥ 单击"捕获视频"按钮,可捕获视频。单击"停止捕获"按钮,或按 Esc 键,可停止捕获。

⑦ 要从视频镜头捕获照片,请在所需照片位置,单击"暂停"按钮,再单击"抓拍快照"按钮。若摄像机处于录制模式时(通常称为相机或影片),可以捕获现场视频。

(2) 编辑

在图 9.52 所示的主界面中,单击"编辑"步骤按钮,进入图 9.63 所示的编辑界面。可集合项目中所有元素,可从图 9.54 所示的素材库面板中,选择视频、转场、标题、图形、效果和音频素材,并添加到时间轴中。若使用选项面板,可进一步自定义使用的每个元素的属性。

图 9.63　编辑界面

单击图 9.54 所示的素材库面板 A 区中的"转场"按钮 ![AB] ,进入图 9.64 所示的转场界面。可进行 3D、相册、取代、时钟、过滤、胶片、闪光、遮罩、NewBlue 样品转场、果皮、推动、卷动、旋转、滑动、伸展、擦拭等转场设置。

单击图 9.54 所示的素材库面板 A 区中的"标题"按钮 ![T] ,进入图 9.65 所示的标题界面。可进行收藏夹管理、标题修改、添加文件夹等设置。

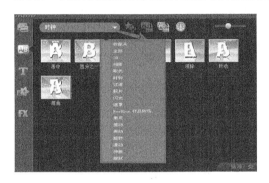

图 9.64　转场界面

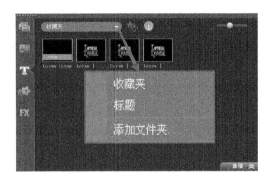

图 9.65　标题界面

单击图 9.54 所示的素材库面板 A 区中的"图形"按钮 ![图形] ,进入图 9.66 所示的图形界面。可进行色彩、对象、边框、Flash 动画等设置。

单击图 9.54 所示的素材库面板 A 区中的"滤镜"按钮 ![FX] ,进入图 9.67 所示的滤镜界面。可进行二维映射、三维纹理映射、调整、相机镜头、Corel FX、暗房、焦距、自然绘图、NewBlue 样品效果、NewBlue 视频精选、NewBlue 视频精选Ⅱ、特殊、标题效果等设置。

图 9.66　图形界面

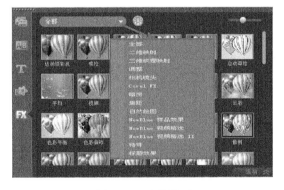

图 9.67　滤镜界面

（3）分享

在图 9.52 所示的主界面中,单击"分享"步骤按钮,进入图 9.68 所示的分享界面,可将项目渲染为满足用户的需求或其他用途的视频文件格式。可将渲染的影片作为视频文件导出;将项目刻录为带有菜单的 AVCHD、DVD 和 BDMV 光盘;导出到移动设备或直接上传到 Vimeo、YouTube、Facebook 或 Flickr 账户。具体的分享选项如下。

　① 创建视频文件:可选取用于创建视频文件的模板。

　② 创建声音文件:为视频创建单独的音频文件。

图 9.68　分享界面

③ 创建光盘：打开 DVD 程序编写向导来创建光盘。

④ 导出到移动设备：将视频文件导出到移动设备。

⑤ 项目回放：在外部设备或全屏幕回放项目。

⑥ DV 录制：将视频文件输出到 DV 摄像机。

⑦ HDV(高清 DV)录制：将视频文件输出到 HDV 摄像机。

⑧ 上传到网站：在线上传并分享用户的视频。

不同分享的操作方法类似。例如，创建视频文件的操作步骤如下。

在图 9.52 所示的主界面中，依次单击"分享"|"创建视频文件"|WMV|WMV HD 按钮，进入"创建视频文件"对话框，可以设置保存的文件名及位置。

3. 影片项目的基本操作

制作影片包括如下的基本操作。

(1) 新建项目

会声会影是以项目的方式来管理影片制作流程的。要开始编辑一部影片，先要新建一个项目。

在图 9.52 所示的主界面中，依次选择"文件"|"新建项目"选项，即可创建一个新项目。

(2) 保存项目和另存项目

创建新项目之后，便可以在项目内导入各种素材，并进行不同的剪接和修饰。完成项目的编辑后，需要将项目保存起来。

在图 9.52 所示的主界面中，依次选择"文件"|"保存"选项。若是首次保存，进入"另

存为"对话框,选择保存的文件名及保存位置,默认文件类型为.vsp。若非首次保存,将把本次的修改和更新直接保存至原来的项目中。

在图 9.52 所示的主界面中,依次选择"文件"|"另存为"选项,进入"另存为"对话框,可将修改和更新另存到一个新的项目文件中。

(3) 打开项目

如果要继续编辑已经创建的影片项目,可通过打开项目功能。

在图 9.52 所示的主界面中,依次选择"文件"|"打开项目"选项,进入"打开"对话框,选择需要打开的位置及文件名,最后单击"打开"按钮。

4. 会声会影的选项设置

在图 9.52 所示的主界面 A 区的菜单栏中,依次选择"设置"|"参数选择"选项,进入图 9.69 所示的"参数选择"对话框,可以实现包括常规、编辑、捕获、性能、界面布局等方面的设置。

图 9.69　"参数选择"对话框

9.3.5　应用案例

任务:制作主题班会宣传片。要求将多张主题班会图片,加入多种效果(包含转场、字幕、覆叠、音乐等),并且输出 AVI 格式文件,以适合电视播放。

操作步骤:

(1) 启动会声会影,在图 9.52 的主界面中,依次选择"文件"|"新建项目"选项。

(2) 导入素材。在图 9.52 所示的主界面 D 区(素材库面板)中,单击"导入媒体文件"按钮,进入"浏览媒体文件"对话框,打开需要的图片。分别右击两张图片,会弹出图 9.72 所示的媒体文件快捷菜单,依次选择"插入到"|"视频轨"选项,或者直接拖动图片到时间轴面板的视频轨中。

(3) 添加转场效果。在如图 9.54 所示的素材库面板中,依次单击"转场"按钮 |"收藏夹"选项,可选择不同的转场效果,分别拖动转场到图片间的连接处。

(4) 添加字幕效果。在图 9.57 所示的时间轴视图中,设置时间线标为起点位置。在图 9.52 所示的主界面 D 区(素材库面板)中,单击"标题"按钮 ,进入图 9.65 所示的标题界面。在图 9.52 所示的主界面 C 区(播放器面板)的预览窗口中输入"悦纳自我,放飞梦想",然后修改字体的大小、色彩、标题样式等。依次选择"收藏夹"|"标题"选项,选择不同的标题动画。

(5) 添加班徽标志的覆叠效果(从第一张图片右下角加入 Flash 动画的班徽标志)。在图 9.52 所示的主界面 D 区(素材库面板)中,依次选择 |"色彩"|"Flash 动画"选项,再单击"添加"按钮 ,进入"浏览 Flash 动画"对话框。选择需要的 Flash 动画班徽标志文件,单击"打开"按钮,将其添加到媒体库中。选择该 Flash 动画,依次选择"插入到"|

"覆叠轨♯1"选项,准备进行画中画编辑。

观察图9.52所示的主界面C区(播放器面板)的预览窗口,如图9.70所示为画中画界面。拖动覆叠素材上的拖柄以调整其大小;拖动角上的黄色拖柄,可以保持宽高比来调整大小;拖动覆叠素材周围的轮廓框的每个角上的绿色节点,可以使覆叠素材变形;最后将其移动到右下角位置。

拖动覆叠轨♯1中的Flash动画到尾部,使其与视频轨的尾部对齐。右击覆叠轨♯1中的Flash动画,在弹出的快捷菜单中选择"打开选项面板"选项,进入图9.71所示的覆叠属性界面。依次选择"遮罩和色度键"|"应用覆叠选项"|"类型"下拉列表|"色度键"选项。

图9.70　画中画界面

图9.71　覆叠属性界面

(6) 添加背景音乐,并分割音乐,分别设置淡入淡出效果。单击"导入媒体文件"按钮 ,添加背景音乐。依次选择"插入到"|"音乐轨♯1"选项,拖动音乐轨♯1中的音乐边界,使其与视频的长度一致。

分割音乐。在图9.52所示的主界面C区(播放器面板)中,拖动"擦洗器"按钮到音乐一半的位置,或者输入精确的时间码,或者拖动时间轴上的时间线标到音乐一半的位置,再单击"分割素材"按钮 。

设置淡入淡出效果。选择前半部音乐,单击"选项"按钮,再单击"淡入"按钮 。选择后半部音乐,单击"选项"按钮,再单击"淡出"按钮 。

(7) 输出AVI格式文件,以适合电视播放。在图9.52所示的主界面中,依次选择"分享"|"创建视频文件"|DV|DV(16∶9)选项,进入"创建视频文件"对话框。选择保存的文件名及保存位置,文件类型为AVI。

9.3.6　技能训练

任务1:制作两张图片的时钟转场效果。

操作步骤:

(1) 启动会声会影,在图9.52所示的主界面中,依次选择"文件"|"新建项目"选项。

(2) 在图9.52所示的主界面D区(素材库面板)中,单击"导入媒体文件"按钮 ,进入"浏览媒体文件"对话框,打开需要的两张图片。分别右击两张图片,会弹出图9.72所示的媒体文件快捷菜单,依次选择"插入到"|"视频轨"选项,或者直接拖动图片到时间轴

面板的视频轨中。

（3）在素材库面板中，依次单击"转场"按钮 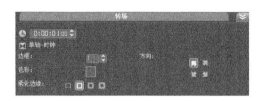 |"收藏夹"|"时钟"选项，例如，双击"四分之一转场"按钮 ，或者直接拖动，可将转场添加到视频轨的两张图片之间。

（4）右击视频轨中的"四分之一转场"按钮 ，在弹出的快捷菜单中选择"打开选项面板"选项。或者单击"选项"按钮，进入图 9.73 所示的转场属性界面。可以进行边框、色彩、柔化边缘、方向等效果设置，最后保存项目文件。

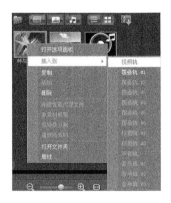

图 9.72　媒体文件快捷菜单

图 9.73　转场属性界面

任务 2：制作两图片的覆叠效果，要求实现画中画效果，并且覆叠轨运用遮罩效果。

操作步骤：

（1）启动会声会影，在图 9.52 所示的主界面中，依次选择"文件"|"新建项目"选项。

（2）将两张图片分别添加到"视频轨"和"覆叠轨♯1"中。在图 9.52 所示的主界面 D 区（素材库面板）中，单击"导入媒体文件"按钮 ，进入"浏览媒体文件"对话框，打开需要的两张图片。右击其中一张图片，弹出图 9.72 所示的媒体文件快捷菜单。依次选择"插入到"|"视频轨"选项，作为视频的主画面。再右击其中另一张图片，弹出图 9.72 所示的媒体文件快捷菜单，依次选择"插入到"|"覆叠轨♯1"选项，准备进行画中画编辑。

（3）调整画中画（覆叠素材）的位置、大小、形状。观察图 9.52 所示的主界面 C 区（播放器面板）的预览窗口，拖动覆叠素材上的拖柄以调整其大小。拖动角上的黄色拖柄，可以保持宽高比来调整大小。拖动覆叠素材周围的轮廓框的每个角上的绿色节点，可以使覆叠素材变形。

（4）制作画中画遮罩效果。右击覆叠轨♯1 中的图片，在弹出的快捷菜单中，选择"打开选项面板"选项，再依次选择"遮罩和色度键"|"应用覆叠选项"|"类型"下拉列表|"遮罩帧"选项，默认选择"椭圆形"，也可以选择需要的其他形状。

（5）观察播放效果，保存项目文件。在图 9.52 所示的主界面 E 区的时间轴面板中，拖动时间线标到起点位置。或者在图 9.52 所示的主界面 C 区的播放器面板中，拖动"擦洗器"到起点位置，再单击"播放" 按钮，预览播放效果。依次选择"文件"|"保存"选项，保存项目文件。

任务 3：制作视频的滤镜效果，并且添加两首不同的背景音乐，进行混响滤镜效果设置（素材包括 MPG 视频文件，两首 MP3 歌曲文件）。

视频滤镜是应用到素材的效果,用来改变素材的样式或外观。例如,马赛克和涟漪。

音频滤镜可以将滤镜(如放大、嘶声降低、长回音、等量化、音调偏移、删除噪音、混响、体育场、声音降低和音量级别等)应用到音乐和声音轨中的音频素材中。只能在时间轴视图中应用音频滤镜。

操作步骤:

(1) 启动会声会影,在图 9.52 所示的主界面中,依次选择"文件"|"新建项目"选项。

(2) 添加视频及音乐素材。在图 9.52 所示的主界面的 D 区(素材库面板)中,单击"导入媒体文件"按钮 ▢,打开需要的视频文件。右击该视频文件,弹出图 9.72 所示的媒体文件快捷菜单,依次选择"插入到"|"视频轨"选项。

单击"轨道管理器"按钮 ▦,或者单击"音乐轨"按钮 ▤,进入默认的图 9.58 所示的"轨道管理器"对话框。选中"音乐轨♯2"复选框,再单击"确定"按钮,增加一条音乐轨。分别导入两首音乐文件,分别拖动到"音乐轨♯1"和"音乐轨♯2"中。

(3) 添加视频滤镜。在图 9.52 所示的主界面 D 区(素材库面板)中,单击"滤镜"按钮 ▣,选择"眩光滤镜"选项。该滤镜能在影片中产生太阳光晕的效果,将其拖动到时间轴面板中的视频轨素材中。

(4) 添加音频滤镜。任意右击音乐轨中的其中一个音频素材,选择"打开选项面板"选项,单击"音频滤镜"按钮 ▦,进入"音频滤镜"对话框。在"可用滤镜"列表框中,选择"混响"选项,再依次选择"添加"|"确定"按钮,最后保存项目文件。

任务 4:动态抠像(素材包括节目主持人视频 AVI 文件、风景图片)。

动态抠像是覆叠轨的高级应用,动态抠像如同一个神奇的魔法师,它能将影片中的背景换成用户喜欢的背景,以便制作出与众不同的影片。

在电影中,动态抠像是使用频率很高的一种特效。最常见的是主持人站在一个没有任何物体的三维空间内,其实是抠图与覆叠共同组合的效果。

动态抠像的原理是将图像的背景颜色进行透明化处理,并保留图像中的主体(如人物),使背景下面的图层画面呈现出来(如另一幅图像),从而达到更换影片背景的目的。要较好地实现动态抠图效果,建议背景的颜色不与主题的颜色重复,而且背景不要太复杂,没有明显的光影变化等。

操作步骤:

(1) 启动会声会影,在图 9.52 所示的主界面中,依次选择"文件"|"新建项目"选项。

(2) 将准备做抠像处理的主持人视频 AVI 素材添加至"覆叠轨♯1"中,将风景图片添加到"视频轨"中。

在图 9.52 所示的主界面 D 区(素材库面板)中,单击"导入媒体文件"按钮 ▢,进入"浏览媒体文件"对话框,打开需要的风景图片。右击其中一张图片,弹出图 9.72 所示的媒体文件快捷菜单,依次选择"插入到"|"视频轨"选项,作为视频的主画面。同样方法,导入视频 AVI 文件到媒体库中。右击该视频素材,弹出图 9.72 所示的媒体文件快捷菜单,依次选择"插入到"|"覆叠轨♯1"选项,准备进行画中画编辑。

(3) 调整画面的大小。让画中画布满于整个背景画面。

(4) 对覆叠轨图片进行抠像处理。对覆叠轨视频应用色度键功能,也就是所说的抠像功能,通过该功能可以去掉视频中的背景。

　　右击覆叠轨♯1中的视频素材,在弹出的快捷菜单中,选择"打开选项面板"选项,进入图9.71所示的覆叠属性界面。依次选择"遮罩和色度键"|"应用覆叠"选项|"类型"下拉列表|"色度键"选项,最后保存项目文件。

9.3.7　技能达标

1. 填空题

会声会影是(　　　)工具。

2. 判断题

会声会影支持画中画效果。　　　　　　　　　　　　　　　　　　　　(　　　)

3. 问答题

IEEE 1394 接口的主要用途是什么?

4. 上机操作题

利用会声会影制作电子贺卡,加入多种效果(包含转场、字幕、覆叠、音乐等),输出MPG 格式的文件。

9.3.8　课后习题

上网下载"会声会影"的安装文件,解压到硬盘,练习使用会声会影软件。

第 10 章

视频及音频处理工具

视频和音频是信息传播的载体,是多媒体技术研究的重要领域。本章介绍的视频处理工具有暴风转码、屏幕录像专家、GoldWave。

10.1 暴风转码

暴风转码是免费专业的音视频格式转换软件。它可将计算机上任何的音视频文件转换成各类手机、各种 MP4/MP3 播放器、iPod、PSP 等掌上设备支持的视频格式。

其新版具有如下特色。

(1) 支持格式丰富:支持超过 500 种源格式转换,免费的万能 MP4/3GP 转换器。

(2) 专注移动设备:支持 5 大类 106 系列、300 多种手机移动设备的一键转换。

(3) 拥有 10 倍的视频转换器:4～10 倍于正常播放的转换速度,格式转换瞬间完成;支持尖端 CUDA 编码加速技术,开启后转换速度再提升两倍。

10.1.1 技能目标

(1) 了解和掌握暴风转码的基础知识。

(2) 掌握暴风转码的使用方法及基本操作。

10.1.2 相关知识点介绍

CUDA 编码加速技术是英伟达(nVIDIA)公司的并行计算架构。该架构通过利用 GPU 的处理能力,可大幅提升计算性能。

10.1.3 下载、安装与启动暴风转码

从许多网站都可以下载这个软件,本书采用的版本是暴风转码 1.2 正式版,支持操作系统 Windows Vista/Windows 2003/Windows XP/Windows 2000/Windows NT,软件大小为 25.76MB,是一个免费软件。

1. 安装

双击下载的暴风转码安装程序,进入图 10.1 所示的安装向导界面。单击"下一步"按钮,进入图 10.2 所示的许可证协议界面。单击"我接受"按钮,进入图 10.3 所示的选择安装位置界面。单击"下一步"按钮,进入图 10.4 所示的免费的百度工具栏界面。取消选中

复选框,单击"安装"按钮,进入图 10.5 所示的正在安装界面,接着进入图 10.6 所示的安装完成界面。取消选中复选框,单击"完成"按钮,至此完成安装过程。

图 10.1　安装向导界面

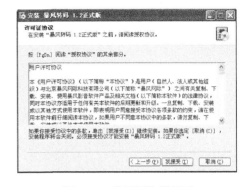

图 10.2　许可证协议界面

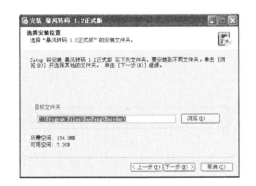

图 10.3　选择安装位置界面

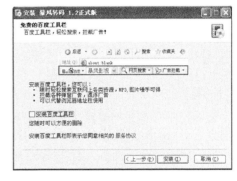

图 10.4　免费的百度工具栏界面

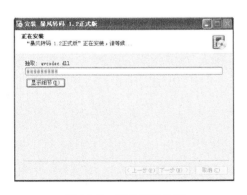

图 10.5　正在安装界面

图 10.6　安装完成界面

2. 启动

启动"暴风转码"软件的方法如下。

方法一:依次选择"开始"|"程序"|"暴风转码"|"暴风转码"程序,进入图 10.7 所示的暴风转码主界面。

方法二:双击桌面的"暴风转码"快捷方式,其余具体操作同方法一。

图 10.7　暴风转码主界面

10.1.4　使用暴风转码

1. 暴风转码主界面介绍

图 10.7 所示的暴风转码主界面由标题栏、添加文件窗口(A 区)、输出设置/详细参数窗口(B 区)及输出预览/视频编辑窗口(C 区)组成。

(1) A 区(添加文件窗口):包括添加文件、删除当前选中项 ×、清空列表 🗑、向上移动按钮 ⬆、向下移动按钮 ⬇;列表区显示当前任务状态、文件名、转换进度、转换时间和播放等信息。

(2) B 区(输出设置/详细参数窗口):可进行输出格式、输出设备详细参数及输出路径的设置,可进行转码操作。

(3) C 区(输出预览/视频编辑窗口):可输出预览,可进行片段截取、画面裁切、声音放大和选择字幕等设置。

2. 暴风转码的基本功能

(1) 视频/音频格式转换

具体操作方法如下。

① 添加文件。单击图 10.7 所示的主界面 A 区的"添加文件"按钮,进入"打开"对话框。选择需要的媒体文件,可按 Shift 或 Ctrl 键,同时选择文件,进行批量选择。单击"打开"按钮,文件会添加到列表框中。

② 选择输出设备。单击图 10.7 所示的主界面 B 区的"输出设备"按钮,进入图 10.8 所示的"输出格式"对话框,进行"输出类型"、"品牌型号"、"最佳播放配置"等设置。

③ 开始转码。单击"输出路径"按钮 […],进入"浏览文件夹"对话框,选择一个保存目录,再单击"开始"按钮,进行转码。在图 10.7 所示的主界面 A 区的列表框中,会显示当前任务状态、转码进度、转码时间等信息。转码完毕,单击 ▶ 按钮,可以播放转码后的媒

体文件。如图 10.9 所示为 MP3 文件转换为 WMA 文件界面。

单击"打开输出目录"按钮 ，可以查找转码后的文件。

（2）剪辑视频/音频

视频编辑包括片段截取、画面裁切、声音放大、选择字幕 4 个方面。

操作步骤（以音频文件为例）：

① 添加文件。单击主界面 A 区的"添加文件"按钮，进入"打开"对话框。选择需要的单个媒体文件，单击"打开"按钮，文件会添加到列表框中。

② 剪辑素材。单击图 10.7 所示的主界面 C 区中的"片段截取"按钮，选中"选择片段进行转换"复选框。

图 10.8　"输出格式"对话框

行转换"复选框。分别拖动 ◢、◣，指定歌曲开头和结尾位置，如图 10.10 所示。框线处的浅青色细柱状指示条是最终需要保留的区域，同时与"开始"及"结束"微调框中的数字相对应。

③ 选择输出设备，设置输出格式，单击"开始"按钮进行转码。

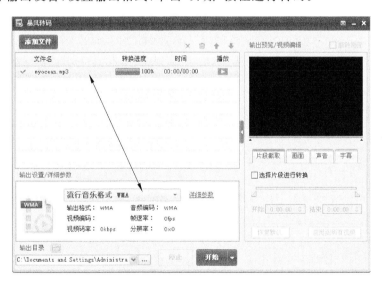

图 10.9　MP3 文件转换为 WMA 文件界面

3. 暴风转码的选项设置

单击图 10.7 所示的主界面标题栏中的"设置选项"按钮，打开图 10.11 所示的快捷菜单。选择"设置"选项，进入图 10.12 所示的"设置"对话框。进行"CUDA 设置"、"综合设置"、"转换完毕后"等方面的设置。

图 10.10　剪辑界面

图 10.11　设置快捷菜单

图 10.12　"设置"对话框

10.1.5　应用案例

任务：利用暴风转码制作手机铃声。

操作步骤：

（1）添加 MP3 文件。启动暴风转码，在图 10.7 所示的主界面中，单击主界面 A 区的"添加文件"按钮，打开需要的 MP3 文件，添加到列表框中。

（2）剪辑 MP3 文件。单击图 10.7 所示的主界面 C 区的"片段截取"按钮，选中"选择片段进行转换"复选框。分别拖动 ◢、◣，指定歌曲开头和结尾位置，如图 10.10 所示。框线处的浅青色细柱状指示条是最终需要保留的区域，同时与"开始"及"结束"微调框中的数字相对应。

（3）音源放大。单击图 10.7 所示的主界面 C 区中的"声音"按钮,建议拖动"声音放大"滑块到刻度 3,表示音源放大 3 倍。

（4）选择输出设备,设置输出格式,开始转码。单击图 10.7 所示的主界面 B 区中的"输出设备"按钮,进入图 10.8 所示的"输出格式"对话框。在"输出类型"下拉列表框中选择"家用电脑"选项。在"品牌型号"左、右下拉列表中分别选择"流行音乐格式"及 MP3 选项,单击"确定"按钮。最后单击"开始"按钮进行转码。用户将转码后的文件复制到手机中,就可以直接使用了。

10.1.6 技能训练

任务 1：未知移动数码设备格式的转换。

操作步骤：

（1）添加文件。启动暴风转码,在图 10.7 所示的主界面中,单击 A 区的"添加文件"按钮,打开需要的媒体文件,添加到列表框中。

（2）选择输出设备,设置输出格式,开始转码。单击图 10.7 所示的主界面 B 区的"输出设备"按钮,进入图 10.8 所示的"输出格式"对话框。在"输出类型"下拉列表框中,选择"我的设备"选项。单击其右侧的"添加新的设备"按钮,进入"智能分析"对话框。单击"浏览"按钮,进入"打开"对话框,选择一个原移动数码设备自带的视频样片。按提示步骤操作后,暴风转码会自动识别移动数码设备应该匹配的视频参数,最后单击"开始"按钮进行转码即可。

任务 2：将下载的 FLV 文件转换到手机（如诺基亚 N9x 系列）中。

操作步骤：

参考 10.1.4 小节中第 2 部分的基本功能（1）的步骤。

任务 3：将多个视频文件的声音批量转换为 MP3 文件,要求所有音源放大 4 倍。

操作步骤：

（1）添加视频文件。启动暴风转码,在图 10.7 所示的主界面中,单击主界面 A 区中的"添加文件"按钮,导入多个视频文件到列表框中。

（2）音源放大。选择列表框中的某个视频文件,单击图 10.7 所示的主界面 C 区中的"声音"按钮,拖动"声音放大"滑块到刻度 4,表示音源放大 4 倍,再单击"应用到所有视频"按钮。

（3）选择输出设备,设置输出格式,开始转码。单击图 10.7 所示的主界面 B 区的"输出设备"按钮,进入图 10.8 所示的"输出格式"对话框。在"输出类型"下拉列表框中选择"家用电脑"选项。在"品牌型号"左、右下拉列表框中分别选择"流行音乐格式"及 MP3 选项,单击"确定"按钮。最后单击"开始"按钮,依次对列表框的文件进行转码。

任务 4：给视频文件添加字幕,并且转换为 WMV 格式（768Video）文件,字幕文件须与视频文件同名,文件类型为 SSA。

操作步骤：

（1）添加视频文件。启动暴风转码,在图 10.7 所示的主界面 A 区中,单击"添加文件"按钮,导入多个视频文件到列表框中。

(2) 添加字幕。选择列表框中的某个视频文件,单击图 10.7 所示的主界面 C 区中的"字幕"按钮,单击"更改"按钮,打开需要的 SSA 字幕文件。

(3) 选择输出设备,设置输出格式,开始转码。单击图 10.7 所示的主界面 B 区的"输出设备"按钮,进入图 10.8 所示的"输出格式"对话框。在"输出类型"下拉列表框中选择"家用电脑"选项。在"品牌型号"左、右下拉列表框中分别选择"流行视频格式"及 WMV 选项。在"流行视频格式 WMV"下拉列表框中,选择 WMV(768Video)选项,单击"确定"按钮。最后单击"开始"按钮进行转码。

10.1.7   技能达标

1. 填空题

暴风转码是(   )工具。

2. 判断题

暴风转码支持移动设备格式的转换。   (   )

3. 问答题

CUDA 编码加速技术的主要特点是什么?

4. 上机操作题

利用暴风转码将 MPG 格式文件转换为 RMVB 格式的文件。

10.1.8   课后习题

上网下载暴风转码的安装文件,解压到硬盘,练习使用暴风转码软件。

10.2   屏幕录像专家

屏幕录像专家是一款专业的屏幕录像制作工具,使用它可以轻松地将屏幕上的软件操作过程、网络教学课件、网络电视、网络电影、聊天视频等录制成 FLASH 动画、WMV 动画、AVI 动画或者自播放的 EXE 动画。软件具有长时间录像并保证声音完全同步的功能,其使用简单,功能强大,是制作各种屏幕录像和软件教学动画的优秀软件。

10.2.1   技能目标

(1) 了解和掌握屏幕录像专家的基础知识。
(2) 掌握屏幕录像专家的使用方法及基本操作。

10.2.2   相关知识点介绍

1. 录制 EXE 文件的原理

录制 EXE 文件只记录屏幕中变化的部分,如果屏幕没有变化,那么就不需要记录,这样使得录制成的文件比较小。EXE 录像内部包含声音和播放器,将其复制到其他计算机均可直接运行播放。

2. 录制频率

录制频率是每秒录多少个画面,即每秒的帧数。频率越高动画越连续,文件也就越大,占用系统资源也越多,所以并不是越大越好,要根据具体情况来设置合适的录制频率。

10.2.3 下载、安装与启动屏幕录像专家

从许多网站都可以下载这个软件,本文采用的版本是屏幕录像专家 2011 Build0626 简体中文版,支持操作系统 Windows 7/Windows 2003/Windows XP/Windows 2000/Windows NT/Windows 9x,软件大小 7.54MB,是一个共享软件,未注册版本在软件启动时会弹出欢迎注册窗口,生成 ASF、AVI、EXE 文件播放时会有"未注册"等字样,不能在生成的 AVI 和 EXE 文件中加入署名或版权声明,生成 FLASH 时只能生成前十帧的动画。

1. 安装

双击下载的屏幕录像专家安装程序,进入图 10.13 所示的安装向导界面。单击"下一步"按钮,进入图 10.14 所示的许可协议界面。选择"我同意此许可协议"单选按钮,单击"下一步"按钮,进入图 10.15 所示的选择安装位置界面,建议选择默认设置。单击"下一步"按钮,进入图 10.16 所示的选择开始菜单文件夹界面,建议选择默认设置。单击"下一步"按钮,进入图 10.17 所示的准备安装界面。单击"下一步"按钮,进入图 10.18 所示的正在安装界面,接着进入图 10.19 所示的安装完成界面。取消选中复选框,单击"下一步"按钮,至此完成安装过程。

图 10.13 安装向导界面

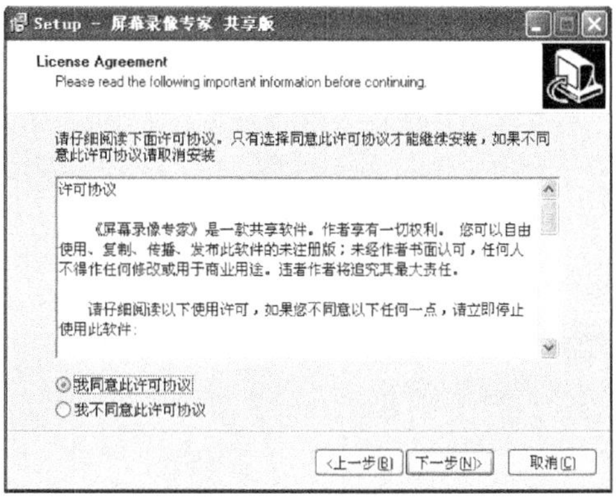

图 10.14 许可协议界面 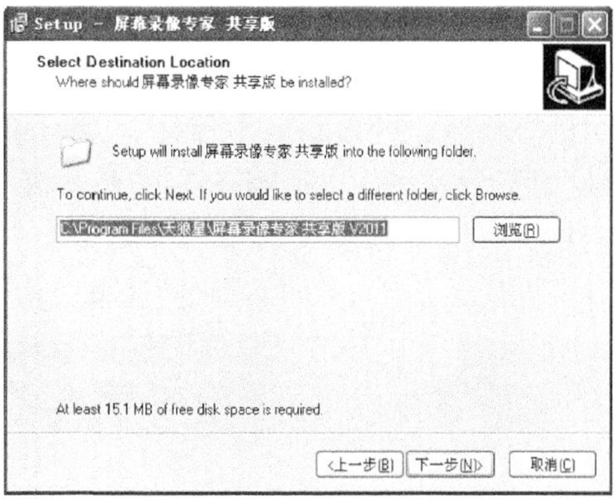 　　　　　图 10.15 选择安装位置界面

图 10.16   选择开始菜单文件夹界面   图 10.17   准备安装界面

图 10.18   正在安装界面   图 10.19   安装完成界面

2. 启动

启动"屏幕录像专家"软件的方法如下。

方法一：依次选择"开始"|"程序"|"屏幕录像专家 V2011"|"屏幕录像专家 V2011"程序，进入图 10.20 所示的颜色设置建议对话框。建议单击 OK 按钮，进入图 10.21 所示的"欢迎注册"对话框。等待 10 秒，单击"试用"按钮，同时进入图 10.22 所示的"向导"对话框和图 10.23 所示的屏幕录像专家主界面。建议选择 ⊠ 按钮关闭"向导"对话框。

方法二：直接双击桌面的"屏幕录像专家 V2011"快捷方式，其余具体操作同方法一。

图 10.20   颜色设置建议对话框

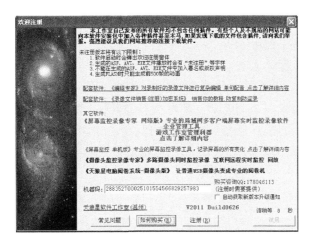

图 10.21　"欢迎注册"对话框

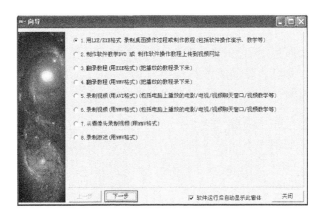

图 10.22　"向导"对话框

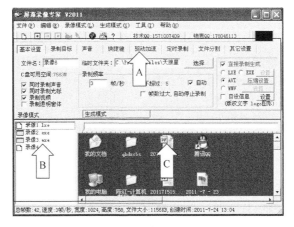

图 10.23　屏幕录像专家主界面

10.2.4　使用屏幕录像专家

1. 屏幕录像专家主界面介绍

图 10.23 所示的屏幕录像专家主界面由主菜单、工具栏、录像模式框和生成模式框（A 区）、录像文件列表框（B 区）和帧浏览框（C 区）等组成。

（1）A 区（录像模式框和生成模式框）：默认选择"录像模式"选项，即录像模式框，包括基本设置、录制目标、声音、快捷键、驱动加速、定时录制、文件分割、其他设置等项目。选择"生成模式"选项，显示如图 10.24 所示的生成模式框界面，包括基本设置、声音、信息等项目。

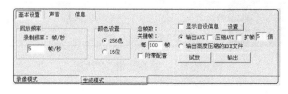

图 10.24　生成模式框界面

（2）B 区（录像文件列表框）：显示临时文件夹中的录像文件，默认的临时文件夹是"C:\Program Files\天狼星\屏幕录像专家 共享版 V2011\ls"。

（3）C 区（帧浏览框）：可以拖动滑块浏览帧。

2. 屏幕录像专家的基本功能

屏幕录像专家采用两种不同方式制作屏幕录像动画，即直接录制生成方式和先录制再生成方式。

（1）直接录制生成方式

直接录制生成方式占用较少的硬盘空间，可以直接生成自动播放的 EXE 或 AVI 等文件。

例如，直接录制生成 EXE 文件的操作方法如下。

① 进入直接录制生成方式。在图 10.23 所示的主界面中，依次选择"录制模式"|"基本设置"选项，选中"直接录制生成"复选框，即进入此方式。

② 参数设置。软件会自动根据编号产生文件名，可以在"文件名"文本框中输入新的文件名。单击"选择"按钮，进入"设置临时文件夹"对话框，可以修改默认的临时文件夹。

选择 EXE 单选按钮，将生成 EXE 文件。单击"设置"按钮，进入图 10.25 所示的"EXE 播放设置"对话框，可以设置"开始状态"、"打开位置"、"背景色"、"标题"、"播放控制"、"图

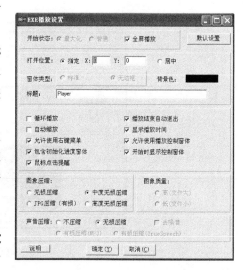

图 10.25　"EXE 播放设置"对话框

像压缩"、"声音压缩"等播放属性。

选中"自设信息"复选框,然后在"自设信息"栏中,单击"设置"按钮,进入图 10.26 所示的"设置自设信息"对话框。若未注册软件,录制的文件播放时会在屏幕上显示"屏幕录像专家 未注册"字样;若已注册软件,用户可以自己设置要显示的文字及 LOGO 图形,信息会显示在图 10.23 所示的主界面 C 区的帧浏览框中,可以直接拖动文字来设置显示的位置。

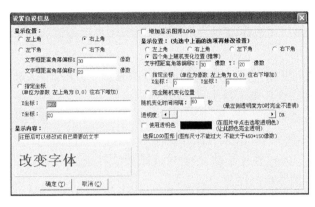

图 10.26　"设置自设信息"对话框

③ 录制。单击 🔳 按钮或按 F2 键开始录制,软件窗口自动最小化。录制结束后,按 F2 键停止录制,在图 10.23 所示的主界面 B 区(录像文件列表框),会出现录制的 EXE 文件,双击可以播放。

④ 后期编辑。在图 10.23 所示的主界面 B 区(录像文件列表框)中,右击已录制的文件,弹出图 10.27 所示的快捷菜单。选择"EXE/LXE 后期配音"选项,进入图 10.28 所示的"EXE 配音"对话框。单击"现在配音"按钮,可以在回放的过程中为文件配音。选择"导入声音"单选按钮,再单击"导入文件"按钮,可直接添加预先录制的声音,导入的声音格式必须为单声道的 .wav 格式。

图 10.27　录制文件快捷菜单　　　　　　图 10.28　"EXE 配音"对话框

当然,在录制过程中还可以同时录制声音,连接话筒与计算机,选中"同时录制声音"复选框即可。但后期配音和导入声音文件会使录制过程和配音分离,可以更方便地加入解说词。

(2) 先录制再生成方式

先录制再生成方式不能直接生成动画文件,录制后会形成一个录像文件(.lx),会在录像文件列表框中显示出来,然后利用这个录像文件就可以生成动画文件了。

先录制再生成方式需要先生成一个临时录像文件,占用空间比较大,但后期生成时比较灵活,可以选择生成 EXE、AVI 等文件,还可以生成各种压缩的 AVI 文件。

操作方法如下。

① 进入先录制再生成方式。在图 10.23 所示的主界面中,依次选择"录制模式"|"基本设置"选项,取消选中"直接录制生成"复选框。

② 录制。单击 ▣ 按钮或按 F2 键开始录制。录制结束后,按 F2 键停止录制,此时在图 10.23 所示的主界面 B 区(录像文件列表框),会增加一个处于被选中状态的临时录像文件(扩展名为.lx)。同时软件自动切换到"生成模式",进入图 10.24 所示的生成模式框界面,可以设置录制文件输出格式。

图 10.29   "声音"面板

③ 后期编辑。在图 10.23 所示的主界面 B 区(录像文件列表框)中,选择×××.lx 文件,在图 10.24 所示的生成模式框界面中,选择"声音"选项,进入图 10.29 所示的"声音"面板。默认选择"使用现场录音"单选按钮,表示在录制图像的同时录制声音。用户可以分别选择"使用后期配音"及"使用导入声音"单选按钮,进行灵活的后期声音编辑。

(3) 文件的转换、合成与截取

① 文件的转换。在图 10.23 所示的主界面 B 区(录像文件列表框)中,右击需要转换的录制文件,弹出图 10.27 所示的快捷菜单,选择"EXE/LXE 转成 FLASH(SWF)"选项,进入图 10.30 所示的"生成 FLASH"对话框,可将 EXE 文件转换为 SWF 格式。选择"EXE/LXE 加密"选项,进入图 10.31 所示的"加密"对话框,可设置编辑密码或播放密码。

图 10.30   "生成 FLASH"对话框

图 10.31   "加密"对话框

② 文件的合成。屏幕录像专家可以将多个格式相同的影片合成为单个文件。操作步骤如下。

a. 在图 10.23 所示的主界面中,依次选择"工具"|"AVI 合成"选项,进入图 10.32 所示的"AVI 合成"对话框。

b. 单击"加入"按钮,可以添加 AVI 文件;单击"清空"按钮,可以清除添加的所有文件;单击"去除"按钮,可以删除选择的文件;单击"上移"/"下移"按钮,可以改变文件的前后顺序,按照文件从上至下的顺序进行合成。

图 10.32　"AVI 合成"对话框

c. 单击"合成"按钮,进入"另存为"对话框,然后开始进行合成处理,最后弹出"合成成功"提示。

③ 文件的截取。文件的截取的操作步骤如下。

a. 在图 10.23 所示的主界面 B 区(录像文件列表框)中,选择要截取的 AVI 文件,再依次选择"工具"|"AVI 截取"选项,进入图 10.33 所示的 AVI 截取界面。

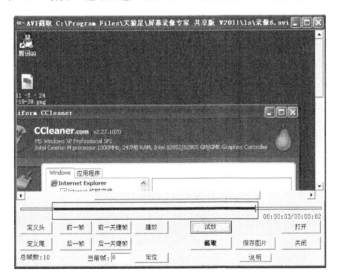

图 10.33　AVI 截取界面

b. 确定截取的区域。拖动滚动条到截取开始位置,或者单击"前一帧"/"后一帧"按钮定位当前帧,再单击"定义头"按钮,确定开始截取的位置。用同样的方法,单击"定位尾"按钮,确定结束截取的位置。框线处的蓝条部分就是要截取的区域,单击"截取"按钮,输入要保存的文件名。

10.2.5　应用案例

任务:录制网络电视节目和 RealOne Player、Real Player、Media Player、超级解霸等软件中播放的影片,并保存为 AVI 格式文件。

注意:录制顺序为先打开屏幕录像专家,再打开播放软件,否则可能会录不出来;一定要在原始大小情况下进行录制,不要在放大或全屏的情况下进行录制。

操作步骤:

(1) 参数设置。

① 在图 10.23 所示的主界面中,依次选择"录制模式"|"基本设置"选项,选中"直接录制生成"复选框,选择 AVI 单选按钮。再单击"压缩设置"按钮,进入"视频压缩"对话框。在"压缩程序"下拉列表框中,选择 Microsoft MPEG-4 Video Codec 或 Xvid MPEG-4 选项;若没有,可在网络上下载安装 MPEG-4 编码器。

在"录制频率"栏中,取消选中"自动"复选框,在录制频率文本框中,输入"20 帧/秒"。若在录制过程中丢帧的比例比较高,可以将录制频率调小一些。

② 依次选择"录制模式"|"录制目标"选项,选择"窗口"单选按钮,此时软件会隐藏。把光标移动到所要录制的视频窗口,单击,这样就选择了录制的目标,被选择的窗口会在图 10.23 所示的主界面 C 区(帧浏览框)中显示出来。

若有的窗口无法选择,需要采用范围方式确定录制目标。选择"范围"单选按钮,以直接修改范围坐标。或者选择"选择范围"按钮,进行框选,在左上角按住鼠标左键,移动光标到右下角,可以确定范围。可以拖动范围标记来调整范围,被选定的范围的图像会在图 10.23 所示的主界面 C 区(帧浏览框)中显示出来。

(2) 录制。单击 ▣ 按钮,或按 F2 键开始录制,软件窗口自动最小化。录制结束后,按 F2 键停止录制,在图 10.23 所示的主界面 B 区(录像文件列表框),会出现录制的 AVI 文件,双击可以播放。

10.2.6　技能训练

任务 1:定时录制。

操作步骤:

(1) 参数设置。参考 10.2.5 小节应用案例任务 1 的参数设置操作步骤。例如,设置录像频率、录制目标、声音等参数,设置完毕后,先试录一小段确保正常。

(2) 设置定时。在图 10.23 所示的主界面中,依次选择"录制模式"|"定时录制"选项,设置开始时间和停止时间。单击"开始定时"按钮,进行定时等待状态,期间不能对软件进行操作。到设置的开始录制时间后,软件会自动按设置开始录制,到停止时间时会自动停止录制。

任务 2:录制屏幕任意操作,保存为 EXE 文件,并且转换为 AVI 文件。

操作步骤:

(1) 录制操作参考 10.2.4 小节中的第 2 部分直接录制生成方式的操作步骤。

(2) 转换文件。在图 10.23 所示的主界面 B 区(录像文件列表框)中,右击需要转换的录制文件,弹出图 10.27 所示的快捷菜单。选择"EXE/LXE 转 AVI"选项,进入"EXE 转成 AVI"对话框,建议选择默认设置,单击"转换"按钮。

任务 3:将多个 AVI 文件进行合成。

操作步骤:参考 10.2.4 小节中的第 2 部分的文件的合成操作步骤。

任务 4:截取 WMV 文件部分片段。

操作步骤：参考 10.2.4 小节中的第 2 部分的文件的截取操作步骤。

10.2.7　技能达标

1. 填空题
屏幕录像专家是(　　)工具。

2. 判断题
屏幕录像专家的录制频率越大越好。　　　　　　　　　　　　　　　　　　(　　)

3. 问答题
录制 EXE 文件的原理是什么？

4. 上机操作题
利用屏幕录像专家录制"屏幕录像专家"的安装过程，保存为 EXE 文件。

操作步骤：参考 10.2.4 小节中的第 2 部分的直接录制生成方式的操作步骤。

10.2.8　课后习题

上网下载屏幕录像专家的安装文件，解压到硬盘，练习使用屏幕录像专家软件。

10.3　GoldWave

GoldWave 是一个功能强大的音频编辑软件，具有音频播放、音频录制、音频编辑、音频特殊效果处理、音频转换等功能。其可支持的音频格式很多，包括 WAV、OGG、VOC、IFF、AIF、AFC、AU、SND、MP3、MAT、DWD、SMP、VOX、SDS、AVI、MOV、APE 等，还可以从 CD、VCD、DVD 或其他视频文件中提取声音；内置丰富的音频特效功能，如多普勒、回声、混响、降噪等；支持以动态压缩保存 MP3 文件，是非常简单实用的音频工具。

10.3.1　技能目标

(1) 了解和掌握 GoldWave 的基础知识。
(2) 掌握 GoldWave 的使用方法及基本操作。

10.3.2　相关知识点介绍

1. 回声
回声是指声音发出后经过一定的时间再返回，就像在旷野上面对高山呼城一样，其在影视剪辑、配音中被广泛采用。

2. 镶边
镶边是指在原来音色的基础上，给声音再加上一道独特的"边缘"，使其听上去更有趣、更具变化性。

3. 均衡调节
它能够合理改善音频文件的频率结构，达到理想的声音效果。

10.3.3　下载、安装与启动 GoldWave

从许多网站都可以下载这个软件，本文采用的版本是 GoldWave 5.58 汉化版，支持操作系统 Windows 2003/Windows XP/Windows 2000/Windows NT/Windows 9x,软件大小为 2.73MB,是一个共享软件。

　　GoldWave 的安装极为简单,只需解压缩包,双击 GoldWave.exe 文件,即可启动运行 GoldWave,进入图 10.34 所示的 GoldWave 主界面。

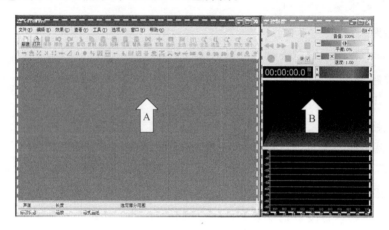

图 10.34　GoldWave 主界面

10.3.4　使用 GoldWave

1. GoldWave 主界面介绍

　　图 10.34 所示的 GoldWave 主界面,分为 A 区(主窗口)和 B 区(控制器窗口)两部分,由于没有新建或者打开音频文件,所以界面中的大多数菜单和按钮均不可用。

　　打开一个文件后,主界面如图 10.35 所示。

图 10.35　打开文件后的主界面

　　(1) A 区(主窗口):用于对音频的编辑,包括标题栏、工具栏、编辑工作区、状态栏。例如,在主窗口中间框线处是彩色的波形图,表示是立体声的两个声道,即编辑工作区;下面框线处表示音乐的时间长度。

　　(2) B 区(控制器窗口):用于音频的录制、播放等,选择菜单栏中的"窗口"选项,再分别选择"传统风格控制器"、"水平风格控制器"、"垂直风格控制器"选项,可以改变"控制器窗口"的位置。单击"关闭"按钮 ✕ ,可关闭控制器窗口。

　　控制器窗口包括"全部播放"按钮 ▶ 、"选区播放"按钮 ▶▶ 、"光标到结尾"按钮 ▶· 、"向后快速播放"按钮 ◀◀ 、"向前快速播放"按钮 ▶▶ 、"暂停回放"按钮 ❚❚ 、"停止回放"按钮 ■ 、"开始录音"按钮 ● 、"停止录音"按钮 ■ 、"暂停录音"按钮 ❚❚ 、"设置控制器属性"按钮 ●☑ 等。

　　单击"全部播放"按钮 ▶ ,在主窗口编辑工作区中,会出现一条移动的指针,表示当前播放的位置,同时控制器窗口会显示精确的时间。

　　单击"设置控制器属性"按钮 ●☑ ,进入图 10.36 所示的"控制属性"对话框,包括播放、录音、音量、视觉、设备、检测等设置。

　　在图 10.36 所示的"控制属性"对话框中,选择"音量"选项,进入图 10.37 所示的"音量"选项卡。默认选中"麦克风"复选框,可以拖动滑块调节录音音量大小。选中"线路输入"复选框,则可录制外部声音音频电流输入的声音。选中 Stereo Mix 复选框,则录制网页或计算机发出的声音。

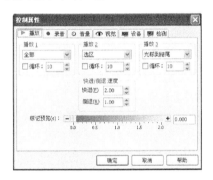

图 10.36　"控制属性"对话框

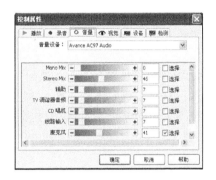

图 10.37　"音量"选项卡

2. GoldWave 的基本功能

(1) 获取音频

音频的获取可以自己新建,也可以从其他音频介质中获得。

① 新建录音文件。

a. 依次选择"文件"|"新建"选项,进入图 10.38 所示的"新建声音"对话框,可以设置音质和持续时间,其中音质设置包括声道数和采样速率。

可以在"预置"下拉列表框中,直接选择已设置好的参数类型,如"CD 音质,5 分钟"选项,其对应的声道数为 2,采样频率为 44100。

b. 单击"确定"按钮,进入图 10.39 所示的新建声音文件界面。单击"开始录音"按钮 ● ,在主窗口的工作区中会出现波形文件的声音的波形。若是立体声,会分

图 10.38　"新建声音"对话框

别显示两个声道的波形,绿色部分代表左声道,红色部分代表右声道。单击"停止录音"按钮 ■ ,或者录制时间结束,将停止录制。单击"全部播放"按钮 ▶ ,会播放整个波形文件。

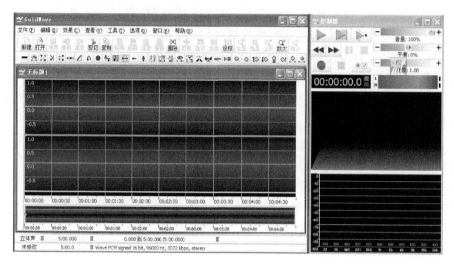

图 10.39　新建声音文件界面

　　c. 单击"保存"按钮,进入"保存声音为"对话框。输入文件名、设置文件类型及保存的位置,单击"确定"按钮。

　　② 抓取音频。将 CD 光盘放入光驱中,依次选择"工具"|"CD 读取器"选项,选择"读取曲目"选项,再选中"曲目标题"复选框。或者选择"读取时间范围"选项,选择从第几首到第几首曲目。单击"保存"按钮,进入"保存 CD 曲目"对话框,将 CD 曲目保存为指定格式的声音文件。

　　③ 从视频中分离音频。依次选择"文件"|"打开"选项,进入"打开声音文件"对话框。打开视频素材,在主窗口仅显示该视频文件的声音波形。依次选择"文件"|"另存为"选项,将视频文件中的声音单独分离出来。

　　(2) 编辑波形段

　　在编辑波形段之前,必须先选择需要处理的波形。

　　① 选择波形段。在波形图上,单击确定波形段的开始标记。右击波形段的结束位置,在弹出的快捷菜单中选择"设置结束标记"选项,即选择了一段波形。

　　选择的波形以较亮的颜色,并配以蓝色底色显示;未选择的波形以较淡的颜色,并配以黑色底色显示,如图 10.40 所示。

　　② 复制、剪切、删除、粘贴波形段。

　　a. 复制波形段。首先,选择波形段后,单击主窗口工具栏中的"复制"按钮,然后在需要粘贴波形的位置,单击"粘贴"按钮。

　　b. 剪切波形段。首先,选择波形段后,单击主窗口工具栏中的"剪切"按钮,把一段波形剪切下来保留在剪贴板中,然后在需要粘贴波形的位置,单击"粘贴"按钮。

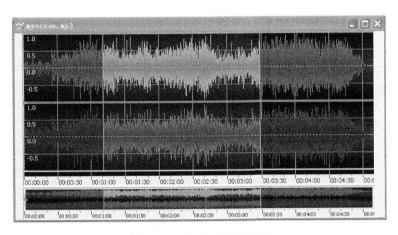

图 10.40　选择波形段界面

　　c. 删除波形段。首先,选择波形段后,选择主窗口工具栏中的"删除"按钮,或者按 Delete 键。

　　d. 粘贴的形式。除了上述的普通"粘贴"命令外,还有"粘贴为新文件"及"混音"这两种特殊的粘贴命令。

　　"粘贴为新文件":自动创建一个和剪贴板中的波形段相同大小的新文件,并将"复制"的波形段粘贴到新文件中。

　　"混音":可将"复制"的声音,与当前所选的波形文件进行混音。例如,可以利用混音制作演讲、朗读的背景音乐。

　　(3) 音频特效

　　可以对波形进行特效果处理。例如,偏移、改变播放时间、增加回声、声音渐弱、交换声音等。

　　首先,选择波形段后,选择主窗口菜单栏中的"效果"选项,打开图 10.41 所示的声音效果菜单,或者选择工具栏第二行中的效果,均可选择声音效果。

　　① 山谷回声效果。首先,选择波形段后,选择工具栏中的"回声"按钮 ，或者依次选择主窗口菜单栏中的"效果"|"回声"选项,进入图 10.42 所示的"回声"对话框,设置延迟时间、音量。延迟时间越大,声音持续时间越长,回声反复次数越多,效果越明显。音量是指返回声音的音量大小,不宜过大,否则回声效果不真实。

　　另外,在"预置"下拉列表框中,可以选择已经预设的回声效果,例如,混响、隧道混响、机器人、立体声回声等效果。

　　② 镶边效果。首先,选择波形段后,单击工具栏中的"镶边器"按钮 ，或者依次选择主窗口菜单栏中的"效果"|"镶边器"选项,进入图 10.43 所示的"镶边器"对话框。其中包括音量和镶边设置两部分设置。试着改变不同的取值,可以得到许多意想不到的奇特效果,若提高反馈音量,可加强作用后的效果比例。

图 10.41　声音效果菜单

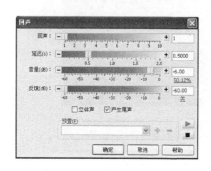

图 10.42 "回声"对话框

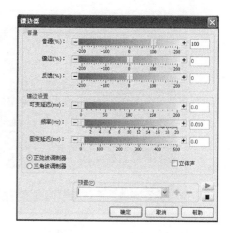

图 10.43 "镶边器"对话框

3. GoldWave 的选项设置

在主窗口中,选择"选项"选项,进入图 10.44 所示的选项设置菜单,可以对"颜色"、"控制器属性"、"文件格式"、"键盘"、"插件"、"保存"、"工具栏"和"窗口"进行设置。

10.3.5 应用案例

任务 1:多个声音素材的合成。

声音合成是指两个或两个以上声音素材组合在一起,形成多个声音共鸣的效果。如配乐朗诵中的背景音乐与语音的合成,喜剧结尾时热烈掌声的合成等。

图 10.44 选项设置菜单

操作步骤:

(1) 启动 GoldWave,打开两个音频文件:"佛山简介解说词. wav"与背景音乐01. mp3。选择背景音乐 01. mp3 中的波形段,单击"复制"按钮,将选择的波形段复制到剪贴板中。

(2) 选择"佛山简介解说词. wav"波形图的某一位置,该位置是合成的起点位置。在主窗口的工具栏中,单击"混音"按钮,或者依次选择菜单栏的"编辑"|"混音"选项,进入"混音"对话框。设置混音的起始时间(即背景音乐开始的时间)以及混音的音量(即背景音乐的音量大小),单击"确定"按钮。

任务 2:打开 MP3 文件,进行降噪处理。

用话筒等录音时,往往有一定的背景噪音,利用 GoldWave 可以过滤掉一些噪音。

操作步骤:

(1) 打开录音文件,发现其波形图在两个音波之间有一些锯齿状的杂音,选择开头的那一段杂音波形段,依次选择"编辑"|"复制"选项。

(2) 单击工具栏中的"全选"按钮,即对所有的音波进行降噪处理。

(3) 单击工具栏中的"降噪"按钮 ,或者依次选择"效果"|"滤波器"|"降噪"选项,进入"降噪"对话框。在"收缩包络"栏中,选择"使用剪贴板"单选按钮,再单击"确定"按钮。

任务 3:下载的一些 MP3 文件不清楚,噪音很大,有些人声又很小,总之音质损失严重,请批量修改。

操作步骤:

(1) 依次选择"文件"|"批量处理"选项,进入批量处理界面。单击"添加文件"按钮,将多个需要调整的 MP3 文件导入到列表中。

(2) 依次选择"处理"|"添加效果"选项,进入"添加效果"对话框。单击 GoldWave 前的"+"按钮,依次选择"降噪"|"嘶嘶声消除"选项,可消除噪音。再依次单击"添加"|"关闭"|"应用"按钮。依次选择"声道混音器"|"双倍人声"选项,可增大人声部分,再依次单击"添加"|"关闭"|"应用"按钮。依次选择"最佳匹配"选项,可统一歌曲音量大小,再依次单击"添加"|"关闭"|"应用"按钮。依次选择"更改音量"|"两倍"选项,可将修整后减弱的声音提高,再依次单击"添加"|"关闭"|"应用"按钮。

10.3.6　技能训练

任务 1: 打开 MP3 文件,设置淡入淡出效果。

声音淡入淡出是指声音从无到有,或从有到无实现逐渐变化的过程。

操作步骤:

(1) 打开需要的一个音频文件,选择需要设置为淡入效果的波形段,单击工具栏中的"淡入"按钮 ,或者依次选择"效果"|"音量"|"淡入"选项,进入"淡入"对话框。初始音量表示初始声音设置为原始声音的百分之几,调整初始音量的大小。

(2) 同样方法,选择需要设置为淡出效果的波形段,单击工具栏中的"淡出"按钮 ,或者依次选择"效果"|"音量"|"淡出"选项,进入"淡出"对话框。最终音量表示初始最后衰减掉原始声音的百分之几,调整最终音量的大小。

任务 2: 改变多个声音文件的固有音量。

每一首歌曲、乐曲都有自己固定的音量,有的声音大,有的声音小。这样,会让用户时常调节播放音量,极为不便。GoldWave 可以调节声音的固有音量,使所有声音素材处于相同的音量。

操作步骤: 以打开一个音频文件为例,其余类似操作。

(1) 打开需要的一个音频文件,单击工具栏中的"全选"按钮,选择整首歌曲。

(2) 单击工具栏中的"更改音量"按钮 ,或者依次选择菜单栏中的"效果"|"音量"|"更改音量"选项,进入"更改音量"对话框。调整音量滑块,选择绿色的"试听当前设置"按钮 ,进行试听,以调整音量大小,单击"确定"按钮。

任务 3: 将 WAV 文件批量转换为 MP3 格式的文件。

操作步骤:

(1) 依次选择"文件"|"批量处理"选项,进入批量处理界面。单击"添加文件"按钮,将需要转换的 WAV 文件导入到列表中。

(2) 选中"转换文件格式为"复选框,在"另存类型"下拉列表框中选择.mp3 选项,再单击"应用"按钮。

10.3.7 技能达标

1. 填空题

GoldWave 是（   ）工具。

2. 判断题

GoldWave 支持数学公式来生成各种各样的声音。   （   ）

3. 问答题

镶边效果的主要特点是什么？

4. 上机操作题

打开 MP3 文件，进行均衡调节。

操作步骤：打开需要的 MP3 文件。选择需要均衡调节的波形段，单击工具栏中的"均衡器"按钮 ，或者依次选择"效果"|"滤波器"|"均衡器"选项，进入"均衡器"对话框。直接拖动代表不同频段的数字标识滑块到一个指定的位置。

注意：每一段声音的增益不能过大，以免造成过载失真。

10.3.8 课后习题

上网下载 GoldWave 的安装文件，解压到硬盘，练习使用 GoldWave 软件。

第 11 章

其他系统工具

有许多实用工具软件能够辅助系统运行,本章介绍的辅助系统工具有 DisplayX (LCD 测试精灵)、EVEREST(系统测试工具)。

11.1　LCD 测试精灵——DisplayX

液晶显示器(LCD)测试精灵是检测液晶显示器的软件,提供了显示屏基准测试、自定义图片测试、液晶屏响应时间测试、辅助查找屏幕坏点、辅助调校屏幕、测试大屏幕电视的显示效果等功能,可以运行在微软 Windows 全系列操作系统中。

11.1.1　技能目标

(1) 了解和掌握 DisplayX 的基础知识。

(2) 掌握 DisplayX 的使用方法及基本操作。

11.1.2　相关知识点介绍

1. 亮度

亮度是指屏幕画面的明亮程度,它的单位是 cd/m^2,也称为堪德拉每平方米。亮度是检测 LCD 的一项重要指标,但并不是越亮越好,具有 $300cd/m^2$ 亮度的液晶显示器比较适合日常使用。

2. 对比度

对比度是指屏幕上同一像素点最亮时与最暗时的比值。比值越大,说明从黑到白渐变的层次就越多,图像就越清晰,色彩越艳丽,对视觉效果的影响就越大;比值越小,屏幕会有灰蒙蒙的感觉。

3. 分辨率

分辨率是屏幕图像的精密度,即显示器所能显示的像素的多少。由于屏幕上的点、线和面都是由像素组成的,显示器可显示的像素越多,画面就越精细。

LCD 只有最佳分辨率,即最大分辨率。17in 普屏 LCD 最佳分辨率为 1280×1024 像素;19in 宽屏 LCD 最佳分辨率为 1440×900 像素;22in 宽屏 LCD 最佳分辨率为 1680×

1050 像素。

4. 响应时间

响应时间是指屏幕上各个像素点对输入信号的反应速度,即像素由亮到暗所需要的时间。响应时间是衡量 LCD 的重要指标之一。响应时间越小,在播放动态画面时,就越不易产生拖影的现象。

5. 亮点、色点、暗点

亮点即在纯黑背景下发白光的点;色点即一直显示某种颜色的点;暗点即自己本身不发亮,会受旁边像素色彩影响,而显示色彩的坏点。

11.1.3　下载、安装与启动 DisplayX

从许多网站都可以下载这个软件,本文采用的版本是 DisplayX 1.2 简体中文版,支持操作系统 Windows 7/Windows 2003/Windows XP/Windows 2000/Windows NT/Windows 9x,软件大小为 24KB,是一款免费软件。

DisplayX 的安装极为简单,只需解压缩包,双击 DisplayX. exe 文件,即可启动运行 DisplayX,进入图 11.1 所示的 DisplayX 主界面。

图 11.1　DisplayX 主界面

11.1.4　使用 DisplayX

1. DisplayX 主界面介绍

DisplayX 主界面由标题栏、菜单栏组成。在菜单栏中,可以选择"常规完全测试"、"常规单项测试"、"图片测试"、"延迟时间测试"这 4 种测试模式。

(1) 常规完全测试

常规完全测试是对屏幕的基本测试,即常规单项测试的集合测试。在常规测试的过程中,软件附加了多个不同颜色的纯色画面,在纯色画面下,用户可以很容易地找出总是不变的亮点、暗点等坏点。

(2) 常规单项测试

常规单项测试包括锐利、交错、纯色、色彩、会聚、几何形状、呼吸效应、256 级灰度、灰度、对比度(高)、对比度等测试。

① 锐利:主要测试大尺寸电视的显示效果。好的显示器可以分清边缘的每一条线。

② 交错:用于查看显示效果干扰。

③ 纯色：主要用于 LCD 检测坏点。有黑、红、绿、蓝、白等多种纯色显示，方便查出坏点。

④ 色彩：测试显示器显示色彩的能力。色彩越艳丽、通透，就越好。

⑤ 会聚：测试显示器的聚焦能力，各个位置的文字越清晰越好。

⑥ 几何形状：调节几何形状，以确保不会出现变形。

⑦ 呼吸效应：按鼠标左键时，画面在黑色和白色之间过渡时，如果看到画面边界有明显的抖动，则不好，不抖动为好。

⑧ 256 级灰度：测试显示器的灰度还原能力，能让色块全部显示出来的为最好。

⑨ 灰度：测试显示器的灰度还原能力，看到的颜色过渡越平滑越好。

⑩ 对比度（高）：能分清每个黑色和白色区域的显示器是上品。

⑪ 对比度：调节亮度，让色块都能显示出来并且亮度不同，注意确保黑色不要变灰，每个色块都能显示出来的为好。

（3）图片测试

图片测试要求在默认路径"C：\Documents and Settings\Administrator\桌面\DisplayX"下，新建一个 PIC 文件夹，并将要测试的图片放入此文件夹，才能进行测试。

（4）延迟时间测试

延迟时间测试即响应时间测试，通过不同的速度，能够查看白色的方格是否存在着拖尾的现象。

2. DisplayX 的基本功能

测试时，若按鼠标左键，可以开始/继续测试；若按鼠标右键，可以停止测试。

（1）256 级灰度测试

在图 11.1 所示的主界面中，依次选择"常规单项测试"|"256 级灰度"选项，进入图 11.2 所示的 256 级灰度测试界面，观察纯白色向黑色的逐渐变化。在选择 LCD 时，色块显示得越多，表示图像越精细，256 级灰度还原能力就越好。

（2）对比度测试

在图 11.1 所示的主界面中，依次选择"常规单项测试"|"对比度"选项，进入图 11.3 所示的对比度测试界面，通常显示器出厂的时候都保持默认设置。不仅能测试显示器的对比度如何，还能用来校正对比度。每个色块都能显示

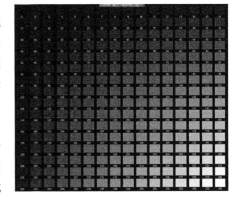

图 11.2　256 级灰度测试界面

出来，并且黑色不能显示成灰色的显示器效果为好。

（3）灰度测试

在图 11.1 所示的主界面中，依次选择"常规单项测试"|"灰度"选项，进入图 11.4 所示的灰度测试界面。主要观察颜色的过渡情况，判断颜色过渡是否自然、平滑，以没有出现色块为宜。

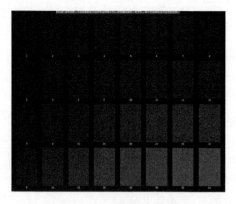 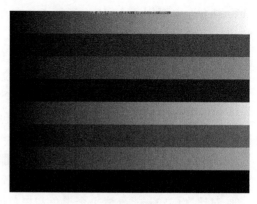

图 11.3　对比度测试界面　　　　　　　图 11.4　灰度测试界面

（4）延迟时间测试

在图 11.1 所示的主界面中,选择"延迟时间测试"选项,进入图 11.5 所示的延迟时间测试界面。有 3 个白色方格以不同的速度不断向前移动,分别对应不同的响应时间,能够查看白色方格是否存在轨迹不正常、拖尾偏色的现象。

3. DisplayX 的选项设置

在图 11.1 所示的主界面中,依次选择菜单栏中的"选项"|"显示说明文字"选项,在测试时会有具体的文字

图 11.5　延迟时间测试界面

介绍。依次选择菜单栏中的"选项"|"指定测试用图片路径"选项,进入"指定测试用图片的路径"对话框,可以改变图片测试的默认路径,再单击"选择"按钮。

11.1.5　应用案例

任务:检测液晶显示器坏点的方法。

坏点包括亮点、色点和暗点。

操作步骤:

（1）查亮点。启动 DisplayX,在图 11.1 所示的主界面中,依次选择"常规单项测试"|"纯色"选项,检测全屏黑色下有无亮点。

（2）查色点。依次选择"常规单项测试"|"纯色"选项,检测纯蓝、纯红、纯绿等全屏色彩下有无色点。

（3）查暗点。依次选择"常规单项测试"|"纯色"选项,检测全屏白色下有无暗点。

11.1.6　技能训练

任务 1:进行 LCD 交错测试。

操作步骤:

启动 DisplayX,在图 11.1 所示的主界面中,依次选择"常规单项测试"|"交错"选项,可查看显示效果干扰。

任务 2:进行 LCD 会聚测试。

操作步骤：

启动 DisplayX，在图 11.1 所示的主界面中，依次选择"常规单项测试"|"会聚"选项，可测试显示器的聚焦能力，各个位置的文字越清晰越好。

任务 3：选购显示器的一些注意事项。

操作步骤：

(1) 测试纯色。启动 DisplayX，在图 11.1 所示的主界面中，依次选择"常规单项测试"|"纯色"选项，主要检测 LCD 坏点。

(2) 测试对比度。依次选择"常规单项测试"|"对比度"选项，检测是否能分辨出各种不同的灰阶。

(3) 测试响应时间。选择"延迟时间测试"选项，检测白色的方格是否存在着拖尾现象。

(4) 测试色彩。依次选择"常规单项测试"|"色彩"选项，测试显示器显示色彩的能力。色彩越艳丽、通透，就越好。

11.1.7　技能达标

1. 填空题

DisplayX 是(　　　)工具。

2. 判断题

Display 可以进行多种分辨率的测试。　　　　　　　　　　　　　　　　(　　)

3. 问答题

延迟时间测试的主要特点是什么？

4. 上机操作题

利用 DisplayX 进行 LCD 色彩测试。

11.1.8　课后习题

上网下载 DisplayX 的安装文件，将其安装到硬盘，练习使用 DisplayX 软件。

11.2　系统测试工具——EVEREST

EVEREST(原名 AIDA32)是一个测试软硬件系统信息的工具，它可以详细地显示出计算机每一个方面的信息。它支持上千种主板、上百种显卡、并口/串口/USB 口等 PNP 设备的检测，还支持对各式各样的处理器的侦测。

11.2.1　技能目标

(1) 了解和掌握 EVEREST 的基础知识。
(2) 掌握 EVEREST 的使用方法及基本操作。

11.2.2　相关知识点介绍

1. 缓存

缓存是指可以进行高速数据交换的存储器，它先于内存与 CPU 交换数据，因此速率很快。

2. 前端总线（FSB）

前端总线是 CPU 与主板北桥芯片或内存控制集线器之间的总线，其频率高低直接影响 CPU 访问内存的速度。

3. 主频

CPU 的主频，即 CPU 内核工作的时钟频率，单位是 Hz（赫兹）。它分为外频和倍频两部分，两者的乘积就是主频。提高外频与倍频的任何一项，均可提高 CPU 的主频。

11.2.3　下载、安装与启动 EVEREST

从许多网站都可以下载这个软件，本文采用的版本是 EVEREST Ultimate Edition 5.50 Final 简体中文版，支持操作系统 Windows 7/Windows Vista/Windows 2003/Windows XP/Windows 2000/Windows NT/Windows 9x，软件大小为 9.78MB，是一个共享软件，有 30 天的试用期。

1. 安装

双击下载的 EVEREST 安装程序，进入图 11.6 所示的"选择安装语言"对话框。单击"确定"按钮，进入图 11.7 所示的安装向导界面。单击"下一步"按钮，进入图 11.8 所示的许可协议界面。选择"我接受协议"单选按钮，单击"下一步"按钮，进入图 11.9 所示的选择目标位置界面。

图 11.6　"选择安装语言"对话框

单击"下一步"按钮，进入图 11.10 所示的选择开始菜单文件夹界面。单击"下一步"按钮，进入图 11.11 所示的选择附加任务界面。仅选中 Create a desktop icon 复选框，单击"下一步"按钮，进入图 11.12 所示的准备安装界面。单击"安装"按钮，进入图 11.13 所示的正在安装界面，接着进入图 11.14 所示的完成安装界面。取消选中复选框，单击"完成"按钮，至此完成安装过程。

图 11.7　安装向导界面

图 11.8　许可协议界面

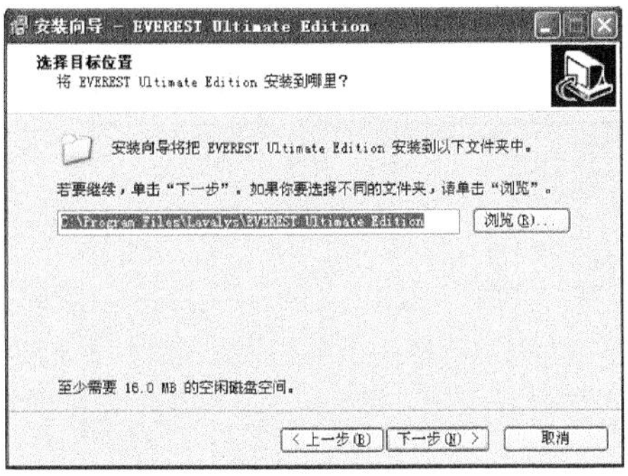

图 11.9　选择目标位置界面　　　　　图 11.10　选择开始菜单文件夹界面

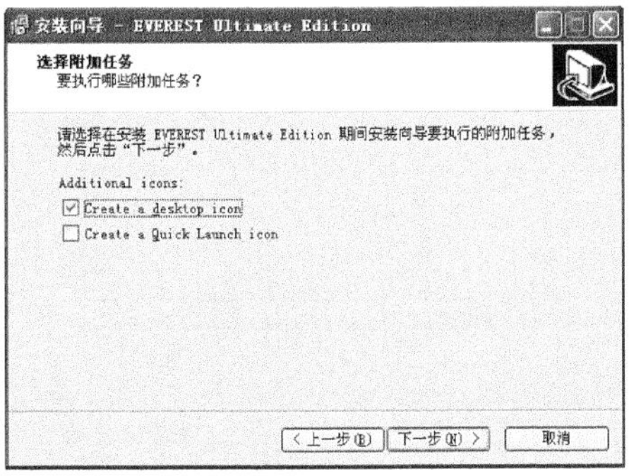

图 11.11　选择附加任务界面　　　　　图 11.12　准备安装界面

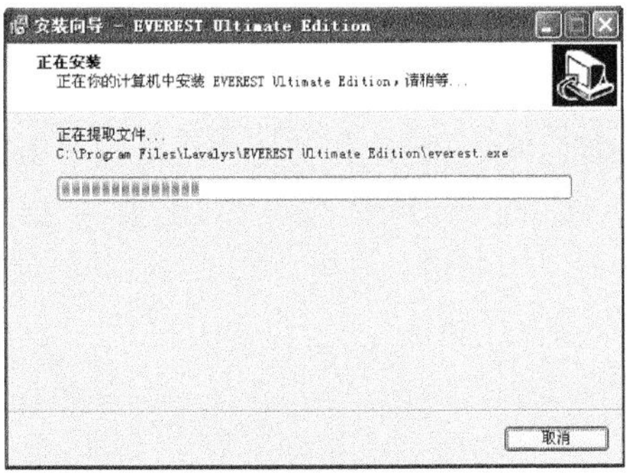

图 11.13　正在安装界面 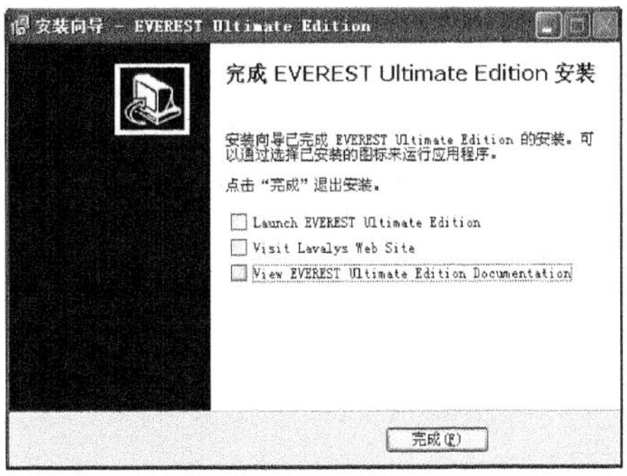　　　　　图 11.14　完成安装界面

2. 启动

启动 EVEREST 软件的方法如下。

方法一：依次选择“开始”|“程序”|Lavalys|EVEREST Ultimate Edition|EVEREST Ultimate Edition 程序，进入图 11.15 所示的 EVEREST 主界面，同时任务栏出现 EVEREST 的程序图标 。

方法二：双击桌面的 EVEREST Ultimate Edition 快捷方式图标，其余具体操作同方法一。

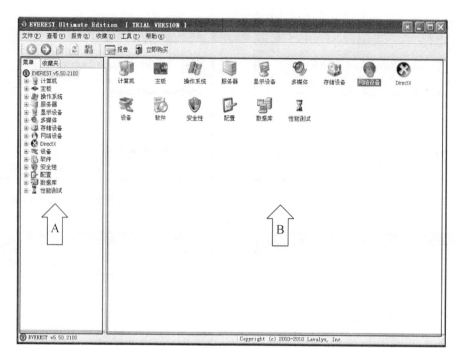

图 11.15　EVEREST 主界面

11.2.4　使用 EVEREST

1. EVEREST 主界面介绍

图 11.15 所示的主界面,由菜单栏、工具栏、A 区(树形折叠菜单)和 B 区(显示窗口)组成。

(1) A 区(树形折叠菜单):提供计算机的分类选项,包括计算机、主板、操作系统、服务器、显示设备、多媒体、存储设备、网络设备、DirectX 设备、软件、安全性、配置、数据库、性能测试等。

(2) B 区(显示窗口):显示 A 区选项的检测结果。

2. EVEREST 的基本功能

(1) 信息总览

在图 11.15 所示的主界面 A 区中,依次选择"计算机"|"系统摘要"选项,进入图 11.16 所示的系统摘要界面。在 B 区显示出整个计算机的全部硬件测试结果。

例如,图中框线处显示本机的 CPU 类型为 Mobile Intel Celeron M320,主频为 1300MHz,倍频为 13,外频为 100MHz。主板名称为 Asus M2000Ne Series Notebook;主板芯片组为 Intel Montara-GM+ i855GME。

右击图 11.15 所示的主界面 B 区中的选项,在弹出的快捷菜单中选择"复制"选项,可将信息复制下来。

(2) 主板测试

在图 11.15 所示的主界面 A 区中,依次选择"主板"|"主板"选项,进入图 11.17 所示

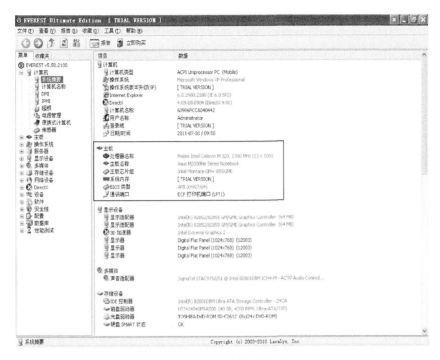

图 11.16　系统摘要界面

的主板测试界面。在 B 区显示出主板 ID、前端总线特性、内存总线特性、芯片组总线特性、主板制造商等信息。另外，还提供产品信息、BIOS 下载、BIOS 升级、驱动程序更新网址，用户需要查询相关信息，可直接选择相应的文字链接。

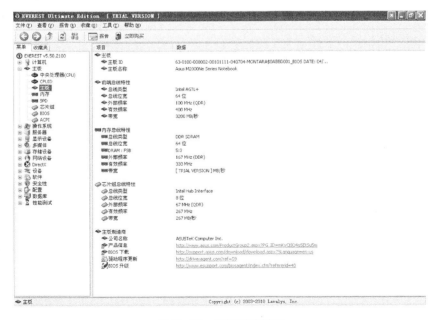

图 11.17　主板测试界面

（3）内存测试

在图 11.15 所示的主界面 A 区中，依次选择"主板"|"内存"选项，进入图 11.18 所示的内存测试界面。在 B 区显示出物理内存、交换区、虚拟内存、页面文件、问题和建议等信息。

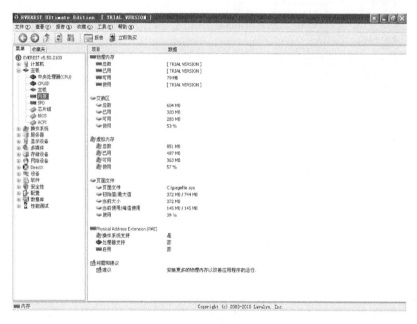

图 11.18 内存测试界面

在图 11.15 所示的主界面中，依次选择菜单栏中的"工具"|"内存与缓存测试"选项，进入图 11.19 所示的内存与缓存测试界面。再单击 Start Benchmark 按钮，显示出内存一级缓存、二级缓存的数据写入速度分别为 10379MBps、5506MBps。可见，一级缓存的速度要比二级缓存的速度快很多。

3. EVEREST 的选项设置

在图 11.15 所示的主界面中，依次选择"文件"|"设置"选项，进入图 11.20 所示的选项设置界面。可以进行常规、界面、稳定性、报告、电子邮件、系统摘要、事件过滤、自定义内容、硬件监视工具等方面的设置。

11.2.5 应用案例

任务：利用 EVEREST 软件检测 CPU，并进行快速报告，将报告或检测结果保存为 TXT 文件。

操作步骤：

图 11.19 内存与缓存测试界面

(1) 启动 EVEREST,在图 11.15 所示的主界面 A 区中,依次选择"主板"|"中央处理器(CPU)"选项,进入图 11.21 所示的 CPU 测试界面。在 B 区显示出 CPU 名称、L1 高速数据缓存、L2 高速数据缓存、封装类型、工艺技术、晶体管数量、核心电压、CPU 制造商等详细资料。

图 11.20 选项设置界面

图 11.21 CPU 测试界面

依次选择菜单栏中的"工具"|EVEREST CPUID 选项,进入图 11.22 所示的 CPUID 测试界面,可以显示测试 CPU 的相关信息。

(2) 依次选择菜单栏中的"报告"|"快速报告—中央处理器(CPU)"|"纯文本文件"选项,进入报告界面。单击"保存为文件"按钮,进入 Save Report 对话框,选择需要保存的文件名及位置即可。

11.2.6　技能训练

任务 1:利用 EVEREST 软件检测声卡型号,并下载声卡驱动程序。

对于许多老机来说,重新安装操作系统后,有时候会找不到如显卡、声卡、网卡等设备的驱动程序,利用 EVEREST 软件可以帮助解决此类问题。

图 11.22　CPUID 测试界面

操作步骤:

(1) 启动 EVEREST,在图 11.15 所示的主界面 A 区中,依次选择"多媒体"|"PCI/PnP 音频"选项,进入图 11.23 所示的音频测试界面。在 B 区显示出声卡型号为 SigmaTel STAC9750/51@Intel 82801DBM ICH4-M - AC'97 Audio Controller [B-1]。

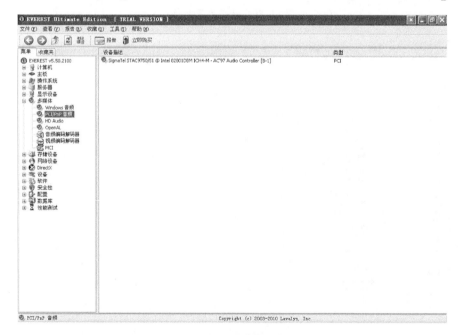

图 11.23　音频测试界面

(2) 依次选择"计算机"|"系统摘要"选项,再依次选择 B 区的"声音适配器"|"驱动程序下载"选项,进入驱动下载页面,下载驱动程序,然后进行安装。

任务 2：利用 EVEREST 软件创建计算机信息报告，并保存为 TXT 文件。

操作步骤：

启动 EVEREST，在图 11.15 所示的主界面中，依次选择"报告"|"报告向导"选项，或者直接单击"报告"按钮，进入"欢迎使用报告向导"对话框。单击"下一步"按钮，进入"报告配置文件"对话框。选择"完整报告"单选按钮，单击"下一步"按钮，进入"报告格式"对话框。选择"纯文本文件"单选按钮，单击"完成"按钮，进入报告界面。单击"保存为文件"按钮，进入 Save Report 对话框，选择需要保存的文件名及位置即可。

任务 3：利用 EVEREST 软件进行系统稳定性测试。

操作步骤：

启动 EVEREST，在图 11.15 所示的主界面 A 区中，依次选择"工具"|"系统稳定性测试"选项，进入 System Stability Test 界面。单击 Start 按钮，开始测试。单击 Stop 按钮，停止测试。

11.2.7　技能达标

1. 填空题

EVEREST 是（　　　）工具。

2. 判断题

EVEREST 可以进行温度测试。　　　　　　　　　　　　　　　　　　　（　　）

3. 问答题

什么是前端总线？

4. 上机操作题

利用 EVEREST 软件进行显示器检测。

操作步骤：启动 EVEREST，在图 11.15 所示的主界面 A 区中，依次选择"工具"|"显示器检测"选项。

11.2.8　课后习题

上网下载 EVEREST 的安装文件，解压到硬盘，练习使用 EVEREST 软件。

第 12 章

综合应用常用工具软件实例

本章结合生活实例,设计了跨章节、同章节的各类常用工具软件综合应用实例训练。希望用户综合运用所学的工具软件知识,所学即所得,真正在操作技能上有所提高。

具体综合实例包括技能训练实例 1、技能训练实例 2、技能训练实例 3。

(1) 技能训练实例 1

要求在不影响图像品质的情况下,压缩部分学生相片,制作成安装程序,QQ 发送给朋友,由朋友负责上传学生相片到网上,以备参加计算机统考。

(2) 技能训练实例 2

从网上下载"快乐崇拜. MP3"歌曲,再从韩剧"麻辣甜心. RMVB"中截取部分歌曲,与"快乐崇拜. MP3"歌曲拼接,作为班级主题影片的配乐;准备一些班级图片素材,加入文字班徽动画,制作主题班会宣传影片,复制到 U 盘,利用 U 盘在班级的大屏幕数字电视机上播放出来。

(3) 技能训练实例 3

从网上下载 Nero 及 DAEMON Tools 软件,将教学光盘制作成 ISO 文件,利用虚拟光驱来播放教学软件,其速度要比在真实光驱播放快得多。

12.1 技能训练实例 1

1. 技能训练要求

要求在不影响图像品质情况下,压缩部分学生相片,制作成安装程序,QQ 发送给朋友,由朋友负责上传学生相片到网上,以备参加计算机统考。

2. 具体解释及思路

(1) 在现实生活中,经常要在网上上传照片,用于各类考试、申报职称等,通常要求文件大小不超过 50KB,既要保证图像品质,又要减少图像文件大小,建议采用第 8 章的 Image Optimizer(图片压缩工具)进行批量处理。

(2) 自己动手制作简易的安装程序,建议采用第 3 章的 WinRAR(压缩管理工具)进行处理。

（3）将制作的安装程序发送给好友，建议采用第 4 章的腾讯 QQ 软件进行处理。

12.1.1　技能目标

（1）了解和掌握 Image Optimizer、WinRAR、腾讯 QQ 的基础知识。

（2）掌握综合运用 Image Optimizer、WinRAR、腾讯 QQ 的方法及操作。

12.1.2　预备知识

1. Image Optimizer

Image Optimizer 是现有图像压缩软件中最出色的软件之一。它的压缩率极高，利用独特的 Magic Compression（魔术压缩）技术，可以将 JPG、GIF、PNG、BMP、TIF 等图像文件在不影响图像品质的状况下最优化，文件大小最高可减少 50％以上，在互联网上可以节省网页空间和减少网页下载时间。软件完全让用户自行控制图像文件的品质，可自行设定压缩率，并有即时预览功能，可以即时预览图像压缩后的品质，即时了解压缩前后图像文件容量的变化。

另外，利用内建的批次精灵功能（Batch Wizard）可一次将大量的图像文件最优化，从而节省大量存储空间。

具体内容见 8.2 节的图片压缩工具（Image Optimizer）。

2. WinRAR

WinRAR 是 Windows 版本的强大的压缩文件管理器，是流行好用的压缩工具，是一个能够建立、管理和控制档案文件的强大工具。它提供了 RAR 和 ZIP 文件的完整支持，能解压 7Z、ACE、ARJ、BZ2、CAB、GZ、ISO、JAR、LZH、TAR、UUE、Z 格式文件。

WinRAR 压缩率相当高，而资源占用相对较少，具有强力压缩、分卷、加密、自解压、备份、估计压缩、历史记录和收藏夹功能。

具体内容见 3.1 节的压缩管理工具（WinRAR）。

3. 腾讯 QQ

腾讯 QQ 是深圳市腾讯计算机系统有限公司开发的一款基于 Internet 的即时通信（IM）软件。它支持在线聊天、视频电话、点对点断点续传文件、共享文件、网络硬盘、自定义面板、QQ 邮箱等多种功能，并可与移动通信终端等多种通信方式相连。通过免费使用 QQ，用户可以方便、实用、高效地和朋友联系。

具体内容见 4.6 节的网络通信工具（腾讯 QQ）。

12.1.3　技能操作

将本实例精细化，分解成 3 个任务，按照"分解任务 1→分解任务 2→分解任务 3"的顺序执行操作步骤。

分解任务 1：利用 Image Optimizer 批量处理部分学生照片。

操作步骤：

（1）启动 Image Optimizer，在主界面中依次选择"文件"|"批量处理向导"选项，或者单击工具栏中的"批量"按钮，进入图 12.1 所示的"步骤 1/3－选择多个文件"对话框。单击"添加文件"按钮，打开"选择多个文件"对话框。选择所有需要的学生照片文件，然后单

击"打开"按钮(也可直接拖放文件到列表框中)。若选择"添加目录"按钮,可将一个目录
下的图片都添加到列表框中。

图 12.1   "步骤 1/3－选择多个文件"对话框

(2) 单击"下一步"按钮,进入图 12.2 所示的"步骤 2/3－选择操作"对话框。在"文件
类型"选项组中选择 JPG 单选按钮。在"JPEG 品质"选项组中,拖动滑块,或者在微调框
中输入 80。在"魔法压缩"选项组中,拖动滑块,或者在微调框中输入 16,这样保证了优化
后的文件小于 50KB。再单击"浏览"按钮,指定输出文件保存的目录,如"C:\Documents
and Settings\Administrator\桌面\aab",最好使用和源文件不同的目录,以便于区分。

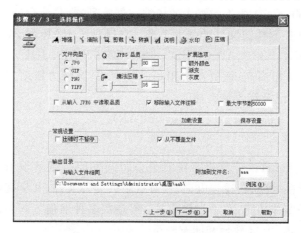

图 12.2   "步骤 2/3－选择操作"对话框

(3) 单击"下一步"按钮,进入图 12.3 所示的"步骤 3/3－优化图像"对话框。单击"优
化"按钮,可看到优化进度,当进度达到 100%时,表示优化完成,如图 12.4 所示。

(4) 单击"关闭"按钮。

分解任务 2:利用 WinRAR 制作安装程序。

操作步骤:

(1) 将要安装的文件放置到同一个目录下,右击该目录,在弹出的快捷菜单中选择
"添加到压缩文件"选项,如图 12.5 所示。

(2) 进入图 12.6 所示的"压缩文件名和参数"对话框,设置压缩文件名及保存位置,

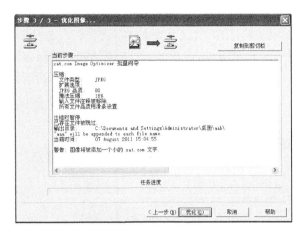

图 12.3　"步骤 3/3－优化图像"对话框

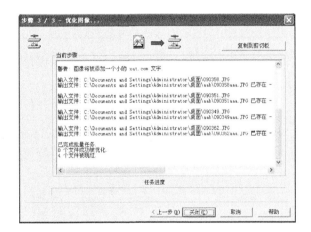

图 12.4　优化图像结束

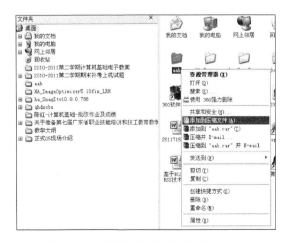

图 12.5　选择"添加到压缩文件"选项

选中"创建自解压格式压缩文件"复选框,依次选择"高级"|"自解压选项"选项。

（3）设置自解压选项。进入图12.7所示的"高级自解压选项"对话框,默认选择"常规"选项卡。在"解压路径"选项组中,选择"绝对路径"单选按钮,表示使用绝对路径。将程序安装到指定的目录,如输入"d:\06计算机应用",单击"确定"按钮。

图12.6　"压缩文件名和参数"对话框　　　　图12.7　"高级自解压选项"对话框

分解任务3:利用腾讯QQ发送安装程序给好友。

操作步骤:

（1）登录QQ,进入QQ主面板中,在好友列表中,若好友QQ在线的,可以发送文件或文件夹。双击好友头像,进入图12.8所示的聊天窗口,单击 按钮的下三角按钮。

图12.8　聊天窗口

（2）选择"发送文件"选项,进入"打开"对话框。选择要发送的文件,单击"打开"按钮。

12.1.4　技能达标

1. 填空题

Image Optimizer 是（　　　）工具。

2. 判断题

WinRAR 能够创建自解压文件。　　　　　　　　　　　　　　　　　（　　　）

3. 问答题

腾讯 QQ 的主要应用是什么？

4. 上机操作题

上机完成"技能训练实例 1"的操作。

12.1.5　课后习题

上网下载 Image Optimizer、WinRAR、腾讯 QQ 的安装文件，解压到硬盘，练习使用这些软件。

12.2　技能训练实例 2

1. 技能训练要求

从网上下载"快乐崇拜. MP3"歌曲，再从韩剧"麻辣甜心. RMVB"中截取部分歌曲，与"快乐崇拜. MP3"歌曲拼接，作为班级主题影片的配乐；准备一些班级图片素材，加入文字班徽动画，制作主题班会宣传影片，复制到 U 盘，利用 U 盘在班级的大屏幕数字电视机上播放出来。

2. 具体解释及思路

（1）从网上下载"快乐崇拜. MP3"歌曲，建议采用本书第 9 章的 KuGoo（音乐共享软件）进行批量处理。

（2）从韩剧"麻辣甜心. RMVB"中截取部分歌曲，与"快乐崇拜. MP3"歌曲拼接，建议采用本书第 10 章 GoldWave（音频编辑软件）进行处理。

（3）加入文字班徽动画，建议采用本书第 8 章的 Flash（制作 FLASH 动画软件）进行处理。

（4）制作主题班会宣传影片，建议采用本书第 9 章的会声会影（Corel VideoStudio）（视频制作软件）进行处理。

12.2.1　技能目标

（1）了解和掌握 KuGoo、GoldWave、Flash、Corel VideoStudio 的基础知识。

（2）掌握综合运用 KuGoo、GoldWave、Flash、Corel VideoStudio 的方法及操作。

12.2.2　预备知识

1. 酷狗（KuGoo）

酷狗（KuGoo）是国内最大、最专业的 P2P 音乐共享软件。其具有音乐播放、搜索、P2P 下载、管理和好友分享等功能。

具体内容见 9.1 节的音乐共享软件（KuGoo）。

2. GoldWave

GoldWave 是一个功能强大的音频编辑软件，具有音频播放、音频录制、音频编辑、音频特殊效果处理、音频转换等功能。其可支持的音频格式很多，包括 WAV、OGG、VOC、IFF、AIF、AFC、AU、SND、MP3、MAT、DWD、SMP、VOX、SDS、AVI、MOV、APE 等，还可以从 CD、VCD、DVD 或其他视频文件中提取声音；内置丰富的音频特效功能，如多普勒、回声、混响、降噪等；支持以动态压缩保存 MP3 文件，是非常简单实用的音频工具。

具体内容见 10.3 节的音频编辑软件（GoldWave）。

3. Flash

Flash 是美国 Macromedia 公司出品的集多媒体动画制作、矢量动画编辑、交互式动画制作三大功能于一体的专业软件，主要应用于制作 Web 站点动画、图像及应用程序。

Flash 可以制作出图片、音频、视频交互的动画效果，增强作品的吸引力和感染力。它创作出的矢量动画，具有文件小、交互性强、可带音效和兼容性好等特点，能在较低的数据传输速率下实现高质量的动画效果，适合网络环境下的应用。

具体内容见 8.8 节的制作 FLASH 动画工具软件（Flash）。

4. Corel VideoStudio

Corel VideoStudio（会声会影）是功能强大的非线性视频编辑软件。它会一步一步指导用户完成捕获、编辑和分享视频的过程，不仅提供了一百多种转场，还提供专业的字幕制作功能和创建配乐的简单工具，操作简单易用。

具体内容见 9.3 节的视频制作工具——会声会影（Corel VideoStudio）。

12.2.3　技能操作

将本实例 2 精细化，分解成 4 个任务，按照"分解任务 1→分解任务 2→分解任务 3→分解任务 4"的顺序执行操作步骤。

分解任务 1：利用 KuGoo 下载"快乐崇拜. MP3"歌曲。

操作步骤：

（1）搜索歌曲。启动 KuGoo，在主界面的搜索框中输入"快乐崇拜"，再单击"音乐搜索"按钮，所有符合条件的歌曲将会以列表的形式出现在主界面的音乐库中。

（2）歌曲下载。找到需要的歌曲后，为避免浪费时间，建议先单击"试听"按钮 ，试听合适后，再下载歌曲。选择歌曲列表中的歌曲，以蓝底显示，再单击右边的"下载"按

钮 。

分解任务 2：利用 GoldWave 从韩剧"麻辣甜心.RMVB"中截取部分歌曲，与"快乐崇拜.MP3"歌曲拼接。

操作步骤：

(1) 从视频中分离音频。启动 GoldWave，在主界面中依次选择"文件"|"打开"选项，进入"打开声音文件"对话框。打开"麻辣甜心.RMVB"文件，在主窗口仅显示该视频文件的声音波形。依次选择"文件"|"另存为"选项，保存为 MP3 格式文件，即可将视频文件中的声音单独分离出来。

(2) 设置淡入效果。继续选择上述的波形段，单击工具栏中的"淡入"按钮 ，或者依次选择"效果"|"音量"|"淡入"选项，进入"淡入"对话框。初始音量表示初始声音设置为原始声音的百分之几，调整初始音量的大小。

(3) 复制波形段。选择上述部分波形段后，单击主窗口工具栏中的"复制"按钮。依次选择"文件"|"打开"选项，打开"快乐崇拜.MP3"文件。在起始位置单击"粘贴"按钮，将两首歌曲拼接起来。再依次选择"文件"|"另存为"选项，将拼接后的音乐保存为 MP3 格式文件。

分解任务 3：利用 Flash 制作文字班徽动画(即文字顺时针或逆时针旋转的动画)。

操作步骤：

(1) 启动 Flash，依次选择"文件"|"新建"|ActionScript 2.0 选项，单击"确定"按钮，创建一个新文档。

(2) 依次选择图 8.86 所示的主界面菜单栏中的"插入"|"新建元件"选项，或者按 Ctrl＋F8 键，进入"创建新元件"对话框。在"名称"栏中输入"旋转文字"，在"类型"下拉列表中选择"影片剪辑"选项。单击"确定"按钮，进入图 8.130 所示的"旋转文字"影片剪辑编辑步骤界面。

(3) 单击图 8.86 所示的主界面 D 区(工具箱)中的"文本工具"按钮 T ，进入文本工具属性面板。选择"字符"选项，在"系列"下拉列表框中选择"黑体"选项。在"大小"文本框中输入 30。单击文本(填充)颜色框，再选择红色。在"旋转文字"影片剪辑编辑界面中单击，输入一个字"电"。按 Ctrl＋K 键，打开"对齐"面板，选中"与舞台对齐"复选框。分别单击"水平中齐"按钮 和"垂直中齐"按钮 ，使该文本框位于编辑界面的正中位置。再次单击"对齐"按钮 退出"对齐"面板。

按 ↑ 键，将文本向中移动。

单击图 8.86 所示的主界面 D 区中的"任意变形工具"按钮 ，拖动其中心至编辑区的正中位置。

选择该文本框，再单击图 8.86 所示的主界面 F 区中(浮动面板)的"变形"按钮 ，或者按 Ctrl＋T 键，打开"变形"面板。选择"旋转"单选按钮，并在其后的文本框中输入 30。连续单击重制选区和"变形"按钮 11 次。

双击相应的文本框，修改文字内容。

（4）在图 8.130 所示的"旋转文字"影片剪辑编辑步骤界面中，选择第 1 帧，按 Ctrl+G 键，组合所有文本框。

在第 115 帧处按 F6 键插入关键帧。在第 1 帧和第 115 帧之间的任意位置右击，在弹出的快捷菜单中选择"创建传统补间"选项，出现蓝底黑箭头。单击第 1 帧与第 115 帧之间的某帧处，进入图 8.131 所示的帧补间属性界面。依次选择"补间"|"旋转"|"顺时针"选项，选择如图 8.86 所示的主界面 B 区（编辑栏）中的"场景 1"选项，回到 Flash 文档页面中，编辑结束。

"旋转文字"影片剪辑的参考效果如图 8.132 所示。

（5）按 Ctrl+L 键，打开"库"面板。分别将"旋转文字"影片剪辑元件拖入舞台 3 次，放置到合适的位置，然后分别对 3 个"旋转文字"影片剪辑实例进行颜色、色调、Alpha 等设置。

（6）按 Ctrl+Enter 键，浏览并测试动画效果。

分解任务 4：利用 Corel VideoStudio 制作主题班会宣传影片。

操作步骤：

（1）启动会声会影，在主界面中，依次选择"文件"|"新建项目"选项。

（2）导入素材。在素材库面板中，单击"导入媒体文件"按钮 📁，进入"浏览媒体文件"对话框，打开需要的图片。分别右击这些图片，弹出图 9.72 所示的媒体文件快捷菜单，依次选择"插入到"|"视频轨"选项，或者直接拖动图片到时间轴面板的视频轨中。

（3）添加转场效果。在素材库面板中，依次选择"转场"按钮 🔲 |"收藏夹"选项，可选择不同的转场效果，分别拖动转场到图片间的连接处。

（4）添加字幕效果。在时间轴面板中，拖动时间线标到起点位置。在素材库面板中，单击"标题"按钮 🅣，进入标题界面。在主界面播放器面板的预览窗口中，输入"快乐崇拜"，然后修改字体的大小、色彩、标题样式等。依次选择"收藏夹"|"标题"选项，选择不同的动画标题。

（5）添加班徽标志的覆叠效果（从第一张图片右下角加入 Flash 文字班徽动画）。在素材库面板中，依次选择 🔲 |"色彩"|"Flash 动画"选项，再单击"添加"按钮 📁，进入"浏览 Flash 动画"对话框。选择需要的 Flash 文字班徽动画文件，再单击"打开"按钮，将其添加到媒体库中。选择该 Flash 动画，依次选择"插入到"|"覆叠轨 ♯1"选项，准备进行画中画编辑。

观察播放器面板的预览窗口，会出现画中画界面。拖动覆叠素材上的拖柄以调整其大小。拖动角上的黄色拖柄，可以保持宽高比来调整大小。拖动覆叠素材周围的轮廓框的每个角上的绿色节点，可以使覆叠素材变形。然后将其移动到右下角位置。

拖动覆叠轨 ♯1 中的 Flash 动画到尾部，使其与视频轨的尾部对齐。右击覆叠轨 ♯1 中的 Flash 动画，在弹出的快捷菜单中选择"打开选项面板"选项，进入覆叠属性界面。依次选择"遮罩和色度键"|"应用覆叠"选项|"类型"下拉列表|"色度键"选项。

（6）添加背景音乐，并分割音乐，分别设置淡入淡出效果。单击"导入媒体文件"按钮

![image],添加背景音乐。依次选择"插入到"|"音乐轨♯1"选项,拖动音乐轨♯1 中的音乐边界,使其与视频的长度一致。

分割音乐。在播放器面板中,拖动"擦洗器"按钮到音乐一半的位置,或者输入精确的时间码,或者拖动时间轴上的"时间线标"到音乐一半的位置,再单击"分割素材"按钮![image]。

设置淡入淡出效果。选择前半部音乐,单击"选项"按钮,再单击"淡入"按钮![image]。选择后半部音乐,单击"选项"按钮,再单击"淡出"按钮![image]。

(7) 输出 AVI 格式文件,以适合数字电视机播放。在主界面中,依次选择"分享"|"创建视频文件"|DV|DV(16∶9)选项,进入"创建视频文件"对话框。设置保存的文件名及位置,文件类型为 AVI。

12.2.4 技能达标

1. 填空题

KuGoo 是(   )工具。

2. 判断题

GoldWave 能够从影片中截取声音文件。   (   )

3. 问答题

Flash 及 Corel VideoStudio 的主要作用分别是什么?

4. 上机操作题

上机完成技能训练实例 2 的操作。

12.2.5 课后习题

上网下载 KuGoo、GoldWave、Flash、Corel VideoStudio 的安装文件,解压到硬盘,练习使用这些软件。

12.3 技能训练实例 3

1. 技能训练要求

从网上下载 Nero 及 DAEMON Tools 软件,将教学光盘制作成 ISO 文件,利用虚拟光驱来播放教学软件,其速度要比用真实光驱播放快得多。

2. 具体解释及思路

(1) 从网上下载 Nero 及 DAEMON Tools 软件,建议采用本书第 2 章的百度搜索引擎,然后利用第 4 章的迅雷软件快速下载。

(2) 将教学光盘制作成 ISO 文件,建议采用本书第 3 章 Nero(光盘刻录软件)进行处理。

(3) 利用虚拟光驱来播放教学软件,建议采用本书第 3 章的 DAEMON Tools(虚拟光驱软件)进行处理。

12.3.1　技能目标

（1）了解和掌握百度搜索引擎、迅雷、Nero、DAEMON Tools 的基础知识。

（2）掌握综合运用百度搜索引擎、迅雷、Nero、DAEMON Tools 的方法及操作。

12.3.2　预备知识

1. 百度搜索引擎

百度搜索引擎是目前全球最大的中文搜索引擎，百度每天处理来自 138 个国家超过数亿次的搜索请求，每天有超过 7 万用户将百度设为首页，"百度"成为中文搜索的代名词。

百度搜索也是全球最优秀的中文信息检索与传递技术供应商，中国所有具备搜索功能的网站中，由百度提供搜索引擎技术支持的超过 80%。

百度使用非常简单、快捷，提供了几种不同类型数据的搜索页面，包括新闻、网页、贴吧、MP3、图片和网站等。

具体内容见 2.2.2 小节的百度搜索引擎。

2. 迅雷

迅雷立足于为全球互联网提供最好的多媒体下载服务，它使用基于网格原理的多资源超线程技术，能够将网络上存在的服务器和计算机资源进行有效的整合，构成独特的迅雷网络，通过迅雷网络，各种数据文件能够以最快的速度进行传递。多资源超线程技术还具有互联网下载负载均衡功能，有效降低了服务器负载。

具体内容见本书 4.2 节的网络下载工具（迅雷）。

3. Nero

Nero 是德国公司出品的光碟烧录程序，支持中文长文件名烧录，也支持 ATAPI（IDE）的光碟烧录，可烧录多种类型的光碟片，如资料 CD、音乐 CD、Video CD、Super Video CD、DDCD 或是 DVD，是一个相当出色的光碟烧录程序。

具体内容见本书 3.3 节的光盘刻录软件（Nero）。

4. DAEMON Tools

DAEMON Tools 是先进的模拟备份且合并保护盘的虚拟光驱工具，可以备份 SafeDisc 保护的软件，也可以打开 CUE（CDRWin/DiscDump/Blindread 生成的.BIN 镜像）、ISO（CDRWin 或 CDWizard 生成的镜像）、CCD（CloneCD 生成的.IMG 镜像）、BWT（Blindwrite 生成的镜像）、CDI、MDS（Alcohol120% 生成的镜像）等虚拟光驱的镜像文件。

具体内容见本书 3.4 节的虚拟光驱软件（DAEMON Tools）。

12.3.3　技能操作

将本实例 3 精细化，分解成 4 个任务，按照"分解任务 1→分解任务 2→分解任务 3→分解任务 4"的顺序执行操作步骤。

分解任务 1：利用百度目录搜索引擎分别查找 Nero 和 DAEMON Tools 软件。

操作步骤：

(1) 访问百度主页，单击"更多"链接，单击"网站导航"链接，进入网站分类目录列表，用户可进行分类选择，如选择天空软件站。

(2) 在天空软件站首页搜索框中，输入 Nero 关键词，进入搜索结果列表界面。用户可以根据各软件的好评度，选择相应软件的链接地址。

(3) 查找 DAEMON Tools 软件的方法类似。

(4) 在图 2.11 中，可以根据各网站的忙闲度，选择闲的网站来快速下载相应的软件。

分解任务 2：利用迅雷分别下载 Nero 和 DAEMON Tools 软件。

操作步骤：

(1) 在上述分解任务 1 中，右击链接文字，在弹出的快捷菜单中选择"使用迅雷下载"选项，进入建立新的下载任务界面。建议选择默认位置，单击"立即下载"按钮，即可开始下载任务，进入下载任务界面。下载完成后，进入已下载完毕界面，在"任务列表框"中，先选择已下载的任务，单击 按钮，可以打开下载文件所在的文件夹。

(2) 下载 DAEMON Tools 软件的方法与上类似。

分解任务 3：利用 Nero 制作教学光盘映像文件。

可以将教学光盘上的内容复制到一张新的空白光盘上。将源盘放入 CD-ROM 光驱，将空白目标盘放入刻录光驱，在复制整张光盘结束时，来产生 ISO 映像文件。本例以只有一个刻录光驱为例进行说明。

操作步骤：

(1) 复制整张 CD 光盘

以 Nero Express 界面为例。

依次选择"开始"|"程序"|Nero Multimedia Suite|Nero Express 程序，可启动进入 Nero Express 界面。依次选择"映像、项目、复制"|"复制整张 CD"选项，进入选择来源及目的地界面，单击"复制"按钮。

(2) 进入刻录过程界面，系统将显示刻录过程的各种动态信息。等待一段时间后，进入刻录过程完成界面。单击"下一步"按钮，进入保存项目界面，可以保存刻录时生成的映像文件，文件类型为 ISO，如"英语教学光盘.iso"。

分解任务 4：利用 DAEMON Tools 设置虚拟光驱，虚拟盘符为 T，并且打开虚拟光驱后自动装载。

操作步骤：

(1) 设置虚拟光驱。在主界面中，依次选择"虚拟设备"|"添加 SCSI 虚拟驱动器"|[设备标号或盘符]|"设备参数"选项，进入"设备参数"对话框。在"驱动器盘符："下拉列表框中，选择"T:"，再单击"确定"按钮。

(2) 装载映像。在主界面中，选择"虚拟设备"，如"设备 0：[T:]无媒体"选项，再选择子菜单中的"装载映像"选项，进入"选择映像文件"对话框。选择"英语教学光盘.iso"文件，再单击"打开"按钮，完成装载映像操作。

（3）自动装载。在主界面中,选择"参数选择"选项,进入"参数选择"对话框。选中"自动装载"复选框,单击"关闭"按钮。

12.3.4　技能达标

1. 填空题

百度目录搜索引擎是(　　　)工具。

2. 判断题

迅雷提供多媒体下载服务。　　　　　　　　　　　　　　　　　　　　　　(　　)

3. 问答题

Nero 及 DAEMON Tools 的主要作用分别是什么?

4. 上机操作题

上机完成技能训练实例 3 的操作。

12.3.5　课后习题

上网下载迅雷、Nero、DAEMON Tools 的安装文件,解压到硬盘,练习使用这些软件。

参 考 文 献

[1] 柳青,范幸枝.计算机应用基础[M].北京:高等教育出版社,2005.

[2] 张连堂,戴昌军,陈嘉,等.计算机工具软件使用教程[M].北京:机械工业出版社,2008.

[3] 刘瑞新.计算机工具软件使用教程[M].北京:机械工业出版社,2002.